本书由下列项目资助

国家重点研发计划课题 "京津冀地下水压采修复与
合理利用技术研发示范" (2016YFC0401404)

国家重点研发计划课题 "艾丁湖流域地下水合理开发及
生态功能保护研究与示范" (2017YFC0406102)

中国水利水电科学研究院流域水循环模拟与调控国家重点实验室项目
"河-湖-地下水耦合数值模拟方法及其应用研究" (SKL2018CG01)

采煤沉陷区分布式水循环模拟与水利工程效用研究

Distributed Water Cycle Modeling and
Efficiency of Hydraulic Engineering Facilities in
Mining Subsidence Areas

陆垂裕　王建华　孙青言　严聆嘉/著

科学出版社

北京

内 容 简 介

本书主要介绍面向对象模块化的"河道–沉陷区–地下水"分布式水循环模拟模型的开发及其在采煤沉陷区应用的相关内容。通过建立符合当地水循环形成转化特征的分布式水循环模拟模型来论证采煤沉陷区的积水机理和水资源形成转化机制，不同沉陷发展阶段的蓄洪除涝能力、可供水量，及沉陷区水资源开发利用对淮河干流的环境影响、矿区环境对沉陷区水质的影响和水质保护等方面内容。

本书可供水文、水资源等相关领域的科研人员、管理人员及相关专业的院校师生，以及从事分布式水循环模拟、水利工程建设、水资源管理、环境保护工作的技术人员参考。

图书在版编目 (CIP) 数据

采煤沉陷区分布式水循环模拟与水利工程效用研究 /陆垂裕等著 . —北京：科学出版社，2019.11

ISBN 978-7-03-062746-9

Ⅰ. ①采… Ⅱ. ①陆… Ⅲ. ①煤矿开采–采空区–水循环–研究 ②煤矿开采–采空区–水资源利用–研究 Ⅳ. ①TD82 ②TV213.9

中国版本图书馆 CIP 数据核字 (2019) 第 237524 号

责任编辑：李轶冰 / 责任校对：樊雅琼
责任印制：吴兆东 / 封面设计：无极书装

科学出版社 出版

北京东黄城根北街 16 号
邮政编码：100717
http://www.sciencep.com

北京虎彩文化传播有限公司 印刷
科学出版社发行 各地新华书店经销

*

2019 年 11 月第 一 版 开本：787×1092 1/16
2019 年 11 月第一次印刷 印张：16 3/4
字数：400 000

定价：**188.00 元**

（如有印装质量问题，我社负责调换）

序

淮南矿区位于淮河流域富煤地区，采空区顶板管理方法采用全部冒落法，深部岩层煤炭采空区的坍塌压缩向地表软地层辐射引起地表沉陷，煤炭开采后沉陷范围广、沉陷深度大，2010 年采煤沉陷区总面积已达 108km²，预测到 2030 年将达到 331km²。淮南矿区当地地下水埋深浅，地面一旦沉陷则很容易积水，从而造成土地资源破坏，影响区域内水系和水利设施，已对当地社会生活和生态环境造成严重影响。针对已形成的采煤沉陷区，我国传统的治理方法是挖深垫浅，进行耕地复垦，改为建设用地等，但受限于回填物料缺乏和治理成本高昂，目前治理率仅 12%。另一方面，淮南矿区所处的淮河中游本段地势平缓，排水不畅或水无出路，在汛期遇淮河大水年份常常内涝严重，同时区域气候多变，降水量年际变化大，不少年份洪涝旱灾并存，而区域内蓄水空间不足，调蓄水资源的能力低，迫切需要改善。利用淮南矿区采煤沉陷形成的大面积蓄滞库容，建设具有综合利用功能的蓄洪与水源工程是采煤沉陷区治理的另一个选项，可以趋利避害，减少煤炭开采沉陷的不利影响，充分发挥采煤沉陷区蓄滞洪涝水、调蓄水资源的作用，提高区域防洪、除涝和水资源保障的能力，改善区域生态环境。

采煤沉陷区蓄水工程的实施需要基础科学研究支撑，其中包括沉陷区的水循环机理和蓄水工程水资源综合利用效用研究。淮南煤田矿区地处淮河中游平原地带，地势低平，历史上黄河长期泛滥夺淮，区域内河流水系交错，湖泊、洼地众多；区域水文气象为我国南北气候过渡带，年际、年内变化大。淮河径流量年内分配严重不均，且年径流量丰枯悬殊；水文地质条件受区域构造及新构造运动控制，地质分区特征明显，含水层结构复杂。在区域特定的水文气象及地质环境下，弄清区域内的水循环过程是一项重要研究任务，是蓄水工程实施的前提和基础。另外沉陷洼地积水与当地地表/地下水的转化关系，地表沉陷过程对地表汇流和地下水径流的影响，水源工程的可供水量规模等都需要通过区域水循环机制研究来解答。该书汇总了采煤沉陷区多方面研究成果，包括揭示了淮北平原地下水浅埋带采煤沉陷区的积水机理，研发了强耦合机制的"河道–沉陷区–地下水"分布式水循环模拟模型，预测了淮南采煤沉陷区不同发展阶段的蓄洪除涝作用，明晰了淮南采煤沉陷区水资源形成转化关系，论证了淮南采煤沉陷区的供水工程效益，建立了结合大气干湿沉降污染过程的采煤沉陷区水质模拟模型等。

采煤沉陷及其积水危害在中国东部高潜水位平原地区普遍存在，随着采煤活动的不断发展，采煤沉陷区治理也必将是一项艰巨和长期的任务。期待该书的出版，能够为广大学者认识采煤沉陷区水循环规律、研究采煤沉陷区治理利用提供一定科研参考，并在生产实践中为采煤沉陷区治理与利用提供一定科研支撑。

王浩

中国工程院院士

2019 年 8 月

前　　言

随着经济社会发展对能源需求的急剧增加，大批高产矿井相继投产，多年强力开采且采用全部冒落法管理采空区顶板，因此采煤活动引起的地面沉陷目前已经呈愈演愈烈之势，特别是在浅地下水埋深矿区，由于沉陷地带沼泽化，大量土地资源浪费或利用价值降低，并严重影响当地生态环境和人居生活，已经上升为引发当地人地矛盾和社会问题的主要因素。发达国家由于土地和人口压力不大，而且生态环境保护意识较强，多采用营造新的生态系统的思路在采煤沉陷区进行水生态建设开发和管理。国内限于土地资源的稀缺性以及生活、生产需求，当前治理和研究的主要思路集中在沉陷区土地整理与重建方面，但局限于回填材料缺乏、治理成本高昂、易受重复采煤活动影响等原因，目前复垦率只有12%。

目前国内外对采煤沉陷区的研究主要集中在采煤沉陷预测、沉陷对生态环境的影响评价、沉陷区监测与测量技术、复垦治理技术等方面，并已经取得了不少成果。利用采煤沉陷形成的人工库容开展蓄洪除涝和水资源开发利用是一个崭新的研究思路，相关研究基础比较薄弱和零散，可借鉴的成果十分少见。一些基础性的水科学研究支撑，如浅地下水埋深带采煤沉陷区的积水机制、水量来源、定量评价方法等几乎是空白，目前仅有部分学者采用地下水位波动法及同位素方法研究了采煤沉陷区积水与地下水间的补给规律，以及在沉陷条件下的包气带土壤水分布及动态变化方面开展了一些试验性质的研究工作，尚未形成系统的理论基础和定量技术体系以指导沉陷区水利工程综合利用实践。

本书以采煤沉陷区积水机制和水循环全过程模拟为核心科学问题开展研究工作，同时以我国采煤沉陷积水问题十分严重、蓄洪除涝和水资源利用需求十分迫切的淮河中游典型地区——淮南煤矿区作为本书的研究目标区，从而保证了研究成果的代表性和实践性。本书在采煤沉陷区水循环过程理论和积水机制解析、采煤沉陷区水循环分布式模拟技术、"关门淹"地区采煤沉陷区的蓄洪除涝作用研究、采煤沉陷区可供水量调算方法、采煤沉陷区陆面污染负荷计算模式和水质预测等多个方面取得了一定的创新性成果。

本书的主要研究成果包括以下几点。

(1) 地下水浅埋带采煤沉陷区积水机制研究

借助水文规律分析和定量数值模拟，对淮北平原典型孤立采煤沉陷区的积水机理进行研究，明晰淮北平原地下水浅埋带采煤沉陷区的积水机理。采煤沉陷区易大面积积水主要由当地降水量与蒸发量接近的特定气象条件决定。淮北平原地势平缓，地下水水力坡度较小，地下水径流微弱，孤立采煤沉陷区的水量补给来源绝大部分来自于降水而非地下水补给；地下水浅埋为采煤沉陷区积水提供了涵养环境，保障沉陷区的积水不显著漏失，为维持沉陷区积水面的稳定起到了微调节作用。研究结果为辨明淮南煤田采煤沉陷区的积水机制提供了理论基础，为该地区未来采煤沉陷区水资源的开发利用提供相关论证依据，并可为我国华东其他类似采煤沉陷地区的水资源研究提供一定参考。

(2) 采煤沉陷区水循环模拟技术研究

目前对采煤沉陷区的水量模拟多采用单一地下水数值模拟法，由于该方法中未耦合地表水文过程，沉陷区水位必须已知并作为模型输入项，仅能进行历史反演和研究特定积水位条件下单一环节的沉陷区与地下水之间的水分转化，难以给出沉陷区完整的水循环转化关系，也难以用于沉陷区积水位未知情况下的预测预报。本书提出采煤沉陷区的水量平衡控制方程，并给出其中九项水循环分项的计算方法。通过将沉陷区水循环模块与水文模型、地下水数值模型之间进行有机耦合，自主研发一套相对完整的"河道-沉陷区-地下水"分布式水循环模拟模型，将沉陷区积水量及分项来源、沉陷区积水位、积水面积动态关联，并以日尺度为时间步长进行长时期模拟。通过在淮南采煤沉陷区的实际建模应用，分别从地表水位模拟值与实测值的对比、地下水位模拟值与实测值的对比、水循环水量平衡检验、宏观水文特征参数四个方面进行模型检验，结果表明模型取得较理想的模拟效果。项目研发的模型能够较为客观地反映沉陷区水循环机制，不仅适用于复杂应用条件下采煤沉陷区水分循环转化关系的解析，也能适用于未来水文情势变化下的沉陷区积水状态的预测预报，这在模型耦合技术方法和采煤沉陷区水循环模拟原理上有所创新。

(3) 淮南采煤沉陷区蓄洪除涝作用研究

淮河流域地处我国南北气候过渡地带，流域内众多支流多为扇形网状水系结构，洪水集流迅速，洪涝灾害频繁，尤以淮河中游为甚，且以"关门淹"

为主要特征，在发生特大洪水时往往损失严重。"关门淹"地区减灾主要依赖当地的洪水蓄滞能力，因此采煤沉陷形成的蓄滞空间具有重要的利用价值。项目以 1991 年、2003 年、2007 年三个特大洪水年作为分析典型年，分别针对 20~25 年一遇、25~30 年一遇、10~15 年一遇频率水平，开展了 2010 年沉陷情景和 2030 年沉陷情景下的蓄洪除涝作用评估。评估结论为：2010 年沉陷情景下，利用沉陷区蓄洪除涝，研究区除涝能力可达 10~15 年一遇标准；2030 年沉陷情景下，除涝能力可提高到 25~30 年一遇标准，同时还可蓄滞外洪（淮河干流洪水）2 亿~3 亿 m^3。此外，本书从充分发挥采煤沉陷区蓄洪除涝联防能力考虑，结合研究区地形及沉陷区空间分布提出当地蓄洪除涝工程建议。以上评估结论和工程建议对于定量论证淮南采煤沉陷区的工程利用价值、充分发挥沉陷区蓄滞库容增强淮南当地蓄洪除涝能力等具有重要的参考价值。

(4) 淮南采煤沉陷区水资源形成转化研究

淮北平原水系发达，采煤沉陷区与河网之间相互沟通，且人类活动密集，采煤沉陷区的水资源形成转化过程受众多自然因素和人为因素影响，因此具有相当的复杂性。当前观测技术发展水平仅可以对采煤沉陷区某些局部水文要素进行观测研究，如降水、蒸发、沉陷区水位等，难以做到从区域水循环整体关系上对采煤沉陷区水资源形成转化的来源、组成结构等进行定量解析。本书基于淮南矿区整体水循环模拟，首次对淮南采煤沉陷区 2030 年水资源形成转化定量关系进行预测，提出一般年份下采煤沉陷区来水量为 7.27 亿~7.47 亿 m^3，其中上游河道汇入、水面降水、沉陷区范围内的地表产流、地下水补给分别占 79.6%、6.9%、10.0%、3.4%；扣除汇入的 2.46 亿 m^3 城市工业、生活退水，本地自然产水进入采煤沉陷区的水资源量为 4.81 亿~5.01 亿 m^3，为淮南采煤沉陷区水资源利用提供了科学依据。

(5) 淮南采煤沉陷区可供水量研究

淮南采煤沉陷区建设成为平原水库，发挥供水工程效益的重要指标是可供水量。传统蓄水工程可供水量计算方法一是对数据资料的要求较高，需要以长系列来水量资料为基础，二是可供水量调节计算通常只能针对单个蓄水工程，难以适用于沉陷区群联合供水复杂条件。面对淮南矿区水文站缺乏、沉陷区分散、传统水库可供水量计算方法难以适用的现实状况，本书提出融合水循环模拟和水库群供水调度规则的可供水量调算方法，以日尺度水循环模拟为手段精细预测各沉陷区的上游来水量，以水库（沉陷区）可用蓄水量为供水权重，以用水分区与水库（沉陷区）供水关系和均匀供水为水库群供水调度规则，对淮南采煤沉陷区 2030 年库容特征下的可供水量进行调节计算，提出未来一般年份采煤沉陷区可供水量规模为 6.11 亿 m^3，单独 95% 枯水年份可供水量规模为 5.38 亿 m^3，间隔两个 95% 枯水年份可供水量规模为 4.30 亿 m^3 等结论，为论证采煤沉陷区的供水兴利价值提供了重要工程参数。

（6）采煤沉陷区污染负荷计算模式与水质评价

淮南采煤沉陷区位于平原地区，人口密集，产业集中，周边水环境因素复杂。项目在对淮南采煤沉陷区环境污染状况、污染类型、重点污染源进行典型调查的基础上，建立采煤沉陷区陆面污染负荷计算模式，模拟点源和非点源污染物的坡面产污过程以及河道运移模拟模式；并将大气干湿沉降污染与水循环过程有机结合，模拟大气干湿沉降污染物直接沉降到沉陷积水区，或者沉降到坡面，并随降水产流、坡面漫流以及河道汇流间接进入沉陷积水区的传输模式。基于污染负荷和水质模拟模型，模拟预测采煤沉陷区的丰枯年份水质变化，制订了不同年份的污染负荷消减方案。以上研究对于采煤沉陷区未来污染控制措施的制订具有一定科学指导意义。

本书分 7 章。第 1 章为绪论，由陆垂裕、王建华执笔；第 2 章为模型开发设计与模型原理，由陆垂裕、孙青言执笔；第 3 章为模型构建与检验，由陆垂裕、曹国亮执笔；第 4 章为采煤沉陷区蓄洪除涝作用研究，由李慧、秦韬执笔；第 5 章为采煤沉陷区水资源开发利用潜力研究，由王建华、严聆嘉执笔；第 6 章为采煤沉陷区水环境安全保障研究，由孙青言、何鑫执笔；第 7 章为研究结论与展望，由陆垂裕、王建华执笔。全书由陆垂裕统稿。

最后，本书研发的耦合机制的"河道-沉陷区-地下水"分布式水循环模拟模型可为研究沉陷区的水循环机制提供技术支撑，另外该模型适用于复杂应用条件下采煤沉陷区水分循环转化关系的解析和未来水文情势变化下的沉陷区积水状态的预测预报，可为同领域研究人员提供一定研究参考。

作　者

2019 年 3 月

目　　录

1 绪 论

1.1 研究背景

在我国，煤炭是主要能源，占一次能源生产和消费的 66%[1]。煤炭资源长期开发和利用带来经济增长的同时，也对生态环境产生了负面影响，在煤炭开采过程中会造成强烈的地面生态扰动，造成地面沉降、地表植被剥离、地面裂隙、滑坡、地表沉陷等一系列问题，其中积水、坡地、裂缝是采煤沉陷地常见的三大特征[2]。

采煤沉陷是指采煤区域周围岩体的原始应力平衡受到破坏，岩层和地表产生连续的移动、变形和非连续的破坏（开裂、冒落等）以达到新的应力平衡，从而形成的地表拗陷带[3]。煤层埋藏越深，开采面积越大，采煤沉陷波及地表的面积就越大[4]。若沉陷区及其周边地下水埋深较浅，则沉陷区一旦形成规模很容易形成大面积积水面。2017 年，我国共有 23 个省（直辖市、自治区）151 个县（市、区）分布有采煤沉陷区，形成采煤沉陷区面积 20 000km²，部分资源型城市塌陷面积超过了城市总面积的 10%。目前，我国采煤沉陷区涉及城乡建设用地 4500 ~ 5000km²，涉及人口 2000 万人左右[5]。

淮河流域是富煤地区，淮河中游的淮南矿区位于华东腹地的安徽省中北部、淮河中段，煤炭矿藏极为丰富，是我国南方地区最大的煤炭生产基地。作为安徽省最大的煤矿区，同时也是全国主要的能源生产地之一，淮南矿区以年产 $8×10^7$t 的原煤生产能力高速发展着，发展至今已拥有 19 个生产煤矿，煤炭资源远景储量为 $4.44×10^{10}$t，已探明储量约为远景储量的 35%，占华东区域的 32%。淮南矿区的发展推动了淮南地区经济的进步，也为我国经济建设做出相应贡献，在全国拥有重要的能源生产地位[6]。淮南矿区采空区顶板管理方法采用全部冒落法，深部岩层煤炭采空区的坍塌压缩向地表软地层辐射引起地表沉陷，开采后沉陷范围广、深度大，造成的经济及生态环境危害包括以下几个方面[5,7]：①引发地质灾害，大面积地表塌陷和地表裂缝可引发矿山地质环境问题和加剧矿山地质灾害。②破坏基础设施，由采煤塌陷使地面建筑物和构筑物等基础设施损害，造成房屋开裂、倒塌；公路路面不均匀沉降、压缩变形使路面断裂；桥梁桥台下沉、错位等；同时对塌陷区域的供电、通信、供水、排水等也造成了一定影响。③土地资源遭到破坏，采煤过程中形成的塌陷会引起地表裂缝、台阶、陷坑等，降低了地面标高，改变了原有地形坡度，使地表耕地被积水淹没，同时土壤质量遭到破坏，影响农业种植。④水资源污染及破坏生态环境，因周围农业生产、生活废水、工业废水等随着径流排入塌陷坑造成地表水污染，而地表裂缝可能导致地表水与地下水沟通，使地表水体流失并引起地下水水质恶化，此外地质结构的破坏导致景观功能严重受损、生态环境受损。

采煤沉陷区的科学修复治理是保障矿区可持续发展的重要组成部分，目前我国的修复治理模式主要分为改造治理和复垦治理两种[8]。改造治理主要适用于沉陷区面积不大、沉陷已经稳定、具备发展旅游业的情况，包括设立特色公园、发展农、林、渔、旅游业综合开发生态模式等[9-11]。复垦治理模式主要是通过挖深垫浅、充填复垦、土地平整、疏排复垦等，将沉陷地修复为可利用的土地。限于土地资源的稀缺性，第二种模式即复垦治理是当前我国主要推行的治理模式，但在实践过程中仍有很多难以解决的问题，使得沉陷区复垦率低下，目前仅为12%左右[12]。

淮南沉陷面积广、深度大，对区域生态环境、生产、交通、居民生活等造成的负面效应影响十分深远，成为引发当地人地矛盾和社会问题的主要因素，但出于国家和地区能源安全的需要，淮南煤炭开采在今后很长一段时间内仍将持续，采煤沉陷及后期的修复治理难度也是不得不面临的现实问题。淮河中游一方面汛期内涝问题严重、蓄水空间不足，致使分蓄洪水、蓄滞内涝水、拦蓄水资源能力都显不足；另一方面随着煤炭开采需求的不断增长，采煤沉陷区不断加深扩大，未来采煤沉陷将在紧临淮河以北地区形成具有很大利用前景的蓄水库容。针对淮河中游存在的问题，统筹考虑采煤沉陷区治理利用与淮河治理，以及沿淮淮北地区社会经济发展条件的需求，利用采煤沉陷库容建设成平原水库，变害为利，一方面减少煤炭开采沉陷的不利影响，另一方面发挥水库在蓄滞洪涝水、拦蓄水资源中的作用，是提高该区域防洪、除涝和水资源保障能力，并改善区域生态环境的重要方法。

1.2　研究目的及意义

淮南矿区位于华东腹地的安徽省中北部，是我国南方地区最大的煤炭生产基地。目前淮南是国家确定的13个大型煤炭基地和6大煤电一体化基地之一。淮南矿区开采后沉陷范围广、深度大，造成土地资源破坏，影响区域内水系和水利设施，区域内西淝河及其支流港河、济河、架河、泥河、永幸河等，已不同程度受到开采影响，与此同时对当地生态环境造成一定的影响。另外，矿区内水系丰富，河流的下游现多为蓄水洼地。随着采煤沉陷区扩大，沉陷区与水系、蓄水洼地交织，形成更大范围的蓄水体。随着煤炭开采的进行，采煤沉陷的深度、面积、库容将是一个不断加深和扩大的过程，对区域地表建筑、生态环境、社会生产等的影响也会越来越大。

采煤沉陷区是潜在可利用的蓄滞构造，利用采煤沉陷区建设平原水库工程，对其蓄滞能力和水资源进行开发利用具有一定的前景，在两淮地区能够切合当地蓄洪除涝和水资源调蓄空间不足的迫切需求，或能因势利导，趋利避害，促进煤炭经济的可持续发展，提高区域防洪、除涝和水资源保障的能力，并改善生态环境。然而方案的实施需要一些基础性的科学研究支撑，如浅地下水埋深带采煤沉陷区的积水机制、水量来源、定量评价方法等几乎是空白，目前仅有部分学者采用地下水位波动法及同位素方法研究了采煤沉陷区积水与地下水间的补给规律，以及在沉陷条件下的包气带土壤水分布及动态变化方面开展了一些试验性质的研究工作，尚未形成系统的理论基础和定量技术体系以全面指导沉陷区水利工程综合利用实践。若经过研究证明该治理模式可行，则可建立高潜水位采煤沉陷区积水成因的科学认知、填补关于沉陷区分布式水循环模拟模型的研究工具的空白且有效促进水资源学和其他学科的交叉，为我国水资源学科技术发展做出一定贡献。与此同时，开启我国华东高潜水位采煤沉陷区治理与利用新模式，可为破解淮南矿业发展面临的自然社会矛盾提供解决方案，对增强淮河中游地区防洪除涝和水资源保障能力具有重要意义，从而为解决国家重大实践需求做出贡献。

1.3　采煤沉陷区水循环模拟研究

1.3.1　水文研究与水文模型

水资源是人类经济社会生活与生产的重要组成部分，而水资源通过自然界中水循环过程不断更新。因此在进行水文学及水资源相关研究的同时，对一定时空区域内的水循环强度和系统内各组分水分的贮存量做出定量化的评估和预测有重要的研究意义。由于流域尺度一般都较大，而且限于水文机理的复杂性等不可控因素，基于各个水文循环片段的实验观测数据和自然规律的认知，通过模型推理的方式去认识流域水循环的整体过程和各部分之间的联系、演变趋势成为水循环研究的重要手段。

水文模型指用模拟方法将复杂的水文现象和过程经概化给出近似的科学模型。水文模型是从坡面和试验观测的基础上发展起来的，并逐渐呈现出两极化的发展趋势：一方面侧重研究大尺度（洲际、全球）气候变化对水循环的影响；另一方面主要以中尺度（城区、农田）为主，关注人类活动对水循环的影响[13]。水文模型的最初发展阶段主要是建立一些推导公式及提出概念和理论，1850 年 Mulvany 建立的推理公式打开了水文模型发展的大门，随后 1932 年 Sherman 的单位线概念、Horton 的入渗理论、Penman-Monteith 公式等陆续提出。20 世纪 50 年代后期产生了"流域水文模型"的概念，著名的 Stanford 模型是世界上第一个完整的流域水文模型。除此之外，各国都开发了一些实用的水文模型，如中国赵人俊提出的新安江模型，美国的斯坦福流域水文模型（SWM）、萨克拉门托模型（Sacrament）、SCS 模型，欧洲的 HBV 模型和来自日本的水箱模型（Tank）等，这是水文模型快速发展阶段，在此期间开发的许多水文模型在现在仍被广泛使用[13]。1969 年，Freeze 和 Harlan 提出分布式水文模型的概念。1979 年 Beven 和 Kirkby 开发了半分布式水文模型 TOPMODEL[14]，提供了连接水文过程与水文化学过程的相关信息，随后开启了分布式水文模型的研究进程[13]。20 世纪初至今，随着地理信息系统（geographic information system，GIS）、遥感（remote sensing，RS）、全球定位系统（global positioning system，GPS）等技术加入水文模型中，随着水资源开发利用、防洪抗旱、城市用水等实践需求促使人们对水文模型的认识不断提高，水文模型学科逐步发展与成熟。现今使用较为广泛的水文模型有 SHE 模型[15]、IHDM 模型、TOP-KAPI 模型、SWAT 模型[16,17]和 VIC 模型[18]等。我国的水文模型研究虽然起步较晚，但是近年来我国水文学家也陆续研制和开发出一些不同尺度的水文模型以解决不同的实际问题。

1.3.2 地表水与地下水模拟技术

起初，水文学家多关注的是地表水资源而鲜少关注地下水问题。随着认识的不断进步，人们逐渐重视地下水资源的研究并认识到地表水和地下水是一个整体，两者在水循环中是相互联系的。实际上，几乎所有的地表水（包括河流、湖泊、水库、湿地及河口等）都与地下水有着紧密的联系。将地表水和地下水纳入一个系统统一研究、管理有助于更好地了解水循环，也是促进水资源可持续发展的必由之路。

在对地表水和地下水间的相互作用进行定量分析时，经常用到的方法主要有：①解析法。主要包括分离变量法、积分变换法、保角映射法、速端曲线法、格林函数法和其他方法，分别用于解决不同类型的问题，有力指导了生产实践。解析法存在的主要问题是对现实的水文地质条件简化和假设太多，以至于无法应用于大范围内复杂含水层系统的研究，只适用于简单情况。②水文地质实际调查与地球物理及统计分析法相结合。确定一个或多个横纵断面测量位置，实际测量径流量和水质，再利用水文统计法找出水量和水质的变化规律，该方法是实测数据常用的方法[19]。而面对较大流域或者较复杂问题时，实际测量往往费时费力且测量数据的准确性也有一定误差。③水文地球化学方法。包括化学取样分析及同位素方法，可通过该方法确定地下水的起源、补给来源、流速、流向、运移时间、更新能力等，但多是一些定性的研究。④智能方法。主要包括遗传算法、混沌理论、人工神经网络、专家系统、数据挖掘等，可用来获得水量和水质变化的关系，从而预测水量、水质时空的变化，是目前兴起的研究方法。⑤数值模拟技术。随着计算机的出现，数值模拟计算技术逐渐应用到水文计算中来，水文模型具有成本低、灵活性高等优点，虽然它对支撑的数据和测量的参数精度要求较高，但能模拟和分析各种复杂条件下的地表水和地下水作用规律，因此应用较广[19]。

通过建立分布式水文模型，可对大气水–土壤水–地表水–地下水的一体化水循环过程进行模拟，但除了极少的物理分布式水文模型（如 MIKE-SHE）之外，多数分布式水文模型对地下水的模拟部分都较为简单且对地下水的模拟进行了一定程度的弱化，一般仅作为辅助计算部分考虑。如 SWAT 模型中的地下水模拟部分近似于黑箱模型，只考虑了水量平衡和一些简单的调蓄处理，不能模拟地下水的水平运动及抽水井的分布等规律[20]。SWAT 模型中的地下水模块可对山区部分的地下水进行模拟研究，这是由于在模型中地下水运动方程是不可逆的单向流动，减少了边界流量中的水量、水头、速度的反复演算，并与地表水量保持水量平衡，SWAT 模型输出的地下水量是经过实测的降水与水文信息平衡验证的，因此，计算出来的出山口边界处的水量是相对精确的，模拟效果较好。可对于平原区来说，SWAT 模型地下水与地表水模块之间独立运行，由于自然因素和人类活动的影响，地下水的流场变化比较大，无法准确模拟这种变化对地下水所产生的影响[21]。在实际情况中，除一些特殊地貌外，地下水的潜水蒸发、降水入渗量、生态植被对地下水的利用等垂向通量的作用是地下水与地表水作用的重要部分，地下水位/埋深作为影响这些通量过程的重要参数在模型计算中也需要考虑在内。此外人类活动的平原地区，地下水的生产生活开采等对平原区含水层水分的干预作用十分显著，而地下埋深状况作为平原区下垫面条件之一对流域降水–产流响应有直接影响。因此，在进行区域水循环模拟时应该加强对地下水系统的刻画。

用来刻画地下水循环过程的数值模型称为地下水数值模型。从数值模型本身来看，各种地下水模型的目的基本都相同，即通过数值方法求解地下水动力学方程，区别在于不同的解法和对方程的解决程度。当前地下水系统数值模拟方法主要包括有限差分法、有限单元法、边界元法和有限体积法等，其中有限差分法和有限单元法应用较多，其他方法的应用相对较为少见。国内外地下水数值模拟软件和程序有很多，比较著名的有 MODFLOW、FEFLOW、BALANCE、HST3D、SHARP、FEWATER、SUTRA 等，其中 MODFLOW、FEFLOW、FEWATER、SUTRA 是其中比较流行的，均来自美国。我国虽自 20 世纪 80 年代推广应用数值模拟方法解决地下水运动问题以来也建立了不少地下水模型，但目前尚未形成通用的权威计算软件[22]。

然而地下水数值模型与从陆地水文学角度建立的地表水文模型一样都有其侧重，在模拟全区水循环的时候，对其余部分的简化可能会使模拟结果造成偏差。如众所周知的 MODFLOW 模型，其局限性表现在模型的运行依赖于一些特定条件的输入，包括支流、补给、蒸散发和用水数据的输入，模型以参数方式来代表地表和土壤剖面水文过程的这些特定条件，且参数获取不容易，有些需要在模型校准过程中确定参数的值，只有在这些参数的值经过校准符合实际情况时才能使最终的地下水模拟精度较高，然而这需要耗费大量人力物力、实施起来有一定困难[21,23]。

为了克服水文模型与地下水数值模型各自的缺点，很多学者就二者之间的模型耦合开展了研究。关于水文模型与地下水数值模型的耦合，根据耦合的紧密性，耦合方式可划分为三种：松散耦合、半松散耦合和紧密耦合。松散耦合属于集总式模型，一般不考虑空间变异性，模型以流域水循环和平衡原理为基础计算出各部分水量的变化过程。半松散耦合用地下水数值模型取代分布式水文模型中的地下水模块，借助于公共参量的反馈和传输进行耦合。代表性模型有 SWATMOD、GSFLOW，其中 SWATMOD 属于 SWAT 与 MODFLOW 耦合，GSFLOW 属于降水径流模拟系统 PRMS 与 MODFLOW 耦合。紧密耦合是以瞬变偏微分方程描述各种水流运动，应用数值分析建立相邻网格间的时空关系，不同界面间的水量交换作为源汇项处理。代表性模型有 MIKE-SHE、HMS。

1.3.3　采煤沉陷区水循环研究

法国鹿特丹矿业学校的 Michel Schmitt 和 Medard Thiry 在 1992 年的国际矿山水大会上首次提出了采矿沉陷区包气带土壤水的科学问题，认为煤炭开采造成地面沉陷对包气带水分的影响十分严重，引起了学者们的注意并逐渐开展了一系列研究工作[24]。美国的 Swanson 等[25]、Thomas 等[26]，德国的 Buczko 和 Gerke[27]，泰国的 Bhakdisongkhram 等[28]，南非的 Patrick 等[29]，俄罗斯的 Elena 和 Marina[30]均对本国矿区或周围的包气带土壤水分、营养元素及污染等问题进行了分析研究。这些研究的主要目的是研究采矿废水对土壤和地下水的污染问题，但结合沉陷过程研究地表水与地下水之间水量转化的成果则鲜有报道。

国内针对采煤沉陷区水文机理的研究有了部分进展，主要为试验研究，如赵红梅[31]

研究了神府东胜矿区沉陷条件下包气带土壤水分布及动态变化特征，认为采矿沉陷对土壤水垂向变异性有很大影响，表现为土壤含水量的变异系数在各个深度层均大于非沉陷区；张欣等[32]应用空间对比法研究了毛乌素沙地东南缘井工矿补连塔 0~100cm 层土壤含水量对采煤沉陷的响应，认为采煤沉陷加剧了土壤水分损失。成六三[33]从水田水循环主要环节特征出发，采用土壤采样和分析方法、土壤入渗速率测定、确定水田灌溉水量等，多方面和多层次分析采煤沉陷对水田水循环过程的影响。徐社美[34]以粤西某钨锡多金属矿区为例，探讨因采空塌陷导致矿区水文地质结构的改变，进而影响矿区地下水补径排条件的变化。冯忠伦等[35]在山东省济宁市兴隆庄利用 6 个采煤沉陷区附近的 10 处地下水位观测站数据，在分析降水与地下水埋深关系的基础上，采用地下水位波动法研究沉陷区积水与地下水的补给规律，其结论是地下水补给量与地下水流向基本一致，将沉陷前后地下水补给量进行对比，表明沉陷后地下水对沉陷区蓄水有较大的侧向补给作用。张磊等[36]通过在淮南矿区采集浅层地下水、河水、雨水、沉陷区积水等不同水体的水样，分析其氢氧稳定同位素组成，证明采煤沉陷区的积水来源主要是大气降水补给，地下水尚不是沉陷区的稳定补给源，但未给出定量的补给比例关系。

在沉陷区水量模拟研究方面，范廷玉[37]根据观测到的水位数据，采用有限单元法（FEFLOW 地下水模型）分别研究了潘集矿区封闭式及开放式沉陷区地表水与浅层地下水之间的水量转化规律，得出封闭式沉陷区地下水补给地表水，且补给量较小，而开放式沉陷区受到周边河流及人为活动等综合影响，地表水与地下水之间的补给或排泄量呈现多样性等结论，并在此基础上对沉陷区水质进行评价。在显式考虑蓄滞水体水循环过程的模型耦合研究[38]方面，张奇[39,40]构建了分布式水文模型 WATLAC 进行湖泊与地下水的水循环模拟，其中地表径流子模型采用栅格单元离散空间，根据 DEM 和水系计算汇流路径，能够模拟降水产流、土壤入渗、坡面流和河道径流等径流过程；地下径流子模型采用基于有限差分网格的空间离散，对 MODFLOW2005 适当修改以完成其与地表径流模型的耦合，能够模拟饱和地下水运动和地下水与地表水的水量交换。

1.4 采煤沉陷区修复治理研究

国外目前在沉陷区修复治理过程中主要采用改造治理模式。由于采煤沉陷区大面积积水使得当地的地貌结构及生态环境均发生了改变，原本单一的陆生生态系统也逐渐转变成为水陆复合型生态系统，美国、澳大利亚学者提出把多种自然环境因素引入城市地域，如德国科隆市西郊，将采煤沉陷区改造成为沼泽与林地并存的生态系统，以净化空气和吸收噪音，一些野生水鸟和动物也开始聚集，取得很好的生态环境效益[41]。总的来说，由于土地和人口压力不大，且生态环境保护意识较强，发达国家多采用营造新的生态系统的思路对采煤沉陷区进行治理。

我国采煤沉陷区数量多、深度大、面积广，具备改造治理条件的采煤沉陷区毕竟为少数，多数仍以珍惜和合理利用每寸土地为目标，总是希望将沉陷地修复为可耕作的农田，因此以复垦治理为主。我国采煤沉陷区治理技术研究起步于 20 世纪 80 年代，80 年代末正式颁布了土地复垦规定，有了专门的法规，矿区土地复垦理论研究空前活跃起来，有关土地复垦理论研究的文献成倍增长[42]。然而实践过程中仍有很多难以解决的问题，使得沉陷区复垦率低下，目前仅为12%左右，与英、美、俄、德等发达国家相比低50%。主要原因有两方面：一是由于我国煤炭以井工开采为主，且多采用全部冒落法管理采空区顶板，与发达国家采煤模式相比，我国沉陷区下沉系数大，沉陷深度大。沉陷地主要以井工煤矸石和坑口电厂的粉煤灰充填复垦，而矿区的回填材料总量有限，从矿区以外运输回填材料又面临成本高昂的问题，因此大多数矿区无法完成回填沉陷区的复垦。二是复垦工作一般要在大面积已经稳定沉陷的沉陷区开展，否则将导致修复工作枉费人力物力，然而由于各矿可采煤层多，为节约成本，通常在上层煤采完后再进行下层煤的开采，如此重复开采导致地表重复沉陷，沉陷区的沉稳期也被人为拉长。实践中发现，一些沉陷区未稳定沉陷就列入国家复垦项目进行投资，导致复垦后的土地在重复沉陷中再次破坏，给国家投资造成极大的浪费。此外对于浅地下水埋深矿区，地面很容易积水，若等稳沉后再复垦，土壤资源沉入水中，往往导致土壤资源的损失与贫化以及复垦成本的增加。

近些年来，限于采煤沉陷区复垦治理的难度以及部分地区洪涝、水资源短缺问题突出，为缓解这种灾害，各国学者开展了大量有益的探索，包括洪水的预报、控制、风险管理、评估等[43-45]。中国淮河流域既是人口密集的地区，又是洪涝灾害频发的地区，强烈的防洪需求促使大量有关研究不断涌现[46,47]。国内一些学者提出了将采煤沉陷区开发为平原蓄水工程的思路，这成为当前采煤沉陷区治理修复讨论的热点问题，这些相关研究多数集中在两淮浅地下水埋深平原地区。

王振龙等[48]分析了淮北采煤沉陷区的现状，并根据其特点划分沉陷区功能，提出沉陷区之间及其与河道的沟通连接方式，对沉陷区特征蓄水位及可引水量、可供水量和蓄水可行性进行了研究；姜富华[49]对两淮煤炭基地采煤沉陷区的综合治理问题进行了探讨，提出将淮南凤台片沉陷与周边水系沟通，建议通过合理的调度运行方式和必要的工程减轻局部洪涝灾害；许士国等[41]对安徽省沉陷区引过境水进行水资源调蓄开展了研究，并计算了不同保证率下的可供水量；张树军等[50]采用典型年水量均衡法计算了淮北市沉陷区非常规水源（主要指坑排水和地面排水）在不同情景下的供水保证率，得出通过采煤沉陷区的调蓄，境内非常规水资源可利用量相当可观的结论；王辉[51]研究了宿州市沉陷区的沉陷形态及与水系的相对分布位置，提出了沉陷区与当地水系相互之间沟通的设想，并对沉陷区调蓄外调水源、拦蓄河道雨洪资源的能力进行了计算。李金明等[52]研究了淮南采煤沉陷区的蓄洪除涝潜力，在通过GIS划分沉陷区集水范围的基础上，计算不同频率的暴雨产流量并结合沉陷区库容分析了沉陷区的蓄涝能力。

1.5 采煤沉陷区对水环境影响研究

煤炭过量开采及利用的同时引发了一系列的水环境问题，致使矿区已成为典型的严重受损生态系统。水环境问题是制约矿区可持续发展乃至区域水安全的重大隐患，因此矿区水环境综合治理迫在眉睫。而研究采煤沉陷的矿区水环境需要将不同含水层水文地球化学和地表水体的水环境综合考虑，其具有一定的特殊性和复杂性，通过监测、分析、评定、预测等方式对采煤沉陷区水环境进行探讨是当今持续的研究热点。此外，合理有效地评价区域水环境质量对水环境保护和水资源的可持续利用具有十分重要的意义。

国内外学者在水环境质量评价方面开展了大量研究。常规的水环境化学数据分析方法主要有：数理统计分析法、比例系数法及图示法等。数理统计常用的方法有主成分分析法、相关分析法、因子分析法等。图示法主要包括柱形图示法、圆形图示法、三线图示法等，其中应用最为普遍的为1994年派帕（Piper）提出的三线图示法[53]。评价水环境质量时不同国家地区有着不同的评价标准。国外对水环境质量评价侧重于多参数、多介质水质数据分析，国内多采用指数评价法进行讨论，包括单因子指数评价法、分级评价法、模糊综合评价法、综合水质标识指数法和内梅罗指数法等。此外，在研究地下水的起源和运移、地表水和地下水关系时，同位素示踪技术也是研究的重要手段之一。

在水化学数据分析、同位素示踪技术应用、水环境质量评价方面，李永华等以湘西境内凤凰铅锌矿区不同区域的地表水为对象，研究了铅锌矿区水体中Pb、Zn、Hg等元素的污染状况及成因，表明水体中Pb、Zn、Hg的含量受原生地球化学环境的控制，同时生物地球化学作用和人为采选矿活动也深刻影响它们在水体中的分布[54]。易齐涛等对淮南潘谢采煤沉陷区的水化学条件下溶液离子组分对表层沉积物磷吸附特征的影响进行研究分析[55]。孙鹏飞等以两淮采煤沉陷区为研究区，基于水化学基本理论和原理，分析了各研究水域主要离子质量浓度、组成及类型，采用Gibbs图及因子分析方法，揭示了淮南沉陷积水区水化学特征主要受浅层地下水和地表径流的双重影响，而淮北沉陷积水区离子组成主要体现了区域浅层地下水化学的特征[56]。孔令健以淮北临澳矿采煤沉陷区地表水（包括浍河、香顺沟、沉陷区积水）和浅层地下水为研究对象，以丰水期、平水期、枯水期为时间变化特征，系统研究两种不同水体常规水化学特征及其影响因素、氨氧稳定同位素特征、重金属含量特征并对水环境质量进行评价[53]。

在水质研究方面，曹雪春等采用顾桥煤矿的水化学资料，以主成分分析法和聚类分析法所得结果为基础，应用Bayes判别分析法建立了该矿区地下水各含水层水化学判别模型对预测水样进行判别，并将预测结果与人工神经网络、灰色关联度、Baye判别分析和模糊综合评判预测结果进行对比，结果表明，主成分分析、聚类分析、Baye判别分析组合的多元统计分析适用于矿区地下水含水层水样水化学分类及水源水化学判别[57]。徐良骥等分析了淮南矿区塌陷时间不同的塌陷水域，监测、分析评价水体的理化指标、重金属元素，得到矿区内塌陷水域均受到了不同程度的污染，部分理化指标随塌陷水域形成时间增长有累积作用，具有随季节变化的特征等结论[58]。

1.6 主要内容与技术路线

1.6.1 主要内容

本书主要内容包括采煤沉陷区分布式水循环模型研究、采煤沉陷区蓄洪除涝作用研究、采煤沉陷区蓄水工程水资源综合利用研究3个方面。

(1) 采煤沉陷区水资源形成转化模拟

采煤沉陷区形成的洼地不仅为防治区域洪涝灾害提供了拦蓄空间，其蓄水功能也使其中的水量成为可被有效利用的水资源。从资源的角度看待沉陷区洼地蓄存的水，需要评估其资源量、可更新性和周期规律。沉陷区洼地的来水量具有多种来源和途径，除在汛期蓄滞洪涝水外，随着沉陷区洼地的持续下沉，在非汛期原本汇入周边河道的水量也可能改变汇流方向流入沉陷区洼地，同时沉陷区洼地形成的盆地效应也将影响区域地下径流的格局，成为当地潜水的汇入与出露区。摸清沉陷区洼地水资源来源、组成与补给规律是本书拟解决的主要问题之一，需要借助模型开展研究，包括以下 3 个方面内容。

1）淮南矿区地表/地下水循环转化机制分析。收集水文地质单元分区、矿区划分、河流水系分布、土地利用类型及分布、土壤类型及分布、地面高程分布、含水层结构等信息，以采煤沉陷区所在的流域为整体研究其水循环系统的内部关联及与边界外部的水力联系，概化水循环系统的循环转化模式。

2）淮南煤田矿区分布式水循环模型研究。耦合地下水、土壤水、河道地表水和沉陷区洼地蓄水等水文过程，开发符合淮南煤田矿区当地水循环转化特征的分布式水循环模型，模拟流域内地下水补给/排泄关系、地表水/地下水相互转化关系、沉陷洼地蓄水与外界水分的转化关系，全面评价区域水循环形成转化的过程与各水循环分项，从区域整体水循环过程的角度定量认知沉陷区洼地蓄水的补给形成规律。

3）沉陷区洼地不同水平年水资源量评价。在水文过程和转化规律摸清的基础上，开展未来不同水平年沉陷区洼地水资源量的预测模拟。结合不同水平年份的沉陷面积和沉陷深度数据设置对应的情景方案，通过模型研究沉陷区下沉过程对流域水资源转化过程的影响，定量评估不同水平年份沉陷区洼地的当地蓄滞水量、蓄滞水量的来源及其组成比例关系。

(2) 采煤沉陷区蓄洪除涝作用

淮河中游行洪不畅，以往在汛期遇淮河大水年份，淮河干流的水位往往高于淮南矿区所处的淮北支流，使得支流内沿淮洼地的积水没有出路，形成"关门淹"。在采煤沉陷区整体地势下沉的情况下，形成的大面积连片洼地使洪涝水有了固定存储空间，其蓄洪除涝的作用凸显，但目前缺乏定量评估数据。研究区洪涝过程具有一定的水文频率，同时洪涝程度与淮河干流的来水情况有关，沉陷区洼地的蓄滞能力也随着采煤过程的进行是一个动态发展的过程，定量评估需要从以下 4 个方面开展。

1）淮南矿区水文演变及洪涝规律分析。根据流域内河流水系的基本情况，对主要河流的历史洪水、涝水灾害情况进行调查分析，对主要河流进行水文演变分析，计算不同典型或频率的洪涝过程及洪涝量。

2）采煤沉陷区蓄滞体系演变过程研究。结合不同水平年的沉陷区范围及沉陷深度等值线图，研究地势下沉对本地流域内河流地表水系的汇流影响，确定不同水平年份采煤沉陷区对应的汇流排水范围、与沉陷区有空间关联的地表水系状况及空间分布结构等。

3）采煤沉陷区洪涝遭遇频率分析。分析淮河干流洪水的周期与演变规律，研究历史上不同规模洪水发生的频次与洪量，并结合本地流域内河流的洪涝规律分析成果，研究淮河干流洪水与本地流域河流洪涝过程的水文同步性、可能的组合情况等。

4）采煤沉陷区蓄洪除涝效果评估。结合不同水平年沉陷区蓄滞体系演变的定量研究成果，评估不同水平年沉陷区洼地对本地洪涝水和淮河干流洪水的双重滞蓄效果，包括可消除的洪涝量、可减少的洪涝损失、对淮河中游已有蓄滞洪区的影响、所能起到的替代作用等。

（3）采煤沉陷区洼地蓄水工程水资源综合利用

采煤沉陷区洼地改造成为具有综合利用功能的蓄洪与水源工程，融入治淮体系，需要统筹兼顾、标本兼治，协调好人、水、资源、生态环境的关系，开发利用与保护的关系、近期建设与远期建设的关系等，以充分发挥工程效用。本阶段综合利用的内容包括以下5个方面。

1）不同蓄水期不同水文频率蓄水工程可供水量预测。根据不同水平年和来水频率情况，对相应洼地的蓄水规模进行分析计算。结合沉陷区水库拦蓄状况，确定经济、合理的蓄水工程规模。以连续枯水年份和连续丰水年份为重点，预测不同情景下沉陷区蓄水工程可供水量状况。

2）潜在供水区域水资源需求分析。根据当地经济社会发展的情况，将汇水区域和可能供水区域纳入统一研究范畴，开展区域经济社会发展趋势分析，通过不同行业发展及其用水规律等研究，分析不同水平年的需水结构，并进行水资源需求预测。

3）蓄水工程水资源配置方案与调控模式研究。以蓄水工程为核心，结合不同水平年的水资源需求预测以及蓄水工程的可供水量和其他水源情况，进行水资源供需平衡分析，提出与当地经济社会发展相适应的水资源合理配置方案，研究不同典型年份蓄水工程的水量调控管理模式。

4）蓄水工程对淮河干流下游生态环境影响评估。从功能上来说，蓄水工程为具有较大拦蓄能力的平原水库，在洼地自身蓄水及与本段淮河干流进行水量拦蓄的情况下对淮河干流的径流过程和径流量有一定程度的干预，从而可能对下游生态环境产生影响，需要对其影响程度进行评估。

5）沉陷区洼地蓄水工程纳污能力研究。蓄水工程位于平原地区，人口密集，产业集中，污染源众多，各河道受点源、面源污染严重，未来能否保障蓄水工程的供水水质安全值得研究。需要对区域内的环境污染状况、污染类型、重点污染源进行调查，并确定区域的污染负荷及其分布，结合蓄水工程的蓄滞规模研究纳污能力与污染负荷的关系，提出污染控制及消减方案等。

1.6.2　技术路线

主要按照"机制分析—过程模拟—科学定量—综合利用—目标响应"的总体思路进行，具体如图 1-1。具体来说是在淮南煤田采煤沉陷发展趋势、沉陷区洼地与当地水循环体系水力联系的研究基础上，评估沉陷区洼地的蓄洪除涝作用，识别地面沉陷对当地水循环系统的影响；构建研究区"河道-沉陷区-地下水"联合过程的水循环综合模拟平台，实现对区域地表/地下水转化、地下水补给排泄、沉陷区洼地汇水等过程的仿真模拟和规律认知；结合不同水平年的沉陷数据进行情景分析，合理评价不同情景下沉陷区洼地水资源的形成转化量及其组成来源。在水循环模拟分析的基础上进行沉陷区洼地水资源综合利用研究，提出充分发挥淮南采煤沉陷区蓄水工程效率效益的调控方案及控制性指标，以此构建淮南采煤沉陷区水土资源综合利用体系框架，促进沉陷区"人-水-环境-经济"和谐建设，响应减轻沿淮渍涝灾害，提高淮北地区水资源保障能力、改善区域生态环境、促进区域经济发展等目标。

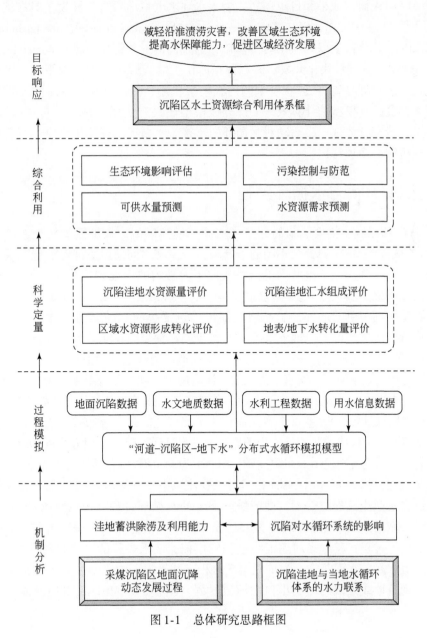

图 1-1　总体研究思路框图

2 模型开发设计与模型原理

2.1 MODCYCLE 概述

通过总结前人研究成果和自主创新，中国水利水电科学研究院开发了具有完全知识产权的水循环模型——MODCYCLE（an object oriented modularized model for basin scale water cycle simulation）。该模型以 C++语言为基础，通过面向对象程序设计（object-oriented programming，OOP）方式模块化开发，并以数据库作为输入输出数据管理平台。利用面向对象模块化良好的数据分离/保护及模型的内在模拟机制，该模型还实现了水文模拟的并行运算，可大幅度提高模型的计算效率。此外该模型还具有实用性好、分布式计算、概念−物理性兼具、能充分体现人类活动对水循环的干扰、水循环路径清晰完整、具备层次化的水平衡校验机制等多项特色。

2.1.1 模型结构与水循环路径

MODCYCLE 是具有物理机制的分布式水循环模拟模型。在平面结构上，模型首先需要把区域/流域按照 DEM 划分为不同的子流域，子流域之间通过主河道的级联关系构建空间上的相互关系。其次在子流域内部，将按照子流域内的土地利用分布、土壤类型分布、管理方式的差异进一步划分为多个基础模拟单元，基础模拟单元代表了流域下垫面的空间分异性。除基础模拟单元之外，子流域内部可以包括小面积的蓄滞水体，如池塘、湿地等。在子流域的土壤层以下，地下水系统分为浅层和深层共两层。每个子流域中的河道系统分为两级，一级为主河道，一级为子河道。子河道汇集从基础模拟单元而来的产水量，经过输移损失后产出到主河道。所有子流域的主河道通过空间的拓扑关系构成模型中的河网系统，河网系统中可以包括湖泊/水库等大面积蓄滞水体，水分将从流域/区域的最末级主河道逐级演进到流域/区域出口。就这个意义而言，子流域之间是有分布式水力联系的，其空间关系是通过河网系统构成的。此外，当子流域地下水过程用数值模拟方式处理时，各子流域地下水之间的作用也将表现出分布式性质。图 2-1 为 MODCYCLE 系统的平面结构示意图。

在水文过程模拟方面，MODCYCLE 将区域/流域中的水循环模拟过程分为两大过程进行模拟，首先是产流过程的模拟，即流域陆面上的水循环过程，包括降水产流、积雪/融雪、植被冠层截留蒸发、地表积水、入渗、土表蒸发、植物蒸腾、深层渗漏、壤中流、潜水蒸发、越流等过程；其次是河道汇流过程的模拟，陆面过程的产水量将向主河道输出，考虑沿途河道渗漏、水面蒸发、湖泊拦蓄等过程，并模拟不同级别主河道的水量沿着河道网络运动直到流域或区域的河道出口的河道过程。图 2-2 为 MODCYCLE 模拟的水循环路径示意图。

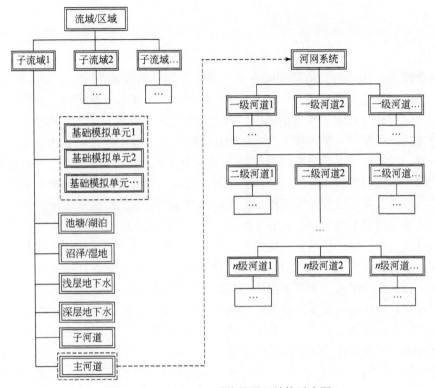

图 2-1 MODCYCLE 系统的平面结构示意图

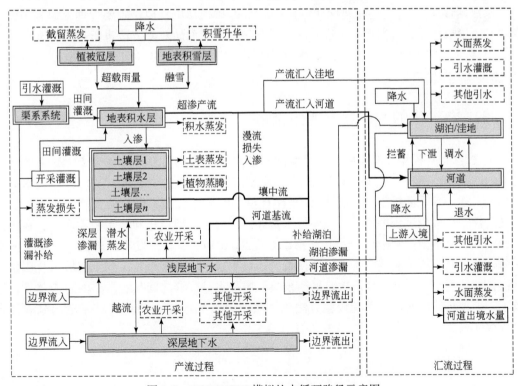

图 2-2 MODCYCLE 模拟的水循环路径示意图

2.1.2　面向对象模块化

在目前多数与计算相关的模型研究中，通常采用结构化的 FORTRAN 语言进行开发，如 MIKE-SHE 模型、新安江模型、MODFLOW 等，优点是编程语法严谨，计算效率高，特别适合于数值计算（如地下水数值模拟）等过程比较固定的模型。其缺点是由于采用结构化的编程方式，模型的可扩展性欠佳。在当前模型发展过程中，数据输入量和类型越来越庞大和多样，计算过程也越来越复杂。特别是当前水文/水循环模型的发展比较迅速，涉及海量的输入数据和多过程的模拟计算，尤其需要以更加先进的理念和更加有效的数据组织方式进行模型开发，以提高模型扩展的灵活性和模型数据组织的高效性。

在二元水循环概念模型 MODCYCLE 的开发过程中，选择面向对象的 C++语言进行整体模型的开发工作，整体模型高度集成和模块化，并较好地实现了模块之间的数据分离和保护机制，提高了程序代码的清晰性和可读性，以及模型功能的可扩展性。MODCYCLE 由流域模块、子流域模块、主河道模块、基础模拟单元模块、水库模块等 26 个模块构成。不同模块具有自己的独立数据，并实现不同的模拟功能，模块之间则通过模块的外部接口进行相互调用。在模块管理方面，MODCYCLE 具有清晰的层次，主要的模块管理层次分为流域管理级、子流域管理级和基础模拟单元管理级三个层次。在流域管理级，流域模块主要管理雨量、气温、辐射、湿度、风速等气象站模块、水库模块、主河道模块和子流域模块；在子流域管理级，子流域模块主要管理基础模拟单元模块、地下水模块、滞蓄模块及气象数据管理模块；在基础模拟单元管理级，基础模拟单元模块主要管理土地利用管理模块和土壤模块。就目前而言，在水文水循环领域采用面向对象方法进行模块化开发编程的并不多见，MODCYCLE 可以说是水文模型面向对象开发的一次重要尝试。图 2-3 是 MODCYCLE 的模块管理结构。

2.1.3　层次化的水平衡校验机制

水文/水循环模型涉及不同时空尺度之间的水循环转化模拟，通常会产生庞大的输出结果和众多的输出项。在 MODCYCLE 中，模型的输出项超过 150 项，其内容涉及水循环的各个过程。水平衡机制是所有水文/水循环模型的核心机制，模型的正确与否，首要的先决条件是在模拟过程中模型必须保持水量守恒。由于模拟过程和水平衡项众多，在模拟过程中对水量平衡机制进行校验并非易事。为此 MODCYCLE 开发出一套具有层次化的水平衡校验机制，从子流域内各水循环模拟实体层次独立水平衡校核，到子流域综合层次水平衡校核，再到全流域综合层次水平衡校核，层层水量校核之间具有严格的对应关系，形成了一套独具特色的水量平衡校验方法和体系。图 2-4 为 MODCYCLE 结果输出分表和水量校核体系。

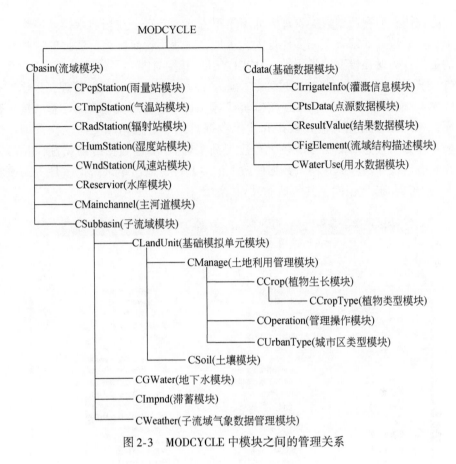

图 2-3　MODCYCLE 中模块之间的管理关系

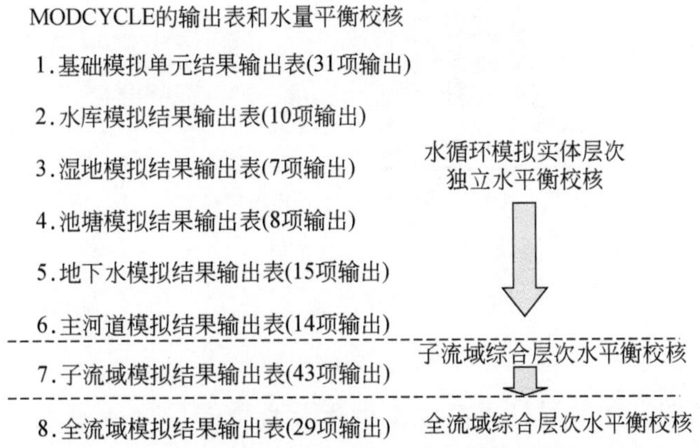

MODCYCLE的输出表和水量平衡校核

1．基础模拟单元结果输出表(31项输出)

2．水库模拟结果输出表(10项输出)

3．湿地模拟结果输出表(7项输出)　　　　　水循环模拟实体层次
　　　　　　　　　　　　　　　　　　　　独立水平衡校核
4．池塘模拟结果输出表(8项输出)

5．地下水模拟结果输出表(15项输出)

6．主河道模拟结果输出表(14项输出)
- -子流域综合层次水平衡校核
7．子流域模拟结果输出表(43项输出)
- -
8．全流域模拟结果输出表(29项输出)　全流域综合层次水平衡校核

图 2-4　MODCYCLE 的输出项和层次化的水量平衡校核机制

2.1.4　数据库支持

当前多数水文/水循环模型的输入输出接口一般标准为使用 TXT 文件，主要的特点是

读写的速度较快，但在后期数据管理方面不是很方便。特别是在当前水循环模型综合发展的情势下，模型数据的复杂性和多样性大大增加，对使用者而言进行数据的维护和管理成为较大的负担。为增强模型的易用性，MODCYCLE 开发时摒弃了传统计算水文/水循环模型的 TXT 文件格式，而采用更加先进的数据库平台方式统一进行数据管理，采用数据库作为模型的输入/输出平台，通过 ADO 接口实现对 Access 数据库的访问。在输入输出数据的管理方面，MODCYCLE 所有输入数据和输出数据只用一个数据库文件进行管理，模型运行的数据管理方面极为简洁明了。较大程度提高了输入/输出数据的易读性，并可借用数据库强大的检索统计功能提高输入数据修改上的便利性、输出结果数据整理上的便利性。图 2-5 为 MODCYCLE 数据库，共包括库表 40 余个。

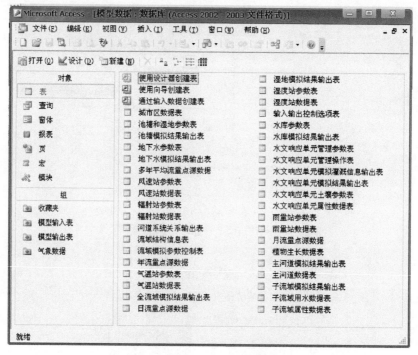

图 2-5　MODCYCLE 的数据库表

2.1.5　并行运算支持

在科学计算领域，如何尽量提高模型的运算性能是一个永恒的话题。在水文/水循环模型的发展过程中，由于理论的不断发展和研究的逐渐细化，需要处理越来越多的数据，模拟越来越丰富的内容，因此对高速运算的渴求从未停止过。随着计算机硬件技术的发展，当前计算机一般都已经具备两个以上的多核心基础，在服务器领域或超级计算机中，几十乃至数千个核心的群集系统也很常见，因此发展并行运算成为近年来高性能计算的研究热点和有效手段。然而除已经具备的硬件能力，还需要软件模型本身提供并行运算的可能性。目前并行运算在气象模型方面已经有了长足的发展，但在水文/水循环模型研究方面尚很少应用。开发并行运算模型的难度在于分离出相互影响较小、基本可同步计算的过程，并尽可能减少数据之间的共享冲突，以实现较高的并行效率。面向对象的模块化使 MODCYCLE 在计算过程分离和数据保护方面具备了较好的基础。模型的并行运算思路主要从两个方面出发，一是在子流域内部水循环转化计算阶段，各子流域的计算相对独立，计算循序的改变对计算结果基本没影响，计算可以并行进行；二是在河网系统汇流计算阶段，如果模拟区域有多个流域出口，则向不同流域出口汇流的河道和水库构成的各个子河网系统之间也具有相对独立性，计算过程也可以并行进行。有时如跨子流域取水灌溉、跨子河网系统调水等情况会破坏以上并行环境，此时需要通过临界区代码保护等方法进行特殊处理，以使线程之间协调工作。MODCYCLE 并行运算框图和多核心并行运算时中央处理器（central processing unit，CPU）占用率的示例如图 2-6 和图 2-7 所示。

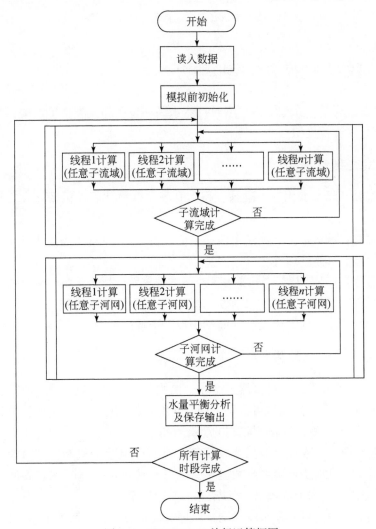

图 2-6　MODCYCLE 并行运算框图

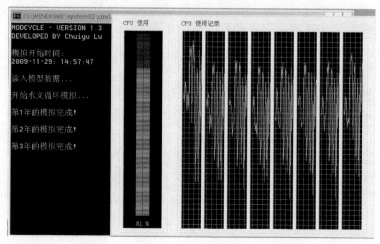

图 2-7　多核心并行运算时 CPU 占用率

2.1.6　模型的多过程综合模拟能力

在模型开发过程中，充分考虑模型对自然水循环过程和人类活动影响的双重体现，具体体现为以下分项过程模拟。

（1）自然过程的模拟

1）大气过程：降水、积雪、融雪、积雪升华、植被截留、截留蒸发、地表积水、积水蒸发等。

2）地表过程：坡面汇流、河道汇流、径流滞蓄、湖泊/湿地漫溢出流、水面蒸发、河道渗漏、湖泊/湿地水体渗漏等。

3）土壤过程：产流/入渗、土壤水下渗、土壤蒸发、植物蒸腾、壤中流等。

4）地下过程：渗漏补给、潜水蒸发、基流、浅层/深层越流等。

5）植物生长过程：根系生长、叶面积指数、干物质生物量、产量等。

（2）人类活动过程的模拟

模型可考虑多种人类活动对自然水循环过程的干预，主要包括以下内容。

1）作物的种植/收割。模型可根据不同分区的种植结构对农作物的类型进行不限数量的细化，并模拟不同作物从种植到收割的生育过程。

2）农业灌溉取水。农业灌溉取水在模型中具有较灵活的机制，其水源包括河道、水库、浅/深层地下水取水及外调水 5 种类型。除可直接指定灌溉时间和灌溉水量之外，在灌溉取水过程中还可根据土壤墒情的判断进行动态灌溉。

3）水库出流控制。可根据水库的调蓄原理对模拟过程中水库的下泄量进行控制。

4）点源退水。模型可对工业/生活的退水行为进行模拟，点源的数量不受限制，同时可指定退水位置。

5）工业/生活用水。工业/生活用水在模型中通过耗水来描述，其水源包括河道、水库、浅/深层地下水、池塘5种类型。

6）水库–河道之间的调水。可模拟任意两个水库或河道之间的调水联系，并有多种调水方式。

7）湖泊/湿地的补水。可模拟多种水源向湖泊/湿地的补水。

8）城市区水文过程模拟。针对不同城市透水区面积和不透水区面积的特征，对城市不同于其他土地利用类型的产/汇流过程进行模拟。

2.2 MODCYCLE 的主要模拟原理

2.2.1 基础模拟单元水循环

基础模拟单元代表特定土地利用类型（如耕地、林草地、滩地等）、土壤属性和种植管理方式的集合体，其物理原型是土壤层及其上生长的植被。模型采用一维半经验/半动力学模式对基础模拟单元的水循环过程进行模拟，时间尺度为日尺度。涉及的模拟原理包括降水、冠层截留、积雪/融雪、产流/入渗、蒸发蒸腾、土壤水分层下渗、壤中流7部分，如图2-8所示。

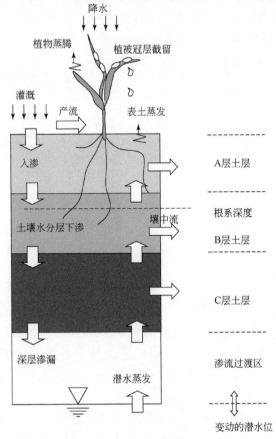

图2-8 基础模拟单元水循环示意图

（1）降水

模拟过程中当天的降水性质是降雨或是降雪通过日平均气温判断。降雪背景温度阈值（一般为-5～5℃，多采用1℃）为模型的重要参数。如果当天的平均气温低于降雪背景温度阈值，则认为当天降雪（或冻雨），否则认为是降雨。

（2）冠层截留

模型中植被冠层的最大截留量日尺度动态变化值为植被的叶面积指数的函数：

$$\text{can}_{\text{day}} = \text{can}_{\text{max}} \cdot \frac{\text{LAI}}{\text{LAI}_{\text{max}}} \tag{2-1}$$

式中，can_{day} 为某日植被冠层的最大截留能力（mm H_2O）；can_{max} 为植被完全生长时的最大截留能力（mm H_2O）；LAI 为当日的植被叶面积指数；LAI_{max} 为植被完全生长时的最大叶面积指数。

（3）积雪/融雪

积雪过程通过基础模拟单元上雪量的平衡关系描述：

$$\text{SNO} = \text{SNO} + R_{\text{day}} - E_{\text{sub}} - \text{SNO}_{\text{mlt}} \tag{2-2}$$

式中，SNO 为当天的积雪量（mm H_2O）；R_{day} 为降雪量（mm H_2O）；E_{sub} 为当天的积雪升华量（mm H_2O）；SNO_{mlt} 为当天的融雪量（mm H_2O）。

融雪过程采用度日因子法模拟：

$$\text{SNO}_{\text{mlt}} = b_{\text{mlt}} \cdot \text{sno}_{\text{cov}} \cdot \left[\frac{T_{\text{snow}} - T_{\text{max}}}{2} - T_{\text{mlt}} \right] \tag{2-3}$$

式中，SNO_{mlt} 为当天的融雪量（mm H_2O）；b_{mlt} 为当天的融雪因子 [mm H_2O/（℃·d）]；sno_{cov} 为积雪覆盖度；T_{snow} 为当天积雪的温度（℃）；T_{max} 为当天最高气温（℃）；T_{mlt} 为融雪基温（℃）。

（4）产流/入渗

模型的产流/入渗过程通过地表具有积水机制的改进 Green-Ampt 模型进行模拟，并在日模拟过程用半小时尺度作为迭代计算时段。若当天有降水或灌溉，先用 Green-Ampt 模型计算基础模拟单元的地表累积入渗量：

$$F(t_i) = F(t_{i-1}) + K_e \cdot \Delta t + \psi \cdot \Delta\theta_v \cdot \ln\frac{F(t_i) + \psi \cdot \Delta\theta_v}{F(t_{i-1}) + \psi \cdot \Delta\theta_v} \tag{2-4}$$

式中，$F(t_i)$ 为当前时刻的累计入渗量（mm）；$F(t_{i-1})$ 为前一时刻的累计入渗量（mm）；K_e 为土层的有效水力传导度（mm/h）；Δt 为计算步长（0.5h），等于 $t_i - t_{i-1}$；ψ 为湿润峰处的土壤水负压（mm）；$\Delta\theta_v$ 为湿润峰两端的土壤含水率相差值。地表产流量的计算公式如下：

$$\begin{cases} R(t) = P(t) + \text{IR}(t) - F(t) - \text{SP}_{\text{max}} & \text{若 } P(t) + \text{IR}(t) - F(t) > \text{SP}_{\text{max}} \\ R(t) = 0 & \text{若 } P(t) + \text{IR}(t) - F(t) \leqslant \text{SP}_{\text{max}} \end{cases} \tag{2-5}$$

式中，$P(t)$ 为第 t 天的累计降水量（mm）；$R(t)$ 为第 t 天的地表产流量（mm）；$\mathrm{IR}(t)$ 为第 t 天的灌溉量（mm）；$F(t)$ 为第 t 天的累计入渗量（mm）；$\mathrm{SP}_{\max}$ 为地表最大积水深度参数（mm）；其他符号意义同前。$\mathrm{SP}_{\max}$ 为影响入渗量的重要参数，式（2-5）表达的含义为，只有当地表的积水量（深度）超过最大积水深度时才能形成地表产流。当天的地表积水量可计算为

$$\begin{cases}\mathrm{SP}(t)=\mathrm{SP}_{\max} & \text{若 } P(t)+\mathrm{IR}(t)-F(t)>\mathrm{SP}_{\max}\\ \mathrm{SP}(t)=P(t)+\mathrm{IR}(t)-F(t) & \text{若 } P(t)+\mathrm{IR}(t)-F(t)\leqslant \mathrm{SP}_{\max}\end{cases} \tag{2-6}$$

式中，$\mathrm{SP}(t)$ 为第 t 天的地表积水量（mm）；其他符号意义同前。$\mathrm{SP}(t)$ 将在次日扣除积水蒸发后与次日的地表降水、灌溉量一起作为综合的地表潜在入流量继续模拟产流/入渗过程。

（5）蒸发蒸腾

MODCYCLE 使用 Penman-Monteith 公式计算日蒸发蒸腾量，该公式需要太阳辐射、最高/最低气温、相对湿度和风速五项气象数据。

$$E_0=\frac{\Delta\cdot(H_{\mathrm{net}}-G)+\gamma\cdot c_{\mathrm{p}}\cdot(0.622\cdot\lambda\cdot\rho_{\mathrm{air}}/P)\cdot(e_z^0-e_z)/r_{\mathrm{a}}}{\lambda\cdot[\Delta+\gamma\cdot(1+r_{\mathrm{c}}/r_{\mathrm{a}})]} \tag{2-7}$$

式中，Δ 为饱和气压-温度曲线的斜率（kPa/℃）；H_{net} 为净辐射（$\mathrm{MJ\cdot m^2/d}$）；G 为地中热通量（$\mathrm{MJ\cdot m^2/d}$）；ρ_{air} 为空气密度（$\mathrm{kg/m^3}$）；c_{p} 为常压下的比热（MJ/kg℃）；e_z^0 为高度 z 处的饱和水汽压（kPa）；e_z 为高度 z 处的实际水汽压（kPa）；γ 为湿度表常数（kPa/℃）；r_{c} 为植物阻抗（s/m）；r_{a} 为空气动力阻抗（s/m）；λ 为汽化潜热（MJ/kg）；P 为大气压力。

每日计算开始时，模型先利用式（2-7）计算参考作物蒸发蒸腾量。模型的参考作物为 40cm 高度的紫花苜蓿，植物阻抗为 $r_{\mathrm{c}}=49\mathrm{s/m}$，空气动力阻抗每日根据风速计算，计算公式为 $r_{\mathrm{a}}=114/u_z$，其中，u_z 为高度 z 处的风速（m/s）。

植被冠层截留蒸发、积水蒸发、积雪升华、土表蒸发这四项蒸发分项将以参考作物潜在腾发量为基准结合当天植被截留水量状况、地表积水/积雪状况、地表覆盖度、土壤含水率等因素分别计算。植被蒸腾仍使用 Penman-Monteith 公式计算，但植物阻抗和空气动力阻抗这两项关键参数依据具体作物而定。

（6）土壤水分层下渗

进入土壤剖面的水分在重力作用下向下渗透，在模型中土壤水的下渗由田间持水度控制，当某层土壤的含水率超过田间持水度对应的含水率时（存在重力水），水分才能下渗。对于单个土层，当天的下渗过程分为强迫排水和自由排水两阶段。强迫排水阶段为该土层之上作用有静水压力的阶段，计算公式为

$$\mathrm{seep}_{\mathrm{x}}=K_{\mathrm{s}}\cdot\frac{2\cdot H_0\cdot t_{\mathrm{x}}\cdot 24-(H_0-\mathrm{thick})\cdot 24^2}{2\cdot t_{\mathrm{x}}\cdot\mathrm{thick}}=K_{\mathrm{s}}\cdot\frac{24\cdot H_0\cdot t_{\mathrm{x}}-288\cdot(H_0-\mathrm{thick})}{t_{\mathrm{x}}\cdot\mathrm{thick}}$$

$$t_{\mathrm{x}}=2\cdot\frac{\mathrm{seep}_{\mathrm{x}}\cdot\mathrm{thick}}{K_{\mathrm{s}}\cdot(H_0+\mathrm{thick})} \tag{2-8}$$

式中，H_0 为静水压力（mm）；t_{x} 为强迫排水结束时间（h）；thick 为土层厚度（mm）；K_{s}

为饱和渗透系数（mm/h）。

自由排水阶段为土层排泄自身重力水的阶段，排水量计算如下：

$$\text{seep}_\text{y} = (\text{sol\_ST} - \text{sol\_FC}) \cdot \left[1 - \exp\left(-\frac{24}{\text{HK}}\right)\right] \tag{2-9}$$

式中，sol_ST 为当天该土层的含水量（mm）；sol_FC 为该土层田持时含水量（mm），$\text{HK} = \text{thick}/K_\text{s}$。

当天该土层的总排水量计算为

$$\text{seep} = \text{seep}_\text{x} + \text{seep}_\text{y} \tag{2-10}$$

模型逐层计算每层土壤的下渗量，当计算到土壤剖面的底层土层时，该土层的下渗量作为深层渗漏量离开土壤剖面进入渗流区，并通过储流函数的方法计算土壤深层渗漏量向地下水的补给。

（7）壤中流

降水垂直下渗遇到透水性较差的土层，水分将在不透水层上方聚集，形成一定的饱和区，或者称为上层滞水面。当地表有一定坡度时，上层滞水面的水分成为壤中流的主要来源。MODCYCLE 采用一种类似运动波的方法计算壤中流。

$$Q_\text{lat,day} = \frac{V_{Q_\text{lat,day}}}{A_\text{hill}} = 0.024 \cdot \left(\frac{2 \cdot \text{SW}_\text{ly,excess} \cdot K_\text{sat} \cdot \text{slp}}{\phi_\text{d} \cdot L_\text{hill}}\right) \tag{2-11}$$

式中，$Q_\text{lat,day}$ 为山坡出口的日排水量（mm）；$V_{Q_\text{lat,day}}$ 为山坡出口的日排水总体积（mm³）；A_hill 为山坡的面积（m²）；$\text{SW}_\text{ly,excess}$ 为山坡上某土层上每单位面积的可排水量（mm H₂O）；ϕ_d 为土壤可排水的孔隙度；L_hill 为山坡的长度（m）；K_sat 为土层的饱和渗透系数（mm/h）；slp 为山坡的坡度。

2.2.2 地下水循环

MODCYCLE 将地下水系统概化为浅层地下水含水层和深层地下水含水层两层，浅层地下水含水层即通常意义的潜水含水层，深层地下水含水层为通常意义的承压含水层。

模型中每个子流域都具有这两个含水层。在当前版本的 MODCYCLE 中，将子流域分为山区子流域和平原区子流域两类进行模拟计算。考虑到山区子流域一般都具有自然的分水岭，且地表水分水岭与地下水分水岭通常一致，因此山区子流域地下水用均衡模式计算，各子流域的地下水认为相互之间相对独立，不考虑子流域间地下水水量的侧向交换。平原区由于子流域分水岭不明显，各子流域地下水含水层之间相互连续，地下水水平向的侧向运动不能忽略，因此采用网格形式的数值方法进行模拟。

（1）山区子流域地下水计算

子流域浅层地下水的水量平衡为

$$\text{aq}_\text{sh,i} = \text{aq}_\text{sh,$i-1$} + w_\text{rchrg,i} - Q_\text{gw,i} - w_\text{revap,i} - w_\text{shpm,i} - w_\text{leak,i} \tag{2-12}$$

式中，$\text{aq}_\text{sh,$i$}$ 为第 i 天存储在浅层含水层中的水量（mm H₂O）；$\text{aq}_\text{sh,$i-1$}$ 为第 $i-1$ 天存储在浅

水含水层中的水量（mm H_2O）；$w_{rchrg,i}$ 为第 i 天进入浅层含水层的补给量（mm H_2O）；$Q_{gw,i}$ 为第 i 天地下水产生的基流量（mm H_2O）；$w_{revap,i}$ 为第 i 天的潜水蒸发量（mm H_2O）；$w_{shpm,i}$ 为第 i 天浅层地下水的抽取量（mm H_2O）；$w_{leak,i}$ 为当天浅层地下水向深层地下水的越流量（mm H_2O）。

子流域浅层地下水的补给量包括以下分项：

$$w_{rchrg,sh} = w_{rg,soil} + w_{rg,riv} + w_{rg,res} + w_{rg,runoff} + w_{rg,pnd} + w_{rg,wet} + w_{rg,irrloss} \tag{2-13}$$

式中，$w_{rchrg,sh}$ 为浅层地下水各补给源的总量（mm H_2O）；$w_{rg,soil}$ 为土壤深层渗漏向地下水的补给量（mm H_2O）；$w_{rg,riv}$ 为主河道的渗漏量（mm H_2O）；$w_{rg,res}$ 为水库的渗漏量（mm H_2O）；$w_{rg,runoff}$ 为地表径流在向主河道运动时的损失量（mm H_2O）；$w_{rg,pnd}$ 为湖泊/池塘的渗漏量（mm H_2O）；$w_{rg,wet}$ 为湿地的渗漏量（mm H_2O）；$w_{rg,irrloss}$ 为灌溉工程引水过程的渗漏量（mm H_2O）。

模型中子流域深层地下水仅接受来自浅层地下水的越流（或向浅层地下水越流），此外还可被人工耗用，其水量平衡为

$$aq_{dp,i} = aq_{dp,i-1} + w_{leak} - w_{pump,dp} \tag{2-14}$$

式中，$aq_{dp,i}$ 为第 i 天深层地下水的储量（mm H_2O）；$aq_{dp,i-1}$ 为第 $i-1$ 天深层地下水的储量（mm H_2O）；w_{leak} 为第 i 天从浅层地下水越流到深层地下水的水量（mm H_2O）；$w_{pump,dp}$ 为第 i 天的深层地下水开采量（mm H_2O）。浅层地下水与深层地下水之间的越流指由于浅层地下水和深层地下水之间的水头差异形成势能差，水分通过两个含水层之间的隔水层发生水量交换。

（2）平原区子流域地下水数值模拟

模型如果涉及计算平原区地下水循环计算，首先需要定义平原区模拟范围，模拟范围内的子流域为平原区子流域，这些子流域之间的地下水通过含水层的连续性联系在一起。此时含水层的属性通过地下水数值网格单元刻画而不是子流域，网格单元的尺度通常比子流域的尺度小。地下水数值网格单元与子流域之间具有从属关系，完全位于某个子流域内部的网格单元具有唯一从属的子流域，位于两个或多个子流域的边界上的网格单元则从属于多个子流域，如图 2-9 所示。

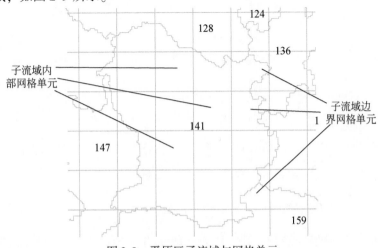

图 2-9　平原区子流域与网格单元

进行地下水数值模拟计算时浅层含水层各网格单元的面上补给量来源于子流域的水循环计算结果。如果是子流域内部的网格单元，其补给量为其所属子流域面上补给量（单位为mm）乘以网格单元的面积，如果网格单元为子流域边界单元，则其补给量为与该网格单元相关的各子流域面上补给量的面积加权平均值。除侧向流入/流出之外的排泄项，如潜水蒸发、基流、地下水开采等，均采用以上方式处理。在地下水数值模拟计算完毕后，各子流域浅层/深层地下水的埋深/水头/蓄变量等将根据网格单元的计算结果通过面积加权法进行更新，同时根据网格单元水量平衡状况计算子流域地下水的侧向净流入/流出量，从而完成子流域地下水和网格单元地下水的数据交互。

地下水数值算法采用网格单元中心差分法进行全三维模拟，其控制方程为

$$\frac{\partial}{\partial x}\left(K_{xx} \cdot \frac{\partial h}{\partial x}\right)+\frac{\partial}{\partial y}\left(K_{yy} \cdot \frac{\partial h}{\partial y}\right)+\frac{\partial}{\partial z}\left(K_{zz} \cdot \frac{\partial h}{\partial z}\right)-W=S_s \cdot \frac{\partial h}{\partial t} \tag{2-15}$$

式中，K_{xx}、K_{yy}和K_{zz}为渗透系数在X、Y和Z轴方向上的分量。在这里，本书假定渗透系数的主轴方向与坐标轴的方向一致，量纲为（L/T）；h为水头（L）；W为单位体积流量（1/T），用以代表来自源汇处的水量；S_s为孔隙介质的贮水率（1/L）；t为时间（T）。

三维含水层系统划分为一个三维的网格系统，整个含水层系统被剖分为若干层，每一层又被剖分为若干行和若干列。每个计算单元的位置可以用该计算单元所在的行号（i）、列号（j）和层号（k）来表示。图2-10表示计算单元（i, j, k）和其相邻的六个计算单元。

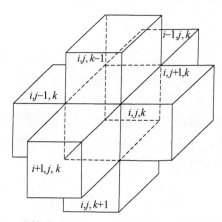

图2-10　计算单元（i, j, k）和其六个相邻的计算单元

通过隐式差分离散处理，控制方程可离散为以下形式的矩阵方程：

$$\begin{aligned}
&\mathrm{CR}_{i,j-\frac{1}{2},k}\left(h_{i,j-1,k}^{m}-h_{i,j,k}^{m}\right)+\mathrm{CR}_{i,j+\frac{1}{2},k}\left(h_{i,j+1,k}^{m}-h_{i,j,k}^{m}\right)+ \\
&\mathrm{CC}_{i-\frac{1}{2},j,k}\left(h_{i-1,j,k}^{m}-h_{i,j,k}^{m}\right)+\mathrm{CC}_{i+\frac{1}{2},j,k}\left(h_{i+1,j,k}^{m}-h_{i,j,k}^{m}\right)+ \\
&\mathrm{CV}_{i,j,k-\frac{1}{2}}\left(h_{i,j,k-1}^{m}-h_{i,j,k}^{m}\right)+\mathrm{CV}_{i,j,k+\frac{1}{2}}\left(h_{i,j,k+1}^{m}-h_{i,j,k}^{m}\right)+ \\
&P_{i,j,k}h_{i,j,k}^{m}+Q_{i,j,k}=\mathrm{SS}_{i,j,k}\left(\Delta r_j \Delta c_i \Delta v_k\right)\frac{h_{i,j,k}^{m}-h_{i,j,k}^{m-1}}{t_m-t_{m-1}}
\end{aligned} \tag{2-16}$$

式中，CR、CC、CV分别为沿行、列、层之间的水力传导系数（L²/T）；h为相应计算单

元的水头（L）；P 为水头源汇项相关系数；Q 为流量源汇项相关系数；SS 为贮水系数；Δr_j、Δc_i、Δv_k 分别为计算单元沿行、列、层方向的长度（L），即 $\Delta r_j \Delta c_i \Delta v_k$ 为计算单元的体积（L^3）；m 为当前计算的时间层；$m-1$ 为上一时间层。

地下水数值模拟矩阵方程在 MODCYCLE 中采用强隐式迭代法（strong implicit procedure，SIP）进行求解，计算时间步长为日，与水循环模拟计算的时间步长一致。

2.2.3 河道水循环

水体在河道网络中的运动过程类似于明渠流，模型采用马斯京根法对水量在河道中的演进过程进行模拟。马斯京根法是运动波模型的简化算法。

模型假设主河道具有梯形断面，如图 2-11 所示。

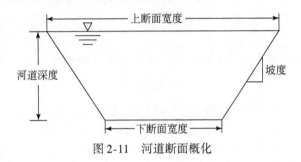

图 2-11 河道断面概化

子流域主河道的水量平衡公式为

$$V_{\text{stored},2} = V_{\text{stored},1} + V_{\text{in}} - V_{\text{out}} - w_{\text{rg,riv}} - E_{\text{ch}} - \text{div} \tag{2-17}$$

式中，$V_{\text{stored},2}$ 为时间段的结束时刻河段中存储的水量（m^3 H_2O）；$V_{\text{stored},1}$ 为时间段开始时刻河段存储的水量（m^3 H_2O）；V_{in} 为该时段进入河段的入流水量（m^3 H_2O）；V_{out} 为该时段流出河段的水量（m^3 H_2O）；$w_{\text{rg,riv}}$ 为沿途的渗漏损失（m^3 H_2O）；E_{ch} 为河道的蒸发损失（m^3 H_2O）；div 为从河道的引水量（m^3 H_2O）。

模型先通过马斯京根法计算河段的出流量 V_{out}，然后计算沿途渗漏损失、蒸发损失等其他水量。在河段的出流量进入下一个河段之前将这些水量在 V_{out} 进行扣除以保持水量平衡。

马斯京根法将河道中的水体体积模拟为棱柱水体和楔形水体。通过以上两式的联合求解并化简可得时段的结束时刻河道的出流量 $q_{\text{out},2}$。

$$q_{\text{out},2} = C_1 \cdot q_{\text{in},2} + C_2 \cdot q_{\text{in},1} + C_3 \cdot q_{\text{out},1} \tag{2-18}$$

式中，$q_{\text{in},1}$ 为时段初始时刻的入流流量（m^3/s）；$q_{\text{in},2}$ 为时段结束时刻的入流流量（m^3/s）；$q_{\text{out},1}$ 为时段开始时刻的出流流量（m^3/s）；$q_{\text{out},2}$ 为时段结束时刻的出流流量（m^3/s），并且有

$$C_1 = \frac{\Delta t - 2 \cdot K \cdot X}{2 \cdot K \cdot (1-X) + \Delta t}$$

$$C_2 = \frac{\Delta t + 2 \cdot K \cdot X}{2 \cdot K \cdot (1-X) + \Delta t} \tag{2-19}$$

$$C_3 = \frac{2 \cdot K \cdot (1-X) - \Delta t}{2 \cdot K \cdot (1-X) + \Delta t}$$

式中，Δt 为演算时段长；K 为槽蓄曲线的坡度；X 为流量比例因子。

2.2.4 水库水循环

水库为位于流域河道网络上的滞蓄水体，通过减小洪峰流量和洪水排泄量改变水在河道网络中的运动，在洪水控制和供水方面有重要的作用。

水库的水量平衡如下：

$$V = V_{stored} + V_{flow\ in} - V_{flow\ out} + V_{pcp} - V_{evap} - V_{seep} - V_{div} \tag{2-20}$$

式中，V 为当天结束时刻水库的蓄水体积（$m^3\ H_2O$）；V_{stored} 为当天初始时刻水土的蓄水体积（$m^3\ H_2O$）；$V_{flow\ in}$ 为当天从上游河道流入水库的水的体积（$m^3\ H_2O$）；$V_{flow\ out}$ 为当天流出水库的水的体积（$m^3\ H_2O$）；V_{pcp} 为当天降落到水库上的降水量（$m^3\ H_2O$）；V_{evap} 当天水库的蒸发水量（$m^3\ H_2O$）；V_{seep} 为水库的渗漏损失（$m^3\ H_2O$）；V_{div} 为水库的引水量（$m^3\ H_2O$），包括灌溉引水和工业/生活用水。

水库的水表面积与水库的蓄水量有关，计算过程中根据式（2-21）每天进行更新。

$$SA = \beta_g V^{expsa} \tag{2-21}$$

式中，SA 为水库的水表面积（hm^2）；β_g 为蓄水系数；V 为水库的蓄水量（$m^3\ H_2O$）；expsa 为蓄水指数。

2.2.5 池塘/湿地水循环

池塘和湿地与水库的区别在于其为位于流域河道网络外的滞蓄水体，接受来自本子流域内的一部分地表径流，而不是接受上游河道的来水。

当天进入池塘或湿地的入流量如下：

$$V_{flow\ in} = 10\ fr_{imp} \cdot (Q_{surf} + Q_{gw} + Q_{lat}) \cdot (Area - SA) \tag{2-22}$$

式中，$V_{flow\ in}$ 为当天进入水体的入流量（$m^3\ H_2O$）；fr_{imp} 为子流域内滞蓄水体的排水面积比例；Q_{surf} 为当天子流域的地表产流量（$mm\ H_2O$）；Q_{gw} 为当天子流域的地下水基流量（$mm\ H_2O$）；Q_{lat} 为当天子流域的壤中流量（$mm\ H_2O$）；Area 为子流域的面积（hm^2）；SA 为滞蓄水体的水表面积（hm^2）。在地表径流、地下水基流、壤中流进入主河道之前，先扣除在池塘/沼泽的入流部分。

池塘与湿地水循环模拟的区别主要在于两点：一是池塘主要模拟人工控制的滞蓄水体，其水量可以用于用水消耗，湿地则认为是基本自然的水体，无人工用水；二是池塘的出流计算方式比湿地的出流计算方式相对丰富。除此之外两者的计算基本一致。

池塘的水量平衡如下：

$$V = V_{stored} + V_{flow\ in} - V_{flow\ out} + V_{pcp} - V_{evap} - V_{seep} - V_{wuse} \tag{2-23}$$

湿地的水量平衡如下：

$$V = V_{stored} + V_{flow\ in} - V_{flow\ out} + V_{pcp} - V_{evap} - V_{seep} \tag{2-24}$$

式中，V 为当天结束时刻滞蓄水体的蓄水体积（$m^3\ H_2O$）；V_{stored} 为当天初始时刻滞蓄水体的蓄水体积（m^3 H_2O）；$V_{flow\ in}$ 为当天流入滞蓄水体的水的体积（m^3 H_2O）；$V_{flow\ out}$ 为当天流出滞蓄水体的水的体积（m^3 H_2O）；V_{pcp} 为当天降落到滞蓄水体上的降水量（m^3 H_2O）；V_{evap} 为当天滞蓄水体的蒸发水量（m^3 H_2O）；V_{seep} 为滞蓄水体的渗漏损失（m^3 H_2O）；V_{wuse} 为滞蓄水体的人工用水。

2.2.6　植物生长模拟

植物生长过程中叶面积指数、高度、根系、生物量等都会发生变化，从而影响地表覆盖度及地表蒸散发的全过程，其在水循环过程中为重要的参与者。模型中关于作物的生长基于热单位（heat units）理论；潜在生物量的计算基于 Monteith 提出的方法，计算产量时通过收获指标确定，在寒季时作物可以进入休眠。

温度是影响植物生长最重要的因素，每种植物都有其生长的温度区间，如最低、最优、最高生长温度。对于任何植物来说，气温必须达到最低生长温度（基温），植物才可以进行生长。热单位理论假设植物具有可量化的热量需求，并且热量需求与成熟时间有关。当平均气温低于作物生长基温时作物不会生长，因此日平均气温中只有超过作物生长基温的那部分才对作物生长有贡献，日平均气温每高出作物生长基温 1℃ 就相当于 1 个热单位。明确种植时间、成熟时间、生长期内的日平均气温、作物生长基温，作物成熟需要的总热单位就可以计算出来。

模型假设高于作物生长基温的热量都对作物生长有效。当天的热单位累积计算公式如下：

$$HU = \overline{T}_{av} - T_{base} \qquad 若 \overline{T}_{av} > T_{base} \tag{2-25}$$

式中，HU 为当天的热单位累积；$\overline{T}_{av}$ 为当天的日平均温度（℃）；T_{base} 为植物的生长基温（℃）。作物达到成熟所需要的热单位总量如下：

$$PHU = \sum_{d=1}^{m} HU_d \tag{2-26}$$

式中，PHU 为作物达到成熟所需要的总热单位；HU_d 为第 d 天热单位累积；$d=1$ 为种植日期；m 为作物成熟所需要的天数（天）。PHU 也称为潜在热单位。

2.2.7　人类活动过程模拟

在目前流域/区域水循环过程中，人类活动对水循环的干预作用越来越凸显，并影响到自然水循环的各个环节。例如，人类农业种植活动改变地表覆被，影响区域/流域的蒸散发过程；农田开发改变微地形微地貌，影响区域/流域的产流及汇流形成过程；城市区的迅速扩张导致低渗透性的路面不断增加，影响区域产流量和汇流速度；大量和频繁的农业灌溉改变土壤原来接受水分补给的频率与强度，强化了区域垂向方向的水分循环；水库通过滞蓄作用改变水在河道中的运动；工农业生产及生活不同水源的取水直接改变水平方向运动轨迹，使水分进入人工引用耗排系统以不同于自然循环的方式进行消耗和排泄；等等。

鉴于人类活动在水循环过程中的参与和深刻影响，水循环模型中必须考虑人工过程的模拟，否则在人类活动频繁的地区将无法适用。当前的 MODCYCLE 能够处理的人工过程具体包括作物种植、农业灌溉、水库调蓄、工业/生活取用水、退水、河道与水库间调水、湿地补水、城市区水文过程 8 种情况。

2.2.7.1 作物种植过程

天然生态植被如草地等的生长循环一般无人类活动参与，模型模拟时仅需指定生态植被的种类、发芽时间和枯萎时间。但农作物的生长循环则受人类控制，农业种植活动指作物的播种、收割、收获终结等操作。

（1）种植操作

种植操作为作物的播种或移栽，即植物生长的开始。需要指定种植时间和作物的具体参数，包括作物的类型、达到成熟时需要的潜在热单位、生长积温、成熟时的最大叶面积指数/株高/根系长度、光能利用效率等。模型中可以对作物的轮种进行模拟，但规定每个基础模拟单元在同一时间内只能存在一种作物。在种植新作物之前，以前的作物必须先终结生长过程。

（2）收割操作

收割操作将从基础模拟单元中移除生物量但是不终结作物的生长，适用于可重复收获的植物，如牧草等。收割操作在模型中仅需要输入的信息是收割时间。收割效率参数也可指定，该值代表了收割的生物量中真正从基础模拟单元中移除的生物量比例，损失的收割量将作为植物残余保留在基础模拟单元上。若不指定，则模型认为收割效率为 1（收割量中没有生物量转化为植物残余）。当执行收割操作后，生物量被移除，植物的叶面积指数和累积热单位将按照移除的生物量占总生物量的比例关系进行折减。折减了累积热单位之后，植物将退回到生长较快的生长前期状态。

（3）收获终结操作

该操作不仅从基础模拟单元中移除生物量，同时将终结植物在基础模拟单元上的生长，适用于模拟仅可收获一次的作物，如小麦、玉米等。执行该操作时，作为产量的生物量将从基础模拟单元上移除，其他的生物量将作为植物残余保存在土表中。收获并终结唯一需要的信息是操作时间。作物的收获终结与天然生态植被枯萎的区别在于，天然生态植被枯萎虽然也终结了植物的生长，但其生物量将全部作为植被残余。

2.2.7.2 农业灌溉过程

农业灌溉通常是人类活动中对区域水循环影响程度最大的行为，因为一般农业用水都是区域取用水的主体部分。

灌溉水源在 MODCYCLE 中有 5 种：河道、水库、浅层地下水、深层地下水、流域外供水。模型中对于农业灌溉过程可采用 3 种方式进行模拟，一是指定灌溉，二是动态灌溉，三是自动灌溉。无论是哪种方式，均需考虑水源的可供水量因素。如果水源的水量不能满足要求，则有可能取不到灌溉水量。一般认为地下水（包括浅层地下水和深层地下水）的灌溉保证率比较高，因此模型目前不对地下水取水量进行限制。如果灌溉水源是河道，灌溉中模型允许输入灌溉取水控制参数，包括最小河道流量、最大的灌溉取水量或河道中允许灌溉取水的最大比例等，可用来防止灌溉用水量太大导致河道流量枯竭。对于水库取水则有水库蓄水量限制。流域外取水灌溉是指水源与模拟区域无关的灌溉取水，模型中不对取水量进行限制。对于单个灌溉事件，模型首先计算水源的可供水量（主要针对主河道和水库），并与指定的灌溉需取水量进行比较，如果水源的可供水量小于指定的灌溉取水量，模型将只用可供水量进行灌溉。

灌溉事件中可以指定水量损失比例，以考虑水分在传输过程中的渗漏损失。损失的灌溉水量将成为浅层地下水的补给量。

（1）指定灌溉

指定灌溉以灌溉事件的形式表达。在单次灌溉事件中，用户指定某基础模拟单元的灌溉时间、灌溉水量、灌溉水源属性。模型在运行到指定的时间时，将从相应水源提取相应水量并灌溉到基础模拟单元上。

灌溉水源的属性包括两点：一是灌溉水源的性质，如河道水源、水库水源、地下水水源等；二是由于采用分布式模拟，灌溉水源的属性还包括水源的位置（除非是流域外供水）。对于河道、浅层地下水、深层地下水水源的位置指的是水源所在的子流域编号，对于水库供水则为水库的编号（模型中虽然河道和水库同属于河道网络系统，但河道和水库各有自己的编号系统），对于流域外供水则无须指定位置。

（2）动态灌溉

动态灌溉与指定灌溉的重要区别是，指定灌溉中灌溉发生时间是固定的，只要模型运行到该时间，灌溉事件即被执行。指定灌溉比较适合用户对灌溉时间的发生比较确定的情形。但在通常情况下，对于区域/流域尺度范围的灌溉模拟，用户不可能清楚所有灌溉事件发生的时间，而且通常收集相应信息也是比较困难的。为此，MODCYCLE采用模拟灌溉驱动行为的方式开发了动态灌溉方法，动态灌溉具有一定的人工智能性。

一般而言，某地区某种作物的灌溉制度信息是相对容易收集的，动态灌溉的思路是以作物每个生育阶段的灌溉制度信息预设灌溉事件。这里预设灌溉事件有两层含义，一是灌溉事件本身是预设的，不一定执行。在预设的灌溉事件中，用户需要给出土壤墒情的阈值作为灌溉发生的时机，只有满足灌溉时机时，模型才对基础模拟单元执行灌溉操作。如果从该生育阶段开始直到结束都未找到灌溉时机，则该预设灌溉事件被取消。二是此时灌溉事件指定的时间是预设的，该时间只是可能进行灌溉的起始时间，模型从该时间开始起不断检查每天基础模拟单元的土壤墒情和降水情况，执行该灌溉事件的时间是当土壤墒情达到阈值时的时间。

土壤墒情阈值在模型中通过某指定深度范围内土壤中的植物可用水占土壤中最大植物可用水的比例界定。土壤中植物可用水为土壤含水量与凋萎含水率对应含水量之差，动态灌溉模拟的程序设计框图如图 2-12 所示。当模型遇到当天有预设灌溉事件时，将首先判断基础模拟单元上是否有作物，如果没有作物，则认为该预设灌溉事件为作物播前补墒灌溉，当天即执行该灌溉操作。如果有作物，则进一步判断该作物是否已经到成熟等待收割，一般成熟的作物不需要灌溉，因此该预设灌溉事件被取消。如果作物未成熟，则作物处于生长阶段，模型将首先检查当天的降水情况和土壤墒情情况，如果当天没有明显降水（降水量小于 2mm），且土壤墒情小于设定的土壤墒情阈值时（土壤较旱），模型认为当天为适当的灌溉时机，预设灌溉事件将在当天执行，否则预设灌溉事件将被推迟到下一日，并反复以上降水与土壤墒情的监测过程，直到满足灌溉时机条件为止。如果在下一个预设灌溉事件到来之前都没有合适的灌溉时机，模型认为作物的这段生育时间不需要灌溉，该预设灌溉事件被取消，模型开始下一个预设灌溉事件的动态识别过程。预设灌溉事件被取消的其他情况还包括作物已经成熟，或到了当年的年底。

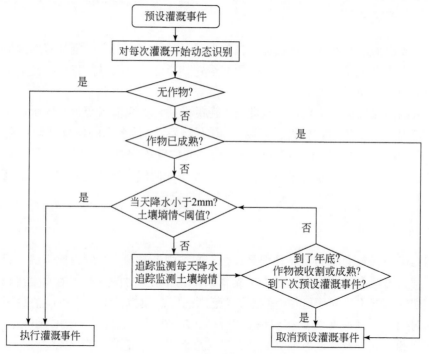

图 2-12　动态灌溉模拟程序设计

（3）自动灌溉

自动灌溉的模拟思路与动态灌溉基本类同，区别在于自动灌溉不再通过作物生育期的灌溉制度条件预设灌溉事件，而仅从土壤墒情阈值和天气的角度考虑需不需要灌溉。当某基础模拟单元指定了自动灌溉时，模型将从当天开始不断监测土壤墒情，只要符合土壤墒情阈值和当天降水小于 2mm 的条件就进行灌溉。自动灌溉只能在基础模拟单元上有作物时才有效，如果作物被收获或成熟则被取消。自动灌溉方式相对于前两种方式的便利之处在于只需在作物生长初期指定一次，灌溉操作便可以在作物整个生长期内自动进行，比较适合于对模拟区域当地灌溉制度信息掌握程度不够时使用。

2.2.7.3 水库调蓄过程

水库的调蓄过程指对水库的下泄量进行人工控制。模型中水库的下泄可用以下的三种计算方式之一：指定日出流、指定月出流、水库的自然下泄。

（1）指定日出流

直接指定每日的水库下泄流量，每天水库的出流量为

$$V_{\text{flow out}} = 86\,400\,q_{\text{out}} \tag{2-27}$$

式中，$V_{\text{flow out}}$ 为当天流出水库的水量（$m^3\ H_2O$）；q_{out} 为用户输入的每天的流量（m^3/s）。

（2）指定月出流

直接指定月平均每天的出流流量，每天水库的出流量为

$$V_{\text{flow out}} = 86\,400\,\bar{q}_{\text{out}} \tag{2-28}$$

式中，$V_{\text{flow out}}$ 为当天流出水库的水量（$m^3\ H_2O$）；$\bar{q}_{\text{out}}$ 为用户输入的月平均每天的流量（m^3/s）。

（3）水库的自然下泄

当水库的蓄水量超过正常蓄水库容对应的蓄水量 V_{pr} 时，水库就会有出流。当水库的蓄水量位于正常蓄水库容和紧急泄洪库容之间时，水库的出流计算公式为

$$
\begin{aligned}
V_{\text{flow out}} &= V - V_{\text{pr}} \quad & V - V_{\text{pr}} < 86\,400\,q_{\text{rel}} \\
V_{\text{flow out}} &= 86\,400\,q_{\text{rel}} \quad & V - V_{\text{pr}} > 86\,400\,q_{\text{rel}}
\end{aligned} \tag{2-29}
$$

当水库的蓄水量超过紧急泄洪库容时

$$
\begin{aligned}
V_{\text{flow out}} &= (V - V_{\text{em}}) + (V_{\text{em}} - V) \quad & V_{\text{em}} - V_{\text{pr}} < 86\,400\,q_{\text{rel}} \\
V_{\text{flow out}} &= (V - V_{\text{em}}) + 86\,400\,q_{\text{rel}} \quad & V_{\text{em}} - V_{\text{pr}} > 86\,400\,q_{\text{rel}}
\end{aligned} \tag{2-30}
$$

式中，$V_{\text{flow out}}$ 为当天流出水库的水量（$m^3\ H_2O$）；V 为水库当天的蓄水量（$m^3\ H_2O$）；V_{pr} 为设计洪水库容（$m^3\ H_2O$）；V_{em} 为紧急泄洪库容（$m^3\ H_2O$）；q_{rel} 为用户输入的平均每天的下泄流量（m^3/s）。

2.2.7.4 工业/生活取用水过程

工业/生活取用水在模型中的处理方式是将水分从流域中直接移除，移除的水分认为从系统中消失。模型允许水分从任何子流域的浅层地下水、深层地下水、河段、水库、池塘中通过取用水进行移除。

农业灌溉用水通常具有时段性的特点，在作物生长的整个生育期一般只灌溉几次，而且灌溉的发生还与降水等气象条件相关，因此需要给出日灌溉数据。相对而言，工业/生活取用水一般比较稳定，因此取用水在模型中以月计，即对于一年中的某月，用户指定每天取用水的日平均水量。

工业/生活取用水最终有一部分在工厂生产过程中被热蒸发，或被人体自身消耗，或

以某种形态成为产品的一部分等，这些水分的消耗过程与自然的蒸散发虽然有不同的形式，但结果都相同，即这些水量都将离开系统不再参与循环。

2.2.7.5 退水过程

工业/生活取用水时通常不是所有的取用水都被消耗，所取水量经过循环使用后将有一部分水量退出，如工业废污水、生活污水等，经过污水处理厂集中处理后排泄到河道中，重新进入水循环系统。退水量可以用取用水量扣除耗水量来确定。

退水过程在模型中通过点源模拟，模型允许在河道网络系统任何地点设置点源。除点源位置外，点源信息主要是不同时间尺度计量的退水量数据，可以基于多年平均、年、月、日时间尺度进行输入。

点源的另一种用处是当模拟的系统不是完整的流域时，可以用点源模拟来处理模拟区域边界河流的上游来水。

2.2.7.6 河道与水库间调水过程

河道地表水系统一般是人类控制程度最高的水循环子系统。不同河道之间，河道与水库之间通过水利枢纽进行调水的行为很常见。模型允许水从流域的任何河段和水库转移到其他任意河段和水库。调水模拟过程中用户需要指定传输水源类型、传输水源位置、目的水源类型、目的水源位置，以及两者之间传输的水量信息。

对于被传输的水量，模型中可以通过3种方式确定：一是指定传输水源（河道或水库）中水量的比例；二是指定传输水源中必须保留的剩余水量，其余水量被传输；三是直接指定传输的水量（最终传输的水量将受水源总水量的限制）。传输过程在模拟期内逐日进行模拟。

2.2.7.7 湿地补水过程

湿地本身在模型中主要用来模拟存在于河道系统之外的自然蓄滞水体。湿地的入流和出流过程主要受地形地貌、自然气象与水库蓄滞容量的影响。但在人类活动频繁的地区，湿地也作为美化和改善人居环境质量的生态要素。例如，在中国北方的很多城市，尽管降水或自然条件并不足于维持湿地的存在，但辖区内都有大面积的水体供居民休闲与观赏。由于中国北方地区地下水位普遍较深，这些湿地的水量除了蒸发之外还大量渗漏，如果没有外源水量进行定期补充，湿地的水量将很快消耗殆尽。

为此，模型开发了对湿地补水功能的模拟。与灌溉取水方式类似，模型可模拟区域内任意子流域的主河道、浅层地下水、深层地下水，任意水库及流域外水量（外调水）向湿地的补充。补水过程中与灌溉取水一样考虑水源供水是否充足，包括河道取水时的流量限制、水库蓄量控制等。

2.2.7.8 城市区水文过程

与一般农田区或自然下垫面不同，城市区具有大面积的不透水面积和相应的排水设施。楼房、停车场、道路等不透水面积减少了降水入渗量；人工渠道、不透水的路边材料、城市暴雨集水系统和排水系统等增加了水流运动的水力学效率。这些因素的综合效果是显著增加了地表径流量和径流速度，以及洪峰排泄量，从而水流在空间的运动模式被改变。

城市区在模型中被刻画为一种特殊的基础模拟单元，其面积被分为两部分：一部分是透水面积，一部分是不透水面积。不透水面积又可分为两类：一类是与排水系统有直接水力联系的不透水区域，如道路、桥梁、停车场、机场等，这些区域通常都有互联的暴雨排水管网，径流形成后迅速汇集并从排水管网排出，较少一部分水量渗入土壤；另一类是与排水系统无直接联系的不透水区域，如被院子包围的房屋等，屋顶虽然是不透水区域，但是却和排水系统之间无直接的水力联系，径流在屋顶形成并多数渗入进院子里的土壤，这里院子从概念上来说属于城市中的透水区。

对于城市区基础模拟单元的水循环模拟，模型中仅在降水/产流上有模拟上的区别，其他过程如入渗、蒸发、地表积水等模拟方法与前述一致。

对于某个城市区基础模拟单元，降水/产流分两部分进行模拟，一是与排水系统直接联系的不透水区的模拟，因为与排水系统直接联系的不透水区水文特性比较明显；二是与排水系统不直接联系的不透水区和透水区的综合模拟，因为与排水系统不直接联系的不透水区和透水区之间通常有水量的交互。城市基础模拟单元的总产流量为这两部分产流量之和。

2.3　河道–沉陷区–地下水模拟模块原理

河道–沉陷区–地下水模拟模块是 MODCYCLE 专为研究沉陷洼地/湖泊水循环开发的。平原区洼地，实际上是由平原地形沉陷处形成的，因名词"湖泊"较"洼地"用得广泛，为简明起见，以下计算原理介绍中，均以"湖泊"替代"洼地"。该模块主要从湖泊水平衡原理出发推导，考虑了影响湖泊蓄水量的各种复杂因素，尤其是基于对湖泊积水过程中地下水作用定量研究的目的，湖泊地表水体与地下水之间严格按照数值方法进行处理，具有较高的开发难度。

2.3.1　平原湖泊自然特征

图 2-13 为平原湖泊平面示意图。平原湖泊的平面特征如下，首先，平原湖泊有自身的汇水范围，平原湖泊作为汇水范围内的低洼地带，蓄滞来自于上游多条河道的汇入水量，湖泊的汇水范围包括这些汇入河道的产/汇流面积。其次，平原湖泊的水量排泄一般受人工集中控制，下泄一般通过闸门自然下泄或泵站抽排，因此通常有一个或数量有限的几个主要的下泄通道。最后，平原湖泊的总面积为其潜在的最大积水面积，由平原湖泊周边地形或堤防高程决定，一般是固定的。通常情况下平原湖泊的积水面积达不到其最大积水面积，因此可以将平原湖泊面积分为两个部分，一部分为平原湖泊当前的积水区面积，另一部分为平原湖泊当前的未积水区面积，平原湖泊总面积为积水区面积和未积水区面积之和。由于平原湖泊总面积固定，当平原湖泊积水区面积变化时，未积水区面积将会反向

变化，两者存在动态互补依存关系。

本模块的开发过程中，假设任何时刻单个平原湖泊的积水区都具有统一的地表水位，不考虑因上游河道流量汇入、风浪、下泄等过程引起的平原湖泊水位在空间分布上的不均。对于淮南采煤沉陷区面积中等的湖泊/洼地来说，这种假设是可以接受的。

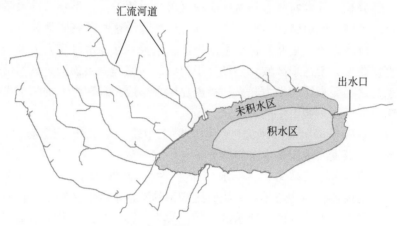

图 2-13　平原湖泊平面示意图

2.3.2　平原湖泊-地下水作用机理

地下水尤其是浅层地下水容易受地表水体的影响。平原湖泊与浅层地下水存在直接的垂向或侧向的水力联系。虽然平原湖泊和地下水的水量平衡过程不是完全紧密依存，但两者之间存在水力联系，因此一方的平衡条件变动导致水位变动，将对另一方的水量及水位过程产生相应的影响。

平原湖泊与相邻含水层之间的水量交换强度及方向与平原湖泊水位和含水层系统的地下水位之间的关系有关。平原湖泊水位和地下水位都可能在时空上发生显著变化。当平原湖泊水位高于相邻含水层的地下水位时，平原湖泊中的水分将作为“源”补给进入含水层中。这种情况通常发生在平原湖泊的入流大于出流导致平原湖泊水位的显著上升时，或发生在地下水含水层因大量开采导致地下水位显著下降时。当地下水位高于平原湖泊时，含水层中的水分将进入平原湖泊。这种情况通常发生情形为平原湖泊没有足够的降水或河道汇入量，从而平原湖泊的蒸发量明显大于含水层的潜水蒸发量，导致含水层的水位高于平原湖泊水位。这些情况下，平原湖泊在含水层系统中表现为“汇”的作用，即地下水向湖泊排泄并消耗。还有其他混合情况，如平原湖泊的一部分表现为“源”，另一部分表现为“汇”。

图 2-14 给出了湖泊-地下水作用关系计算原理的示意图，湖泊与相邻含水层之间的水量交换由达西公式确定。

$$q=K\frac{h_1-h_a}{\Delta l} \tag{2-31}$$

式中，q 为湖泊与相邻含水层之间的渗流渗出强度（L/T）；K 为湖泊与含水层水位以下的某点之间的饱和渗透系数（L/T）；h_1 为湖泊的水位（L）；h_a 为含水层的水位（L）；Δl 为 h_1 与 h_a 测量点之间的距离差（L）。式（2-31）中，当湖泊水位高于含水层水位时，渗出强度的符号为正。

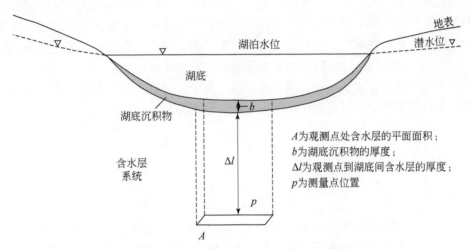

图 2-14 湖泊–地下水作用关系计算原理示意图

在 MODCYCLE 中，平原区地下水通过三维地下水数值方法进行模拟，因此平原区将由差分网格的形式进行离散（图 2-15）。湖底所在的网格单元将被标示为湖泊网格单元，湖底高程数据将以离散的方式赋予每个湖泊网格单元，即每个湖泊网格单元都具有其网格单元面积范围内的平均湖底高程值。在垂向方向上含水层可能概化为多层，但只有湖底高程所在层位的网格单元为湖泊网格单元。如果湖泊网格单元不位于第一层，则该湖泊网格单元上方的所有湖泊网格单元都将被定义为无效湖泊网格单元。平原湖泊地表水与地下水间的水量转化可通过在湖泊网格单元处建立边界条件进行模拟。

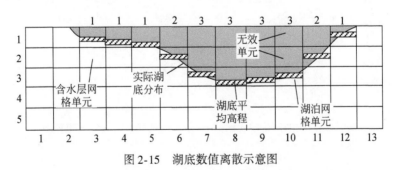

图 2-15 湖底数值离散示意图

式（2-31）依据达西公式给出了湖泊与相邻含水层之间的渗流强度，在数值模型中，将水分交换过程进一步表达为流量则比较方便实用，因此将以上渗流强度乘以垂直于流速方向的面积 A（L^2）可得

$$Q = qA = \frac{KA}{\Delta l}(h_1 - h_a) = C_s(h_1 - h_a) \tag{2-32}$$

式中，$C_s = KA/\Delta l$ 为湖泊–地下水间的导水系数（L^2/T）。以单位面积流量计，$K/\Delta l$ 表达的是越流系数的概念（1/T）。

在 MODCYCLE 中，湖底沉积物并不在湖泊网格单元中显式给出其空间尺度，而是概化到湖泊–地下水间的导水系数当中。无论水分从平原湖泊流向含水层或相反，都认为水分的传输过程需通过两个截然不同的介质：一是湖底沉积物，其厚度根据实际情况有可能为几厘米或几米，一般为低渗透性的淤泥质介质；二是含水层介质，其渗透性根据含水层性质的不同具有相应的值域。根据式（2-32）的原理，理论上在进行湖泊网格单元离散后（图 2-16），湖泊网格单元处湖泊–地下水间的导水系数可通过式（2-33）和式（2-34）估算。将湖底沉积物和含水层两种介质视为一体，由于通过湖底沉积物的流量与通过含水层的流量一致、面积相等，因此其综合的导水系数计算公式为

$$\frac{1}{C_s} = \frac{1}{C_b} + \frac{1}{C_a}, \text{或} \tag{2-33}$$

$$C_s = \frac{\Delta R_j \times \Delta C_i}{\dfrac{L_{bt}}{K_b} + \dfrac{\Delta L_k}{2K_a}} \tag{2-34}$$

式中，C_b 为湖底沉积物的导水系数（L^2/T）；C_a 为含水层的导水系数（L^2/T）；K_a 为含水层在该网格单元上的垂向渗透系数（L/T）；K_b 为湖底沉积物的垂向渗透系数（L/T）；L_{bt} 为湖底沉积物的厚度（L）；ΔR_j 为湖泊网格单元沿列方向的宽度（L）；ΔC_i 为湖泊网格单元沿行方向的宽度（L）；ΔL_k 为湖泊网格单元处含水层的厚度（L）。

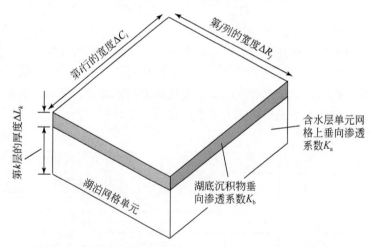

图 2-16　湖泊网格单元湖泊–地下水间的导水系数计算原理图

2.3.3　平原湖泊积水区水量平衡组成

图 2-17 为平原湖泊积水区水量平衡示意图。详细分析平原湖泊积水区的相关水量平衡项，可以总结出 5 项补给项和 4 项排泄项。在任何时段内，根据水量平衡原理，以下湖泊积水区的水量平衡方程成立。

$$V^n = V^{n-1} + \Delta t\left(P + Q_{\mathrm{si}} + \mathrm{rnf} + G_{\mathrm{gw}}^{\mathrm{in}} + G_{\mathrm{non}}^{\mathrm{in}}\right) - \Delta t\left(E + G_{\mathrm{gw}}^{\mathrm{out}} + W + Q_{\mathrm{so}}\right) \tag{2-35}$$

式中，Δt 为当前计算时段，为与原 MODCYCLE 所用基本时段保持一致，在本模块开发过程中，以 1 日作为计算时段；V^n 为湖泊积水区在时段末的积水量（L^3）；V^{n-1} 为湖泊积水区在时段初的积水量（L^3）。

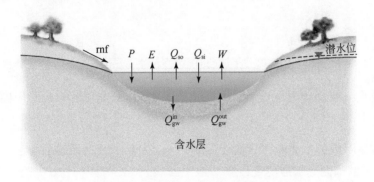

图 2-17　平原湖泊积水区水量平衡示意图

其中，湖泊积水区的水量补给项如下。

1）湖泊积水区的水面降水量 P，指直接降落到积水区水表的降水量。

2）湖泊上游河道汇入量 Q_{si}，指湖泊周边与湖泊有汇流关系的河道的汇入量。

3）湖泊未积水区的产流汇入量 rnf，指在湖泊未积水区通过降水/产流过程汇入积水区的水量。

4）地下水含水层向湖泊积水区的渗出量 $Q_{\mathrm{gw}}^{\mathrm{in}}$，指从湖泊积水区的地下水含水层渗出补给到湖泊积水区的水量。

5）湖泊未积水区地下水渗出量 $G_{\mathrm{non}}^{\mathrm{in}}$，指地下水从湖泊未积水区渗出并排泄到湖泊积水区的水量。

其中，湖泊积水区的水量排泄项如下。

1）湖泊积水区的水面蒸发 E，指从湖泊积水区水表直接蒸发的水量。

2）湖泊积水区的渗漏量 $Q_{\mathrm{gw}}^{\mathrm{out}}$，指从湖泊积水区渗漏到地下水含水层的水量。

3）人工取水量 W，指人工从湖泊积水区取用的水量，包括灌溉、生活、工业、生态等用途。

4）湖泊的下游排泄量 Q_{so}，指从湖泊出水口（闸门、泵站）等下泄的水量。

2.3.4　平原湖泊积水区补给项计算原理

2.3.4.1　湖泊积水区的水面降水量

湖泊积水区的水面降水量指直接降落到湖泊积水区水表的水量，如图 2-18 所示积水区阴影部分，不包括未积水区的降水量。

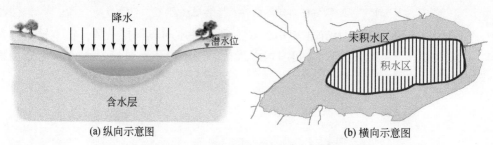

图 2-18 平原湖泊积水区降水示意图

积水区降水量在模型中通过当天积水区的平均水面面积与降水量的乘积确定。

$$P = \overline{A}_w \times P_{day}^w \tag{2-36}$$

式中，P 为积水区当天的水面降水总量（L^3/T）；$\overline{A}_w$ 为积水区当天的平均水面面积（L^2）；P_{day}^w 为积水区当天的水面降水强度（L/T）。

2.3.4.2 湖泊上游河道汇入量

湖泊上游河道汇入量为湖泊周边与湖泊有汇流关系的河道的汇入量，如图 2-19 所示。

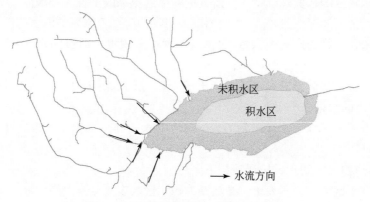

图 2-19 平原湖泊上游河道汇入示意图

在河道网络构建过程中，模型需根据河道–湖泊的汇流关系确定与每个平原湖泊相关联的上游河道，每条河道均有相应的产流/汇流面积。MODCYCLE 的产流/汇流模拟过程将分别计算这些河道每天的流量，并将这些河道当天的汇流量之和作为当天进入湖泊的总入流量，如式（2-37）所示。

$$Q_{si} = \sum Q_{si}^i \tag{2-37}$$

式中，Q_{si} 为湖泊上游河道当天的总入流量（L^3/T）；Q_{si}^i 第 i 个上游河道当天的汇入量（L^3/T）。在 MODCYCLE 里，河道向湖泊的汇入过程不考虑湖泊水位因素引起的河道回水等影响。

2.3.4.3 湖泊未积水区的产流汇入量

湖泊未积水区的产流汇入量是指降落到湖泊未积水区上，以地表产流形式流入湖泊积水区的水量，如图 2-20（a）所示的阴影部分。

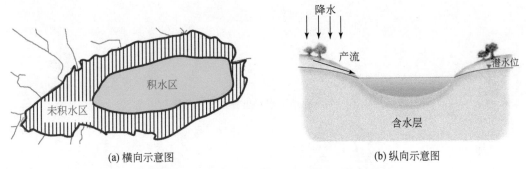

(a) 横向示意图　　　　　　　　　　　　(b) 纵向示意图

图 2-20　平原湖泊未积水区降水产流示意图

未积水区的降水产流汇入量，在模型中通过 SCS 产流公式法计算。

$$\text{rnf} = \frac{(P_{\text{day}}^{\text{nw}} - 0.2S)^2}{(P_{\text{day}}^{\text{nw}} + 0.8S)} \times \overline{A}_{\text{nw}} \tag{2-38}$$

式中，rnf 为未积水区当天的降水产流总量（L^3）；$\overline{A}_{\text{nw}}$ 为未积水区当天的平均面积（L^2）；$P_{\text{day}}^{\text{nw}}$ 为未积水区当天的陆面降水强度（L）；S 为土壤的最大可能滞留量（L），与土壤含水量、土壤类型、土地利用类型、土地管理措施、坡度有关。

储流参数 S 可用计算方法如下：

$$S = 25.4 \left(\frac{1000}{\text{CN}} - 10 \right) \tag{2-39}$$

式中，CN 为当天的 SCS 曲线数值，模拟过程中可根据当地的产流系数进行率定。

未积水区当天的平均面积与积水区平均面积为动态互补关系，因此可由当天的积水区面积计算。

$$\overline{A}_{\text{nw}} = A_{\text{T}} - \overline{A}_{\text{w}} \tag{2-40}$$

式中，A_{T} 为湖泊的总面积，或其潜在的最大积水面积，一般为固定的；$\overline{A}_{\text{w}}$ 为积水区当天的平均水面面积（L^2）。

2.3.4.4 含水层向湖泊积水区的渗出量

湖泊积水区的地下水渗出发生在含水层水头高于积水区湖底高程时，如图 2-21 所示。湖泊水量下泄，或人工大量抽取，或降水导致周边地下水位短时期内升高等，均会形成该种情形，此时含水层与湖泊间的水位高差将驱使地下水从积水区湖底渗出补给到湖泊。

针对以上物理过程，进行分布式模拟时，含水层向湖泊积水区的地下水渗出发生在含水层的地下水头高于湖泊水位的湖泊网格单元处，如图 2-22 所示。

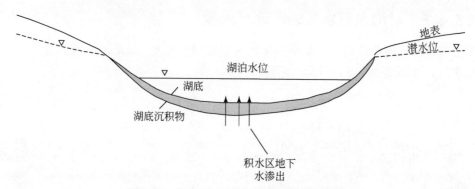

图 2-21　积水区地下水渗出补给湖泊示意图

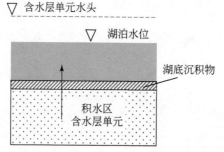

图 2-22　积水区湖泊网格单元地下水渗出补给湖泊示意图

由于湖泊具有多个网格单元，因此在计算含水层向湖泊积水区的总渗出量时，需要对出现该情况的湖泊网格单元处的地下水渗出量进行累加，即

$$Q_{gw}^{in} = \sum_{k=1}^{K} q_k^{in} = \sum_{k=1}^{K} C_{s,k}(h_{a,k} - \bar{h}) \tag{2-41}$$

式中，Q_{gw}^{in} 为含水层向湖泊积水区的总地下水渗出量（L^3/T）；K 为湖泊积水区地下水向湖泊渗出的湖泊网格单元总数；q_k^{in} 为第 k 个积水区湖泊网格单元处地下水向湖泊的渗出补给量（L^3/T）；$C_{s,k}$ 为第 k 个积水区湖泊网格单元处湖泊与含水层间的导水系数（L^2/T）；$h_{a,k}$ 为第 k 个积水区湖泊网格单元处的含水层水头（L）；$\bar{h}$ 为当天湖泊积水区的平均地表水位（L）。

2.3.4.5　湖泊未积水区地下水渗出量

湖泊未积水区的地下水渗出发生在含水层水头高于未积水区湖底高程时，由于地下水的顶托作用，将会形成一定面积的渗出面，在渗出面处地下水渗出地表并流入湖泊积水区，类似于泉涌过程（图 2-23）。

通过对湖泊进行网格单元空间离散，基于以上物理过程可建立如图 2-24 所示的计算概念图。图 2-24 中所示的未积水区湖泊网格单元的地下水头高于湖底高程，地下水从未积水区湖泊网格单元渗出，并沿着湖底流入湖泊积水区。因为通常该过程较短，模型这里不考虑渗出的水量沿湖底的流经时间，认为该过程瞬时完成。

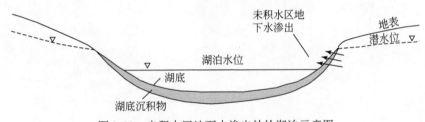

图 2-23 未积水区地下水渗出补给湖泊示意图

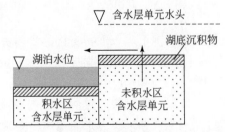

图 2-24 未积水区湖泊网格单元地下水渗出补给湖泊示意图

在模型中，湖泊未积水区的地下水渗出量根据未积水区湖泊网格单元处的含水层水头与湖底高程间的水头差计算，该方法在地下水数值模拟研究中常用来处理自由排水边界。同样类似于积水区地下水渗出计算，需要对出现这种情况的湖泊网格单元进行水量统计，从而得出湖泊未积水区的总地下水渗出量。

$$G_{\text{non}}^{\text{in}} = \sum_{m}^{M} q_{m}^{\text{in}} = \sum_{m}^{M} C_{s,m}(h_{a,m} - \text{Btm}_{m}) \tag{2-42}$$

式中，$G_{\text{non}}^{\text{in}}$ 为当天未积水区总地下水渗出量（L^3/T）；M 为湖泊未积水区地下水渗出的湖泊网格单元总数；q_{m}^{in} 为第 m 个未积水区湖泊网格单元处地下水向湖泊的渗出补给量（L^3/T）；$C_{s,m}$ 为第 m 个未积水区湖泊网格单元处湖泊与含水层间的导水系数（L^2/T）；$h_{a,m}$ 为第 m 个未积水区湖泊网格单元处的含水层水头（L）；Btm_{m} 为第 m 个未积水区湖泊网格单元处的湖底高程（L）。

2.3.5 平原湖泊积水区排泄项计算原理

2.3.5.1 湖泊积水区的水面蒸发

湖泊积水区的水面蒸发是指水分从湖泊积水区通过自然蒸散作用消耗的水量，如图 2-25（b）所示积水区阴影部分，该蒸发不包括未积水区的陆面蒸发。

积水区的水面蒸发在模型中通过当天积水区的平均水面面积与水面蒸发强度的乘积确定。

$$E = \overline{A}_{\text{w}} \times \text{ET}_{\text{day}}^{\text{w}} \tag{2-43}$$

式中，E 为积水区当天的水面蒸发总量（L^3/T）；$\overline{A}_{\text{w}}$ 为积水区当天的平均水面面积（L^2）；$\text{ET}_{\text{day}}^{\text{w}}$ 为积水区当天的水面蒸发强度（L/T）。

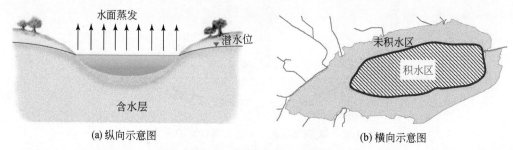

(a) 纵向示意图　　　　　　　　(b) 横向示意图

图 2-25　湖泊积水区示意图

大面积开放水体的蒸发量多数情况下难以取得直接的实测资料，一般是通过间接资料分析计算取得。主要采用蒸发器（池）直接观测陆上水面蒸发量，再换算为大水体的水面蒸发。1972 年 9 月世界气象组织蒸发工作组在日内瓦会议认为，用 20m² 蒸发池研究浅水湖泊的蒸发可以得到较为满意的结果。我国曾建过的大型蒸发池，有 100m²、20m²、10m² 不等。另外，有一些研究通过在水库、湖泊建设水面漂浮筏来观测蒸发量。但无论是大型蒸发池还是水面漂浮筏，其建设和观测费用都较高，难以广泛推广，因此目前国内多以气象站小型蒸发皿的观测值作为依据计算水面蒸发，其中 E601 型蒸发皿观测的水面蒸发与 20m² 蒸发池观测值最相近，也比较稳定，因此国内通常以 E601 型蒸发皿蒸发观测数据代表当地的水面蒸发量。另外，有的研究方法是根据气象数据资料通过能量平衡法建立经验公式直接计算水面蒸发，如 Penman-Monteith 公式、道尔顿公式等，并进行修正处理。

在 MODCYCLE 中，ET_{day}^w 可以通过两种方式确定：一是如果有气象观测站每日水面蒸发观测值的详细数据，则可以直接输入作为模型计算数据；二是通过 Penman-Monteith 公式计算每日参考作物蒸发量，并乘以相应修正系数作为水面蒸发量。

$$ET_{day}^w = E_{day}^0 \times cof_e \tag{2-44}$$

式中，E_{day}^0 为用 Penman-Monteith 公式计算的每日参考作物蒸发量（L/T）；cof_e 为水面蒸发修正系数。

2.3.5.2　湖泊积水区的渗漏量

在湖泊水位高于含水层地下水位时，湖泊将发生渗漏。根据湖泊水位、湖底高程及与地下水之间的关系，湖泊发生渗漏有两种形式：一种是与地下水位有关的渗漏；另一种是与地下水位无关的渗漏（图 2-26）。

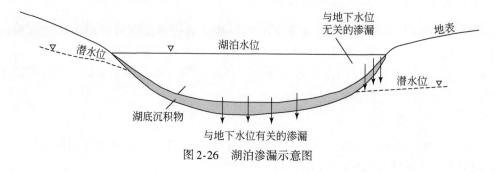

图 2-26　湖泊渗漏示意图

与地下水位有关的渗漏形式具有两个条件：一是含水层水头高于湖底；二是含水层水头低于湖泊水位，此时湖泊渗漏强度与湖泊水位和地下水位相关。具体到模型数值计算时，其概念模式如图 2-27 所示。

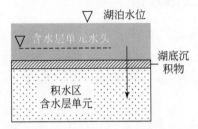

图 2-27　湖泊网格单元与地下水位有关的渗漏计算概念图

在这种情况，可由湖泊水位、湖泊网格单元处的含水层水位、湖泊网格单元处的导水系数计算湖泊的渗漏量。同样由于数值离散，具有以上条件的湖泊网格单元可能有多个，计算时需累加。

$$Q_{\mathrm{gw}}^{\mathrm{out},1} = \sum_{n=1}^{N} q_n^{\mathrm{out}} = \sum_{n=1}^{N} C_{s,n}(\bar{h} - h_{a,n}) \tag{2-45}$$

式中，$Q_{\mathrm{gw}}^{\mathrm{out},1}$ 为含水层单元水头高于湖底时积水区向含水层的水量渗漏（L^3/T）；N 为具有该种情况的湖泊网格单元总数；q_n^{out} 为第 n 个积水区湖泊网格单元处湖泊的渗漏量（L^3/T）；$C_{s,n}$ 为第 n 个积水区湖泊网格单元处湖泊与含水层间的导水系数（L^2/T）；$h_{a,n}$ 为第 n 个积水区湖泊网格单元处的含水层水头（L）；$\bar{h}$ 为当天湖泊积水区的平均地表水位（L）。

与地下水位无关的湖泊渗漏发生在积水区含水层单元水头低于湖底时，此时湖泊渗漏强度与湖泊水位和地下水位无关，而与湖底高程有关，类似于稳定渗漏。具体到模型数值计算时，其概念模式如图 2-28 所示。

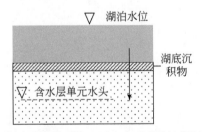

图 2-28　湖泊网格单元与地下水位无关的渗漏计算概念图

在这种情况，可由湖泊水位、湖底高程、湖泊网格单元处的导水系数计算湖泊的渗漏量，并对所有具有该种情况的湖泊网格单元进行累加。

$$Q_{\mathrm{gw}}^{\mathrm{out},2} = \sum_{s=1}^{S} q_s^{\mathrm{out}} = \sum_{s=1}^{S} C_{s,s}(\bar{h} - \mathrm{Btm}_s) \tag{2-46}$$

式中，$Q_{\mathrm{gw}}^{\mathrm{out},2}$ 为含水层单元水头低于湖底时积水区向含水层的水量渗漏（L^3/T）；S 为具有该种情况的湖泊网格单元总数；q_s^{out} 为第 s 个积水区湖泊网格单元处湖泊的渗漏量（L^3/T）；

$C_{s,s}$ 为第 s 个积水区湖泊网格单元处湖泊与含水层间的导水系数（L^2/T）；Btm_s 为第 s 个湖泊网格单元处的湖底高程（L）；$\bar{h}$ 为当天湖泊积水区的平均地表水位（L）。

2.3.5.3 湖泊的人工取水量

平原湖泊作为平原蓄洪区，具有水量的调蓄功能，在模型中可作为水源使用。MODCYCLE 中平原湖泊的人工用水包括农业灌溉用水、工业用水、生活用水及生态用水等，这些用水量将作为模型输入数据直接给出。平原湖泊当天的总人工取用水量为这四种用途的人工取水量之和。

$$W = w_{irri} + w_{indu} + w_{life} + w_{eco} \tag{2-47}$$

式中，W 为当天平原湖泊的总取用水量（L^3/T）；w_{irri} 为当天平原湖泊的农业灌溉取水量（L^3/T）；w_{indu} 为当天平原湖泊的工业取水量（L^3/T）；w_{life} 为当天平原湖泊的生活取水量（L^3/T）；w_{eco} 为当天平原湖泊的生态环境取水量（L^3/T）。

2.3.5.4 湖泊的下游排泄量

湖泊的下游排泄是湖泊水量平衡过程中受人工控制程度最高的一个环节。出于防洪、兴利调蓄、挡潮、冲砂、下游用水等目的，平原湖泊一般通过建设泄水闸调控湖泊蓄水量或水位以满足生产需要。MODCYCLE 以平原区平底堰流（图 2-29）公式作为湖泊下泄计算的基础方法，同时考虑水量调蓄规则及外水位条件等因素的影响。

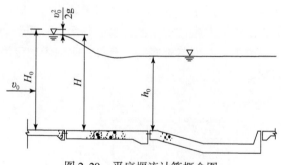

图 2-29 平底堰流计算概念图

平底堰流的基本计算公式为

$$Q_{闸} = \sigma \varepsilon m B_0 \sqrt{2}\, g H_0^{3/2} \tag{2-48}$$

$$\sigma = 2.31 \frac{h_0}{H_0}\left(1 - \frac{h_0}{H_0}\right)^{0.4} \tag{2-49}$$

式中，$Q_{闸}$ 为通过平底堰流公式计算的湖泊下泄量（L^3/T）；σ 为堰流淹没系数；ε 为堰流侧收缩系数；m 为堰流流量系数，一般采用 0.385；B_0 为闸孔总净宽（L）；H_0 为计入行近流速水头的堰上水深，模型中可以用湖泊当天的平均水位代替（L）；h_0 为下游淹没水深（L）；g 为重力加速度（L/T^2）。

平原湖泊水量的人工调控可参考水库的调度管理。对于一般水库通常具有六项特征水位，从低到高分别为死水位、防洪限制水位、正常蓄水位、防洪高水位、设计洪水位、校核洪水位，如图2-30所示。

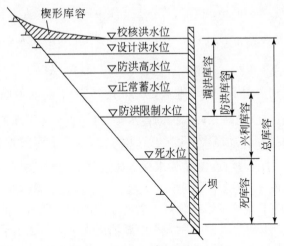

图2-30 一般水库特征水位示意图

一般水库的特征水位中，有几个水位对于日常调度管理来说是比较重要的：①设计洪水位，这是一般水库在正常运用情况下允许达到的最高洪水位，也是挡水建筑物稳定计算的主要依据；②正常蓄水位，这是一般水库在正常运用情况下，为满足兴利要求在开始供水时应蓄到的水位；③防洪限制水位，即一般水库在汛期允许兴利蓄水的上限水位，也是一般水库在汛期防洪运用时的起调水位。正常蓄水位和防洪限制水位分别对应非汛期与汛期允许长期维持的水位。其他特征水位多数为一般水库的设计参数，或者下游有特定防洪要求时的控制水位。

平原湖泊虽然具有一般水库性质，但与通常意义的水库还是略有差别，如功能上通常以排水除涝为主，用平原水闸作为挡水建筑物而不是大坝，水位控制方面也比水库简化。模型中以最高允许水位、正常蓄水位、防洪限制水位这三个控制水位作为平原湖泊蓄洪除涝调蓄（图2-31）的主要计算参数，进行平原湖泊的下泄计算。

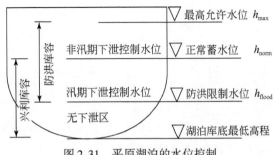

图2-31 平原湖泊的水位控制

根据平原湖泊有无外水位限制条件、除了泄水闸外有无建泵站等情况，可分为以下3种下泄控制情况。

1）平原湖泊仅建有水闸，且下游河道水位对平原湖泊下泄基本无影响。此时下泄计算公式为

$$\begin{cases} Q_{so} = \min\left[\max(Q_{闸}, V'_n - V_{max}), V'_n - V_{ctl} \right] & \bar{h}' \geq h_{max} \\ Q_{so} = \min(Q_{闸}, V'_n - V_{ctl}) & h_{max} > \bar{h}' > h_{ctl} \\ Q_{so} = 0 & \bar{h}' \leq h_{ctl} \end{cases} \qquad (2\text{-}50)$$

式中，Q_{so} 为当天平原湖泊向下游的下泄量（L³/T）；V'_n 为下泄前平原湖泊当天末的蓄水量（L³）；V_{max} 为平原湖泊对应最高允许水位的蓄水量（L³）；$\bar{h}'$ 为下泄前平原湖泊当天的平均水位（L）；h_{max} 为平原湖泊的最高允许水位（L），类似于水库的校核洪水位；h_{ctl} 为平原湖泊的下泄控制水位（L）；$Q_{闸}$ 为以 $\bar{h}'$ 为水深，通过平底堰流公式计算的下泄量（L³/T）；V_{ctl} 为对应下泄控制水位 h_{ctl} 时的平原湖泊蓄水量，即下泄控制蓄水量。

式（2-50）表达的下泄控制策略为：①当平原湖泊水位低于下泄控制水位（汛期为防洪限制水位、非汛期为正常蓄水位）时，平原湖泊无须下泄；②当平原湖泊水位处于下泄控制水位和最高允许水位之间时，通过平底堰流公式计算当天潜在下泄量，并和当前蓄水量与下泄控制蓄水量之差进行比较，取两者之间的较小量作为平原湖泊的下泄量，从而在平原湖泊有下泄时，蓄水量总能维持在下泄控制蓄量之上；③当平原湖泊水位超过最高允许水位时，认为需要以非正常形式排泄，任何超过最高允许水位的水量必须排空，此时先计算当前蓄水量与最大允许蓄水量之间的超蓄水量，并与闸门的潜在下泄量进行比较，取其中较大的值作为优先下泄值，同时限制水量下泄后湖泊蓄水量不低于下泄控制蓄水量。

2）平原湖泊仅建有水闸，下游河道水位对平原湖泊有影响的情况。如果平原湖泊下游的排洪河道水位在汛期变化较大，那么平原湖泊的下泄将会受到外水位的影响。在外水位高于平原湖泊水位的情况下（图2-32），平原湖泊的下泄闸门需关闭以防止外水倒灌。如果汛期外水位长期高于平原湖泊水位，区域内产生的内涝水只能依靠平原湖泊的本身库容进行蓄滞而无法外排，即所谓的"关门淹"。

考虑外水位影响，平原湖泊的下泄计算公式需修正为

$$\begin{cases} Q_{so} = V'_n - V_{max} & \bar{h}' \geq h_{max} \, \& \, h_{wai} > h_{max} \\ Q_{so} = \min\left[\max(Q_{闸}, V'_n - V_{max}), V'_n - V_{wai} \right] & \bar{h}' \geq h_{max} > h_{wai} \\ Q_{so} = \min(Q_{闸}, V'_n - V_{ctl}) & h_{max} > \bar{h}' > h_{ctl} \, \& \, h_{ctl} > h_{wai} \\ Q_{so} = \min(Q_{闸}, V'_n - V_{wai}) & h_{max} > \bar{h}' > h_{wai} \, \& \, h_{wai} > h_{ctl} \\ Q_{so} = 0 & \bar{h}' \leq h_{ctl} \, \text{or} \, \bar{h}' \leq h_{wai} \end{cases} \qquad (2\text{-}51)$$

式中，Q_{so} 为当天平原湖泊向下游的下泄量（L³/T）；h_{wai} 为当天的闸后外水位（L）；V_{wai} 为对应外水位时的平原湖泊蓄水量（L³）；其他符号意义同前。

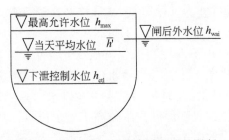

图 2-32 外水位对平原湖泊下泄的限制

式 (2-51) 表达的下泄控制策略为: ①当天在平原湖泊水位低于下泄控制水位或外水位高于平原湖泊水位时, 平原湖泊无须排泄或无法排泄, 下泄量为零; ②在外水位高于下泄控制水位, 且平原湖泊水位位于外水位和最高允许水位之间时, 平原湖泊可以下泄, 最大允许平原湖泊下泄到外水位对应的湖泊蓄水量为止; ③当外水位低于下泄控制水位时, 外水位对下泄无限制作用, 平原湖泊下泄过程以下泄控制水位为依据; ④当平原湖泊水位高于最高允许水位, 同时最高允许水位大于外水位时, 需要排泄任何超过最高允许水位的水量, 此时闸门可以泄水, 因此先计算超蓄水量, 与闸门的潜在下泄能力进行比较并取其中的较大值作为优先下泄值, 同时限制水量下泄后湖泊蓄水量不低于外水位对应的蓄水量。

3) 平原湖泊除建有水闸外, 还建有抽水泵站以减轻 "关门淹" 的情况。某些对于汛期水位保障程度要求较高的平原湖泊 (如湖泊临近城区), 除了泄水闸之外, 还配备有抽水泵站, 以在平原湖泊的闸门下泄受到外水顶托时仍能够排泄内涝水 (图 2-33)。

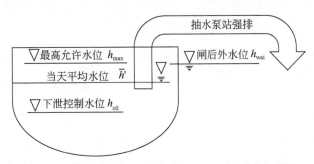

图 2-33 平原湖泊水位受外水位顶托时抽水泵站强排

在综合考虑外水位影响及抽水泵站强排情况下, 平原湖泊下泄的公式需修正为

$$\begin{cases} Q_{so} = \min\left[\max\left(Q_{泵}, V'_n - V_{max}\right), V'_n - V_{ctl}\right] & h_{wai} \geq \bar{h}' \geq h_{max} \\ Q_{so} = \min\left[\max\left(Q_{闸} + Q_{泵}, V'_n - V_{max}\right), V'_n - V_{ctl}\right] & \bar{h}' \geq h_{max} \,\&\, \bar{h}' > h_{wai} \\ Q_{so} = \min\left(Q_{泵}, V'_n - V_{ctl}\right) & h_{max} > \bar{h}' > h_{ctl} \,\&\, h_{wai} \geq \bar{h}' \\ Q_{so} = \min\left(Q_{闸} + Q_{泵}, V'_n - V_{ctl}\right) & h_{max} > \bar{h}' > h_{ctl} \,\&\, h_{wai} < \bar{h}' \\ Q_{so} = 0 & \bar{h}' \leq h_{ctl} \end{cases} \quad (2\text{-}52)$$

式中，$Q_{泵}$ 为抽水泵站的抽排能力（L^3/T），其他符号意义同前。

式（2-52）表达的下泄控制策略为：①当蓄水位低于或等于下泄控制水位时，平原湖泊无须下泄；②当蓄水位位于下泄控制水位与最高允许水位之间，且蓄水位高于外水位时，闸门和抽水泵站一起排泄水量；③当蓄水位位于下泄控制水位与最高允许水位之间，且蓄水位低于或等于外水位时，此时闸门已经不能排水，只能通过抽水泵站进行强排；④当水位高于最高允许水位，且平原湖泊水位高于外水位时，闸门和抽水泵站一起工作，以移除超出最大允许蓄水量的多余水量；⑤当蓄水位高于最高允许水位，且外水位高于蓄水位时，只能通过抽水泵站下泄，如果当天抽水泵站能力不足以将水位降至最高允许水位，则通过非正常形式移除多余水量。

2.3.6 平原湖泊未积水区降水入渗与潜水蒸发

平原湖泊的未积水面积是湖泊总面积的组成部分，尤其在非汛期平原湖泊的未积水区面积有可能占有较大比例。作为平原湖泊积水区的外部环境，其上的降水入渗与潜水蒸发过程会对积水区的水平衡产生影响，因此需要在计算过程中予以考虑。

未积水区降水入渗通过入渗补给系数法计算，其公式为

$$G_{\mathrm{rec}}=A_{\mathrm{nw}}\cdot(P_{\mathrm{day}}^{\mathrm{nw}}-\mathrm{rnf})\cdot \mathrm{coef}_{\mathrm{rec}} \tag{2-53}$$

式中，A_{nw} 为平原湖泊未积水区当天的平均面积（L^2），由式（2-40）计算；$P_{\mathrm{day}}^{\mathrm{nw}}$ 为平原湖泊未积水区当天的陆面降水强度（L/T）；$\mathrm{coef}_{\mathrm{rec}}$ 为未积水区降水入渗补给系数（-）；G_{rec} 为平原湖泊非积水区降水入渗补给的总量，模拟过程中模型会根据未积水区单元分布情况将其进行空间展布。

单个未积水区单元的潜水蒸发通过阿维里扬诺夫公式计算，其公式为

$$\begin{cases} G_{\mathrm{evp},j}=\mathrm{ET}_{\mathrm{day}}^{\mathrm{w}}\cdot A_{\mathrm{nw},j} & h_{\mathrm{a},j}\geqslant \mathrm{btm}_j \\ G_{\mathrm{evp},j}=\mathrm{ET}_{\mathrm{day}}^{\mathrm{w}}\cdot A_{\mathrm{nw},j}\cdot\left(\dfrac{\mathrm{btm}_j-h_{\mathrm{a},j}}{\mathrm{Depth}_{\max}}\right)^{p_{\mathrm{evp}}} & (\mathrm{btm}_j>h_{\mathrm{a},j})\,\&\,(\mathrm{btm}_j-h_{\mathrm{a},j}<\mathrm{Depth}_{\max}) \\ G_{\mathrm{evp},j}=0 & \mathrm{btm}_j-h_{\mathrm{a},j}\geqslant \mathrm{Depth}_{\max} \end{cases} \tag{2-54}$$

式中，$\mathrm{ET}_{\mathrm{day}}^{\mathrm{w}}$ 为当天潜在的潜水蒸发强度（L/T），模型中视为水面蒸发强度；$\mathrm{Depth}_{\max}$ 为未积水区潜水蒸发极限埋深（L）；p_{evp} 为未积水区潜水蒸发指数；btm_j 为第 j 个未积水区单元处的湖底高程（L）；$G_{\mathrm{evp},j}$ 为第 j 个未积水区单元的潜水蒸发量（L^3/T）；$A_{\mathrm{nw},j}$ 为第 j 个未积水区单元的面积（L^2）；$h_{a,j}$ 为第 j 个未积水区单元的地下水位（L）。

平原湖泊未积水区的总潜水蒸发量为各未积水区单元潜水蒸发量的总和，其公式为

$$G_{\mathrm{evp}}=\sum_{j=1}^{J}G_{\mathrm{evp},j} \tag{2-55}$$

式中，J 为未积水区单元的总个数。

2.3.7 平原湖泊水位和积水面积计算

一般平原湖泊的蓄水量、积水面积与水位之间存在单值对应关系。在湖泊蓄水量确定

之后，湖泊的水位、积水面积可以通过水位–蓄水量关系及面积–蓄水量关系确定。

模拟过程中由于对湖底进行了离散化处理，湖泊的水位–蓄水量关系及面积–蓄水量关系以散点形式分布（图 2-34）。由于模拟计算过程中湖泊的蓄水量是具有连续性的，因此需在相邻散点之间考虑插值方法，以使水位–蓄水量关系和面积–蓄水量关系连续，从而可以根据蓄水量确定湖泊水位和积水区面积。由于线性插值有助于模型计算收敛的稳定性，同时也比较方便处理，在 MODCYCLE 中，以线性插值作为处理连续性的基本方法。

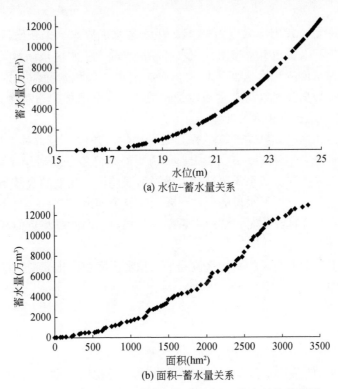

(a) 水位–蓄水量关系

(b) 面积–蓄水量关系

图 2-34　湖泊的水位–蓄水量关系和面积–蓄水量关系示例

以图 2-35 为例，假设 $[h_1, V(h_1)]$ 及 $[h_2, V(h_2)]$ 分别为邻近的两个已知的水

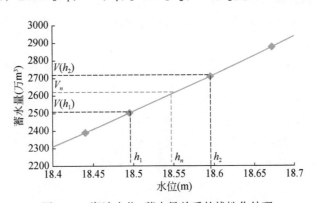

图 2-35　湖泊水位–蓄水量关系的线性化处理

位–蓄水量离散点，若湖泊当前蓄水量为 V_n，且处于 $V(h_1)$ 和 $V(h_2)$ 之间，欲知当前蓄水量对应的水位，可通过以下线性公式 [式 (2-56)] 确定。

$$h_n = h_1 + \frac{V_n - V(h_1)}{V(h_2) - V(h_1)}(h_2 - h_1)$$ (2-56)

2.3.8　显式/隐式计算和收敛条件

在湖泊水量平衡公式中 [式 (2-35)]，积水区水面降水、未积水区地表产流、积水区地下水渗出、未积水区地下水渗出、积水区湖泊渗漏、积水区水面蒸发共六项循环项的计算与湖泊的当前水位或积水区面积相关，而湖泊水位和积水面积又取决于湖泊的蓄水量，因此湖泊水量平衡公式本身左右两端是相关的。在数值模拟过程中，可采取纯显式、半显式/半隐式和纯隐式方法进行处理。

关于收敛条件，理论上显式计算过程无须设置收敛条件，因为对于具体的模拟时段，计算过程中湖泊水量平衡公式 [式 (2-35)] 两端都是确定的。对于半显式/半隐式和纯隐式方式，由于需要迭代，似乎需要根据水量平衡误差设置相应的收敛条件，但作为地下水数值模拟的组成部分，地下水位的允许误差限已经为河道–沉陷区–地下水模块隐含了收敛条件，在地下水位计算收敛时，湖泊水量平衡公式左、右两端将近似相等，所以也无须单独设置收敛条件。

纯显式情况下，湖泊当天的平均水位和平均积水区面积以当天初始的水位与积水区面积作为计算值，即

$$\begin{cases} \bar{h} = h^{n-1} \\ \bar{A}_w = A_w^{n-1} \end{cases}$$ (2-57)

式中，$\bar{h}$ 为湖泊当天的平均水位 (L)；h^{n-1} 为湖泊当天初始（前天末）的水位 (L)；$\bar{A}_w$ 为湖泊当天的平均水面积 (L^2)；A_w^{n-1} 为当天初始（前天末）的积水区面积 (L^2)。

在使用显式方式处理时，湖泊的平均水位和平均积水区面积在当天的计算过程是已知并固定的，因此可以比较方便地计算与湖泊水量平衡有关的水循环项。在地下水数值计算收敛后，当天末的湖泊水位和积水区面积将根据湖泊当天的蓄水量情况进行更新，并作为后一日的计算基础。

纯隐式情况下，湖泊当天的平均水位和平均积水区面积等于当天末的水位和积水区面积，即

$$\begin{cases} \bar{h} = h^n \\ \bar{A}_w = A_w^n \end{cases}$$ (2-58)

式中，h^n 为当天末的湖泊水位 (L)；A_w^n 为当天末的积水区面积 (L^2)。其他符号意义同前。

在采用隐式计算方法时，由于湖泊当天末的水位和积水面积是未知的，因此需要由湖泊蓄水量确定，而湖泊蓄水量又与当天末的水位和积水区面积相关，因此处理时需要迭代

计算。在初次迭代时，湖泊当天的平均水位和平均积水区面积等于湖泊前一天末的水位和积水区面积，模型先依据该值计算湖泊的各水循环分项，从而近似得出湖泊当天末的蓄水量，再根据此次迭代计算的湖泊当天末蓄水量通过水位−蓄水量关系和积水区面积−蓄水量关系更新湖泊当天末的水位和积水区面积，并作为第二次迭代时的平均水位和平均积水面积。通过以上过程进行反复迭代，最终当天的地下水数值计算收敛时，湖泊的水量平衡方程左右两端能够近乎相等，从而湖泊当天末的蓄水量、水位和积水面积值得以准确确定。

一般说来，纯显式计算因为不涉及迭代过程，所以计算过程简单，计算速度较快，但一般数值计算研究经验表明，纯显式计算的收敛稳定性与时间步长具有较强的相关性，当时间步长较大时，有可能会导致模拟结果无法稳定收敛到解析计算结果，即条件稳定的。相反纯隐式计算虽然计算步骤多，计算工作量大，但一般都是无条件稳定的。为了综合显式计算和隐式计算的优点，可以采用半显式/半隐式计算，即湖泊当天的平均水位和平均积水区面积用当天初始与当天末的值加权计算。

$$\begin{cases} \overline{h} = (1-\beta)\,h^{n-1} + \beta h^n \\ \overline{A}_w = (1-\beta)\,A_w^{n-1} + \beta A_w^n \end{cases} \tag{2-59}$$

式中，β 为隐式加权因子，取值为 $0 \sim 1$，其他符号意义同前。若 $\beta=0$，式（2-59）退化为纯显式计算；若 $\beta=1$，式（2-59）退化为纯隐式计算；在 $0<\beta<1$ 时，式（2-59）体现出显式和隐式的综合特点。随着 β 的增大，计算过程从偏向显式逐渐过渡到偏向隐式，意味着湖泊当天的水量平衡方程计算从主要依据湖泊前一天末的水位和积水区面积过渡到主要依据湖泊当天末的水位和积水区面积。

与纯隐式计算相同，半显式/半隐式计算也要进行迭代计算，但需迭代的次数一般比隐式要少。经验表明，β 取 0.5 以上一般都能得到较为稳定的模拟结果。在初次迭代时，湖泊当天的平均水位和平均积水区面积等于湖泊前一天末的水位和积水区面积，模型先依据平均水位和平均积水区面积计算湖泊的各水循环分项，从而近似得出湖泊当天末的蓄水量，再根据此次迭代计算的湖泊当天末蓄水量，通过水位−蓄水量关系和积水区面积−蓄水量关系更新湖泊当天末的水位与积水区面积。因此在初次迭代时，与隐式计算一样，模型实际上是显式处理的。但从第二次迭代开始，湖泊当天末的水位和积水区面积已经通过初次迭代计算近似得出，因此初次迭代后，后续迭代过程中湖泊的平均水位和平均积水面积将可以通过加权方式计算。

2.3.9　河道−沉陷区−地下水模拟模块计算框架

图 2-36 为河道−沉陷区−地下水模拟模块开发的程序设计框图。模块运行时，主要是与地下水位有关的循环项需经过迭代计算求解，因此该模块的位置需放置在地下水日模拟迭代循环部分。为突出重点，图 2-36 仅表达了模块的计算处理部分，模块的输入数据处理及统计输出部分被忽略，且主要描述单个湖泊的计算过程，多个湖泊的处理只是该过程的重复。该模块的运行步骤如下。

1）在每次迭代之前，先根据前一日的湖泊水位和本时段前一次迭代得出的湖泊水位计算湖泊当天的平均水位和平均积水区面积。首次迭代时，湖泊当天的平均水位和平均积水区面积设置为前一日末（当天初）的值。

2）基于湖泊当天的平均水位判断该湖泊每个计算单元的积水和未积水情况。

3）根据湖泊平均水位和积水区面积情况，计算不参与地下水数值求解矩阵方程处理的各循环项，包括当天积水区的降水、水面蒸发、未积水区的降水产流量、河道入流量及出流量。未积水区的降水入渗总量也在此时进行计算，以为后续进行单元上的分布提供数据。

4）不考虑对任何地下水边界条件和源汇项的处理，仅根据单元间渗流关系构建初始的地下水数值矩阵方程。

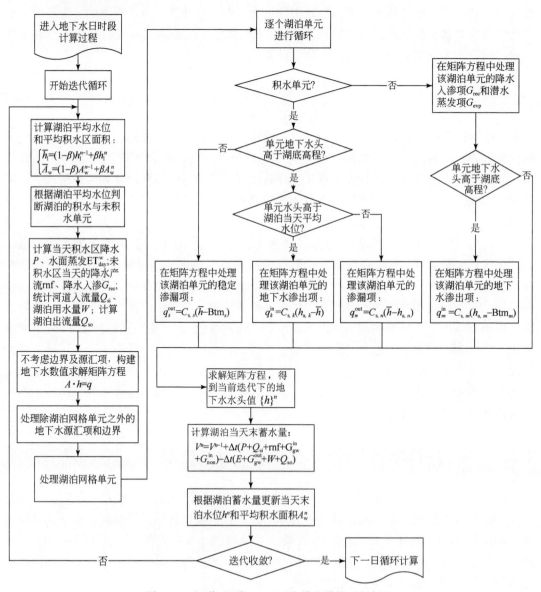

图 2-36　河道–沉陷区–地下水模拟模块运行框图

5) 在矩阵方程中处理除湖泊–地下水之外的边界条件和源汇项，这里包括河道与地下水间的补给和渗漏、湖泊网格单元之外的其他网格单元上的降水入渗、潜水蒸发、地下水开采等。

6) 在矩阵方程中集中处理湖泊–地下水作用边界。这里需要对每个湖泊网格单元进行循环处理。如果是积水区单元，需判断该单元地下水头与湖底高程的情况，如果该单元的地下水头低于当天的湖底高程，说明该单元处于稳定渗漏的情况；若地下水头高于当天的湖底高程，尚需进一步判断地下水头与湖泊平均水位的大小，若地下水头高于湖泊平均水位，地下水在该单元处于向湖泊补给的情况，若相反，则湖泊在该单元向地下水渗漏。若该单元为未积水区单元，则在该单元先处理降水入渗和潜水蒸发，若该单元的地下水头高于湖底高程，还需计算该单元的地下水的渗出补给量。

7) 在对湖泊网格单元进行处理后，地下水数值计算矩阵方程可以进行求解，并得出本次迭代计算出的各网格单元的地下水头值。

8) 根据当前迭代求解的地下水头值，此时可以对湖泊–地下水作用的有关项进行统计计算，主要包括含水层向湖泊积水区的渗出量、湖泊未积水区地下水渗出量、湖泊积水区的渗漏量（含两种情况）。

9) 至此，有关湖泊水平衡的9项水循环项都已经确定，可以根据湖泊水量平衡方程计算本次迭代后的湖泊当日末蓄水量，这里的当日末蓄水量不一定是最终值，只是迭代的中间结果。

10) 根据此次迭代计算的湖泊当日末蓄水量更新湖泊当日末的水位和积水区面积，为下一次迭代提供基础。

11) 判断本次地下水数值模拟迭代过程中全部地下水网格单元的地下水头是否符合给定的收敛精度条件（一般要求前一次迭代和本次迭代的水头差小于1mm或更小）。如果符合收敛精度条件，说明地下水矩阵方程收敛，此时湖泊水量平衡方程左右两端近乎相等，可以退出当日的循环迭代过程；如果不满足收敛精度条件，则重新开始迭代过程一直到地下水数值模拟迭代过程收敛为止。

3　模型构建与检验

第 2 章对"河道–沉陷区–地下水"分布式水循环模拟模型的计算原理进行了详述，给出了水循环模拟各分项过程的具体算法和总体模拟思路。本章将详细讨论研究区模拟范围的选取，研究区内的主要水文地质参数、主要的水循环影响和驱动数据、沉陷洼地数据等的具体情况及其模型处理方法。此外，水循环模型在投入未来年份水循环模拟预测之前需要进行模拟检验，以使模型在预测时有可靠的基础。淮南采煤沉陷区水循环关系复杂，水循环模拟难度大，此前也从未有人在研究区开展过相关洼地水循环机理和水资源转化量评价方面的研究。本书提出的"河道–沉陷区–地下水"分布式水循环模拟模型为新近自主开发，在淮南采煤沉陷区水资源利用关键技术研究项目中首次应用，需要对模块模拟效果的适用性、合理性进行检验，这可以通过与实测数据对比、洼地水量平衡分析、经验判断等手段进行。

最后本章还以经过验证后的 2001 ~ 2010 年现状水循环模拟为基础，分析了代表性沉陷洼地积水的内在机理，特别是地下水所起作用，可为明晰采煤沉陷洼地水量转化机制提供理论依据与定量分析结论。

3.1　淮河流域概况

淮河流域地处我国南北气候过渡带，自古以来，淮河就是我国南北方的一条自然分界线，淮河以北属于暖温带区域，淮河以南属于北亚热带区域。气温变化由北向南、由沿海向内陆递增，年平均气温为 11 ~ 16℃，极端最高气温达 44.5℃，极端最低气温达 –24.1℃。蒸发量南小北大，年平均水面蒸发量为 900 ~ 1500mm，无霜期为 200 ~ 240 天。淮河流域多年平均降水量约为 920mm，降水量年际变化较大，最大年降水量为最小年降水量的 3 ~ 4 倍。降水量的年内分配也极不均匀，汛期（6 ~ 9 月）降水量占年降水量的50% ~ 80%。气候特征可总结为冬春干旱少雨，夏秋闷热多雨，冷暖和旱涝转变急剧，同时受冷暖气团频繁活动的影响，降水量年际变化大，丰水年、枯水年常常连续发生，另外由于暴雨移动方向接近河流方向，淮河流域容易造成洪涝灾害。

淮河水系的支流与干流多斜交，干流偏南侧，呈典型的不对称羽状结构。淮河上游山区丘陵地带坡陡流急，而淮河中下游地势平缓，加之黄河南泛，形成淮河中游河床的"倒比降"；淮河北岸支流众多、地势平缓、源长流缓，淮河南岸支流虽少，但源短流急。当暴雨发生后，淮河南岸支流洪水先到达干流河槽，干流水位迅速抬高，致使淮河北岸支流受干流高水位顶托无法排入，往往是因洪致涝、洪涝并存，"关门淹"现象相当突出。中华人民共和国成立前，淮河水系紊乱，排水不畅或水无出路，造成了"小雨小灾、大雨大灾，无雨旱灾"的局面，是一条难治之河。

中华人民共和国成立后第一条全面系统治理的大河就是淮河。早在 1950 年，中央人民政府政务院（国务院前身）就做出《关于治理淮河的决定》，并制定了"蓄泄兼筹"的治淮方针。1951 年，毛泽东主席发出"一定要把淮河修好"的号召，从而掀起了中华人民共和国成立后第一次治淮高潮。1991 年江淮大水后，国务院专门召开治淮、治太会议，发布《关于进一步治理淮河和太湖的决定》，第二次治淮高潮从此开始，19 项治淮骨干工程相继建设。60 多年来，淮河流域内基本建成了较为完整的防洪、除涝、灌溉、供水等水利工程体系；在水资源开发利用方面，初步形成水资源综合开发利用工程体系，灌溉体系基本完善，还形成了江淮、沂沭泗、黄河水并用的水资源供水工程体系，流域四省供水保证率得到显著提高，为供水安全、粮食安全、防洪安全提供了重要保障。但淮河流域具有气候复杂多变，平原广阔，人口密度大，蓄泄条件差，上游落差大、中下游落差小，水土资源分布极不协调等特点，加之黄河长期夺淮的影响，特殊的地理、气候和人文条件决定了淮河治理的艰巨性和复杂性。

一是防汛抗洪任重道远。淮河上游拦蓄能力不足、中游行洪过程不畅、下游宣泄能力不够的问题依然存在。淮河干流上游尚无一座大型水库，部分病险水库尚未完成除险加固，控制山丘区洪水的能力尚需进一步加强；中游虽经多年治理，仍未达到设计行洪能力，加之河湖淤积，人为设障，影响行洪效果，减少了宣泄和拦蓄洪水的能力；下游入海水道、分淮入沂和苏北灌溉总渠泄洪能力偏低，还没有达到规划确定的泄洪标准。2003 年、2007 年淮河发生继 1954 年和 1991 年以来的流域性大洪水，淮河再一次引起社会高度关注。

二是水资源短缺严重。流域人口稠密、耕地率高，人均水资源量为 484m³，约为全国人均水量的 1/5，亩①均水资源量为 355m³，约为全国亩均水资源量的 1/4。丰水年份，由于在淮河流域上中下游缺乏足够的拦蓄库容，洪水资源利用难度很大，大量的洪水排入长江和黄海。在偏枯年份，水资源供不应求，上下游之间、地区之间、城市之间、行业之间、城市与农村之间争水现象日益突出。

三是水污染和生态环境问题依然突出。长期以来淮河流域由于不合理的经济社会活动及过度的水土资源开发，淮河干流纳污能力已超过极限，众多支流长年断流，河道水功能区达标率低，生态功能退化，污染事件频繁发生。

四是未来资源环境压力将进一步增大。随着国家中部发展战略和众多经济圈及试验区的全面启动，淮河流域社会经济进入快速发展期，城市化和工业化的快速发展必然导致对水资源的需求量大幅度增加，水资源和水环境新问题与新矛盾将更为频繁。其主要表现在水资源的供需矛盾将越来越突出，水环境水生态系统承受的压力越来越大，流域整体上面临越来越大的缺水和污染压力。

3.2　研究区概况

3.2.1　研究区范围

研究开展之前首先需合理确定研究区范围。研究区范围涉及资料收集整理的工作强

---

① 1 亩 ≈ 666.7m²。

度，过大的研究区范围有可能徒使工作量增加，而对提升研究成果质量的意义不大；过小的研究区范围则有可能忽略了重要的边界条件或影响要素，影响成果的可靠性。研究区范围的确定主要依据以下几点原则：一是研究区范围能够覆盖不同水平年份采煤沉陷的范围；二是研究区范围地表/地下水具有相对完整水力联系及与外界相对独立性；三是研究区范围利于资料收集整理；四是研究区范围边界清晰，并利于后续水循环研究概化处理。

研究区范围首要考虑的是西淝河与沉陷区之间的水力联系。西淝河为穿过淮南采煤沉陷区的一条主要河流，与采煤沉陷区水循环有重要关系。西淝河与茨淮新河有交汇点，交汇点以北为西淝河上段，以南为西淝河下段，采煤沉陷区基本都位于西淝河下段范围内（图3-1）。如果西淝河与茨淮新河之间的交汇点处上、下两段为联通状态，则考虑采煤沉陷区地表水循环条件时，西淝河上段的汇流必须考虑在内。但经过实地调研和遥感影像（图3-2）分析，西淝河上、下两段在茨淮新河交汇点处实际上是完全分离的，西淝河上段来水直接汇入茨淮新河，不再经由西淝河下段，因此西淝河与采煤沉陷区地表水联系部分只有西淝河下段。

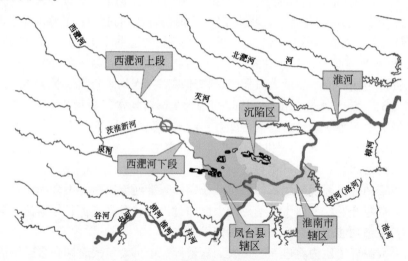

图 3-1　研究区范围周边水系

图 3-2　西淝河与茨淮新河交汇处遥感影像图

其次需要考虑的问题是研究区范围的边界。从图 3-3 看，沉陷区周边以北的主要河流是茨淮新河，西南是颍河，东南为淮河，三者的交汇点与其各自的河道构成一个相对封闭的区间。可将图 3-3 中多个沉陷洼地完整分布在这个区间之内，同时与地表水循环密切相关的苏沟、济河、泥河、架河等河流，其汇流区也都位于该区间内，与该区间之外无关。因此以该封闭区间作为研究区范围，一是能够满足覆盖不同水平年份采煤沉陷区的研究需要；二是该范围内的地表水系统具有与外界的相对独立性，因此单从地表水水力联系来说，该范围是清晰和合理的。

另外，本书研究还含有地下水数值模拟分析部分，因此地下水边界条件也需要确定。地下水边界条件一般有一类边界（水头边界）、二类边界（流量边界）和三类边界（水头和流量具有相关性的混合边界）三种，模拟时需要根据实际水文地质情况进行概化。从茨淮新河、颍河、淮河三条河流的流量资料看，三条河流都是常年有流量的，其中在此封闭区间的过境流量中茨淮新河平均为 6.6 亿 m^3/a，颍河平均为 30.9 亿 m^3/a，淮河平均为 208.7 亿 m^3/a。对于以常年有水的河流作为边界的地下水数值模拟，一般以一类边界（水头边界）对地下水边界条件进行概化是比较便利和合理的。

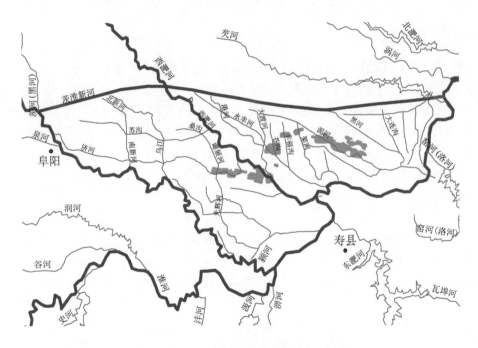

图 3-3　淮河、颍河、茨淮新河区间示意图

综上，根据矿区分布、周边水系分布状况、地表水汇流格局及遥感影像和调研结果等，结合地表水和地下水边界的考虑，划定了以茨淮新河、颍河、淮河干流为边界，三条河流所围区域为研究区范围，研究区范围总面积为 4013km²，所包含区县有淮南市的潘集区及凤台县、蚌埠市的怀远县南部、亳州市的利辛县南部、阜阳市的市辖区东部及颍上县东北部。

研究区范围涉及的主要河流有西淝河、永幸河、架河和泥河，根据安徽省水利设计院提供的各条河流的流域划分图，可将本研究区范围进行汇流区分片，如图 3-4 所示。其中，西淝河汇流区面积为1690km²，永幸河汇流区（含架河）面积为411km²，泥河汇流区面积为583km²。三条主要河流的汇流区占整体研究区范围的67%。

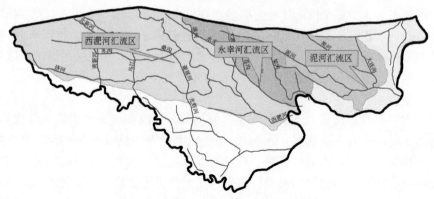

图 3-4　研究区范围内模拟汇流区划分

3.2.2　气候水文

（1）气候

本研究区位于我国南北气候的过渡带，属于暖温带半湿润气候区，季风盛行，冬季风从大陆吹向海洋，气候寒冷干燥；夏季风从海洋吹向大陆，气候温暖湿润。多年平均气温为15.8℃，由南向北递减，年际变化不大。7月平均气温为29.1℃，1月平均气温为1.9℃。极端最高气温达41.4℃（阜阳站1953年6月20日），极端最低气温为–24.1℃（寿县站1955年1月11日）。日平均气温在0℃以下的时间不长，一般不到15天。年平均相对湿度一般在73%以下，由南向北逐渐减少。

（2）降水

本书模拟中共收集了研究区及附近所属国家基本气象站3个，含降水、最高/最低气温、平均湿度、日照时数、平均风速五类气象要素的自1955年以来的日观测值长系列，以及单独雨量站17个，含自1954年以来降水的日观测值长系列（图3-5）。

图 3-5　研究区及附近气象站与雨量站分布

经过数据整理分析，研究区 1954～2010 年系列年平均降水量（按雨量站控制面积加权）为 438～1618mm，多年平均降水量为 888mm，2001～2010 年的平均降水量为 965mm，各雨量站点年降水过程线如图 3-6 所示。

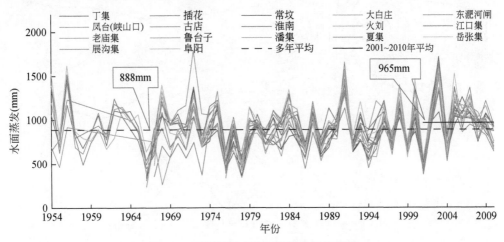

图 3-6　各雨量站点多年年降水量过程线

从数据分析来看，各雨量站年降水量的变化趋势较为一致，但研究区降水分布不均，不同雨量站点相同年份的降水数量有一定差距。从多年变化规律来看，研究区降水量年际间差异很大，枯水年份仅为 300～500mm，丰水年份可达 1300～1600mm，体现出淮河中游地区降水量年际变化大，旱涝转变急剧的水文特点。

研究区多年平均降水量分布如图 3-7 所示，总体上研究区降水量西南部略大于东北部，降水量分布区间为 810～940mm，西南部降水高值区与东北部降水低值区相差 100～130mm。研究区 2001～2010 年平均降水量分布如图 3-8 所示，2001～2010 年平均降水量的空间分布为 900～1020mm，同时各站雨量与多年平均降水量相比都有所增大，空间分布规律上与多年平均降水量状况有一定的相似性，也是西南部略大于东北部，但高值区有向

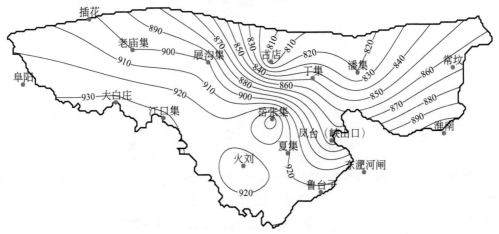

图 3-7　研究区多年平均降水量（mm）分布

西南方向移动的迹象，另外西部老庙集站附近降水量增加较多，东部常坟站、淮南站一带降水量增加较少。

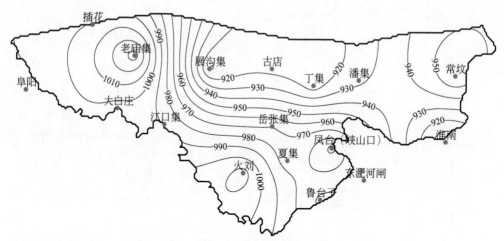

图 3-8　研究区 2001～2010 年平均降水量（mm）分布

（3）水面蒸发

阜阳、蚌埠和寿县三站的水面蒸发观测数据如图 3-9 所示。三个气象站点早前采用 20cm 直径小型蒸发器观测水面蒸发，20 世纪 90 年代改用 E601 型蒸发器。为使数据系列具有一致性，已将数据都修正为 E601 型蒸发器观测值。通常认为 E601 型蒸发器观测数据与大面积水体的蒸发量相当。

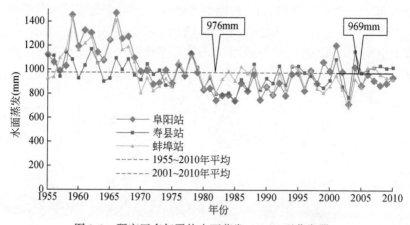

图 3-9　研究区多年平均水面蒸发（E601 型蒸发器）

根据观测数据变化规律发展，研究区多年平均水面蒸发约为 976mm，2001～2010 年平均水面蒸发约为 969mm，与多年平均水面蒸发基本相当。由图 3-9 可知，研究区 20 世纪 70 年代以前的水面蒸发较大，70～90 年代为低值区，2001～2010 年略有回升。

另据宋艳淑等[59]对淮河流域多年平均水面蒸发量的研究，研究区多年平均水面蒸发量为 950 ~ 1000mm，本书水面蒸发数据与之具有很好的吻合性。

（4）径流

研究区多年平均年径流系数为 0.22 ~ 0.24[60]。径流特性受降水与地形地貌条件制约。研究区河流为雨源型，即河川径流来源于降水，因而径流的时空分布与降水的时空分布大体一致，但年内分配更为集中，汛期（6 ~ 9 月）径流可占年径流量的 70% ~ 80%，最大值出现在 7 月、8 月。在中小水年份，全年水量几乎都集中在汛期，甚至产生于汛期的几场乃至一两场暴雨。径流量的年际变化也远大于降水量，各站最大年径流量与最小年径流量可相差 20 ~ 100 倍。研究区年径流量的变差系数多在 0.7 ~ 1.1，是安徽省年径流量变差系数的高值区。

（5）暴雨洪水

研究区暴雨主要发生在 6 ~ 8 月，且多集中在 7 月中旬至 8 月中旬，暴雨历时与强度主要受副热带高压的强弱与进退影响。根据暴雨类型，暴雨洪水可分成如下两种：一是强度大、历时短、范围小的暴雨形成的地区洪水。例如，老庙集 1995 年 8 月 8 日 24 小时降水量为 223.6mm，三天累计降水量为 510.4mm，洪水来势猛，河道洪水来不及宣泄，造成沟河漫溢、堤防溃决、大片内涝积水。这类洪水受灾面积略小，但发生次数多。二是历时长、面积大的暴雨形成的全区性洪水。这类洪水多发生在梅雨季节，虽然降水强度不是太大，但降水历时长，分布面积广，总降水量大，如 1991 年、2003 年、2007年，研究区 7 ~ 8 月最大 30 天降水量分别达 679mm、622.1mm、559.2mm，此时淮河干流水位高于研究区支流水位，导致支流内水难以自流排泄入淮，形成"关门淹"，这类内涝外洪不利条件组合，形成大面积历时长的持续洪水，量大面广，沟满河平，农田长期被淹，因而危害最大。

研究区的暴雨历时一般为 1 ~ 3 天，长的 5 天。3 天暴雨量的 70% 以上集中在 24h 以内。由于研究区地面与河道坡降较小，洪水具有汇流慢、河槽流速小、洪水过程长的特点，容易形成长时间大面积内涝。

（6）淮河水位

淮河水位是引起沿淮地区内涝的重要因素。目前研究区沿淮各条支流河道的排涝标准基本能达到 5 ~ 10 年一遇，但这是在排涝不受淮河水位顶托情况下的标准。若在汛期淮河水位高于西淝河、永幸河、泥河等内水水位时，除建有泵站的河流可强排外，其余河流涝水将无法排出，从而形成"关门淹"。为研究淮河中游这种典型的，同时也是危害性最大的内涝情况，本次研究过程中收集了鲁台子站的淮河流量数据，以及正阳关站、凤台（峡山口）站和淮南站各站的淮河水位数据，各站分布如图 3-10 所示。

图 3-11 是凤台（峡山口）站淮河水位的多年日变化情况。根据数据分析，淮河在该站位置处历史最高水位为 25.61m，时间为 2003 年 7 月 12 日，历史最低水位为 13.90m，时间为 1958 年 7 月 4 日。最高水位和最低水位之间相差 11.71m，可见淮河中游水位变幅很大。年内水位较低的时段为当年 12 月到来年的 1 月、2 月，枯水季三个月的平均水位为

图 3-10　研究区位置处于淮河干流的水文站分布

17.09m；年内水位较高时段为当年的 7 月、8 月、9 月，丰水季三个月的平均水位为 19.14m，洪水高峰期一般出现在当年的 7 月。

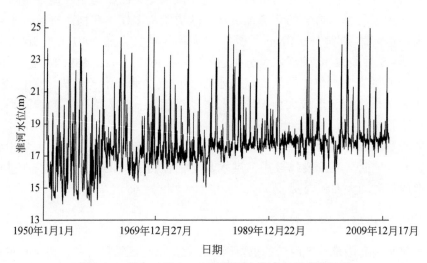

图 3-11　凤台（峡山口）站淮河水位多年日变化过程

　　图 3-12 是鲁台子站淮河流量多年日变化的情况。根据数据分析，淮河在该站位置处历史最高流量为 12 500m³/s，时间为 1954 年 7 月 25 日；历史最低流量为几近断流状态，如 1979 年 1 月 2～8 日。流量枯期和丰期时间与水位一致，当年的 12 月到来年的 1 月、2 月为最枯流量期，日平均流量只有 237.12m³/s；当年的 7 月、8 月、9 月三个月为流量的丰期，日平均流量为 1487.83 m³/s，丰枯变化十分明显。

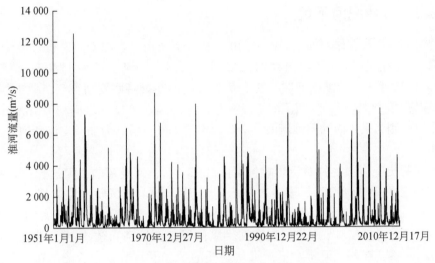

图 3-12 鲁台子站淮河流量多年日变化过程

3.2.3 水系分布

研究区域位于淮河两岸，地表水系较发达，西淝河、架河、永幸河和泥河的下段与淮河干流相连，通过西淝河、永幸河、架河的上段及大沟与茨淮新河相通，通过济河与颍河相通，区内还与西淝河、泥河下游洼地连成一片（图 3-13）。

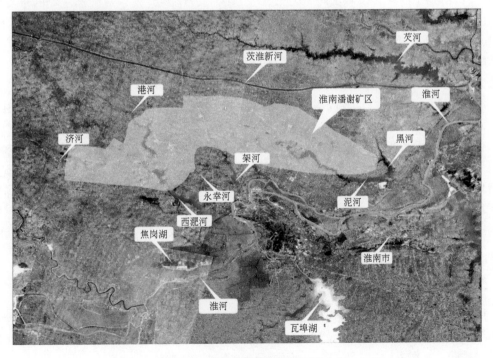

图 3-13 淮南矿区周边主要河流分布

3. 2. 3. 1 西淝河下段

西淝河原是淮河北岸颍河、涡河之间的一条跨省支流，发源于河南省太康县，自西北流向东南，于安徽省凤台县境内经西淝河闸入淮河，干流全长为178km，流域面积为4113km²。1976年开挖茨淮新河时，在利辛县境内的阚疃将西淝河截断，截走西淝河上、中游流域面积达2492km²，现西淝河下段河道长为72.4km，其流域面积为1621km²。西淝河下段流域北侧为东西向的茨淮新河，南侧为淮河干流，西侧为淮河支流颍河，东侧与永幸河相邻。

西淝河历史上多次受到黄泛影响，河床淤积严重，河线弯曲，河道比降较缓。中华人民共和国成立后对西淝河下段多次进行了治理。1954年汛期淮北大堤在禹山坝溃破后，1955年起修筑了淮北大堤，西淝河左堤自唐郢子至阚疃长为56.02km，右堤自禹山坝至康郢子长为12.5km。为解决淮河倒灌问题，西淝河口建有新、老西淝闸，设计流量为520m³/s，在西淝河排水不受淮水顶托的情况下，新、老西淝闸排涝能力可达5年一遇。

西淝河下段流域内地形西北高东南低，最高地面高程为30.0m，最低地面高程为17.0m，沿河地势低洼，下游形成天然湖泊花家湖（正常水面面积为35km²）。西淝河下段河道较为平缓，平均比降约为1/40 000，主要支流有苏沟、济河、港河。

1）苏沟为西淝河下段右岸支流，发源于阜阳市颍东区茨淮新河南岸的杨桥，于展沟集北入西淝河，全长为45.2km，流域面积为269km²。苏沟共圈圩三处，保护面积为13.7km²。

2）济河界于苏沟与颍河之间，为平原坡水区，1957年开挖，西起颍左堤的永安闸，向东南流经颍东区和颍上县境，于颍上县北部的老集附近汇入西淝河。济河是西淝河下段右岸另一条较大支流，全长为63km，流域面积为707km²。济河流域原系颍河水系，大水时期降水通过南北几十条支流排入颍河，因颍河沿岸地势低洼，易受颍河水位顶托，内水经常无法排出，形成"关门淹"，1957年开挖了济河并将济河截入西淝河，由西淝河抢排入淮河。利用挖河弃土修筑成圩堤，对洼地进行了圈圩，共圈圩三处，圩堤长为18.3km，保护面积为9.9km²。

3）港河为西淝河下游左岸支流，东起港河口，西至茨淮新河，全长为42km，总流域面积为224km²。1974年永幸河开通后，截走永幸河以北岗地来水面积90km²，现港河流域面积为134km²，全长为32km，位于凤台县境内，于淝左堤港河闸处入西淝河。港河河道平均比降约为1/35 000。沿河地势低洼，下游形成天然湖泊（姬沟湖）。港河入淝口建有港河防洪闸，设计流量为212m³/s。20世纪70年代以来，港河两岸先后修筑了五处生产圩堤，保护面积为14.1km²，圩内人口为6250人。

3. 2. 3. 2 永幸河、架河和泥河

1977年，凤台县境内西淝河与茨淮新河之间，人工开挖了永幸河，拦截港河和架河各90km²的来水，在淮河水未顶托前直接排水入淮，受淮河水顶托后，由永幸河排灌站抽排。永幸河排灌站建在永幸河入淮口处，为排灌两用泵站，1978年正式投入运行，设计抽排能

力为40m³/s。永幸河的开挖及其排灌站的建成，提高了农业抗御自然灾害的能力，为凤台县农村经济的发展做出了巨大贡献。

架河发源于凤台县东北部边缘，原流域面积为295km²，在1970年永幸河开挖时，将永幸河以南及幸福沟以西的90km²截入永幸河。架河现有流域面积为205km²，其中凤台县为127km²，潘集区为78km²。架河下游有城北湖和戴家湖两处洼地，集水面积分别为154km²和51km²。

架河流域北有茨淮新河，南靠淮河，西邻西淝河，东为泥河，地形总体趋势为西北高、东南低，地面高程一般在18～23m。目前，架河流域的主要排水出口为架河闸（设计流量为67m³/s）及架河排涝站（装机容量为2790kW，排涝流量为23.4m³/s）。在永幸河涝水、凤台县城涝水已排完情况下，可利用永幸河枢纽和菱角湖站抽排入淮。城北湖汇水区涝水通过下游架河闸、架河站及永幸河枢纽等排入淮河。

泥河流经凤台、淮南潘集区，穿过淮北大堤上的青年闸，在汤渔湖缕堤尹家沟闸处汇入淮河，全长为60km。泥河青年闸上游流域面积为556km²，耕地面积为52.43万亩。目前泥河涝水自排出路为经青年闸、汤渔湖行洪区内的尹家沟及尹家沟闸排入淮河。2001年建成芦沟排涝大站，直接抽排泥黑河洼地内水入淮河，抽排流量为120m³/s，总装机容量为12 000kW。芦沟站的修建为确保煤矿安全生产、改善泥河流域农业生产创造了条件。

泥河两岸现有薛集圩、陈集圩、代大郢圩、谢街圩、朱疃圩五处圩区及潘一矿封闭堤、潘集区政府防洪堤，堤防长为56.4km，保护面积为121km²，现有堤堤顶高程为22.0～23.0m，堤顶宽为2～4m。圩内共有龚集、泥河、老庙、赵岗、夹沟、朱疃等7座排涝站，装机容量为3105kW，抽排流量为37.9m³/s。

3.2.3.3 焦岗湖流域

焦岗湖南临淮河，西接颍河，北靠西淝河，总流域面积为480km²，人口为39.3万人，耕地面积为3.11万hm²，分属颍上县、毛集实验区和凤台县10个乡镇及焦岗湖农场，流域内地势西北高、东南低。焦岗湖区17.75m以下为常年积水区，面积为43km²，常年蓄水位为17.75～18.0m，湖底高程为15.5～16.5m。蓄水位为17.75m时，库容量为4700万m³，灌溉水稻面积为7000hm²。焦岗湖通过人工河道入淮河，人工河道全长为2.7km，沟口有焦岗闸。焦岗湖主要支流有浊沟、花水涧和老墩沟，流域面积为284km²，环湖区面积为196km²。目前流域内有杨湖大圩、乔口圩、枣林大圩、毛家湖圩、农场圩五个圩区，圩区总面积为167.7km²，圩堤长为66.7km，堤顶高程为21.0～22.5m。焦岗湖沿岸地区地势低洼，排水条件较差，洪涝灾害频繁发生。1991年大水后，国家将焦岗湖列入淮河流域中小支流治理项目，并修建了鲁口和禹王两座电力排灌站，设计抽排面积分别为85.2km²和79km²，抽排标准为5年一遇。

3.2.4 水文地质

研究区位于华北平原南缘，为近东西向的复向斜构造盆地。东接郯庐断裂，西连周口拗陷，北靠蚌埠隆起，南邻合肥拗陷。区域地质构造属秦岭纬向构造带的东部倾伏端，复向斜盆地南北两翼残丘起伏，零星裸露奥陶系、寒武系以石灰岩为主的地层。三叠纪以后的印支运动及燕山运动，使本区地壳上升，岩层褶皱断裂，形成了淮南复向斜以东西向和北东向为主的构造格局。在侏罗纪、白垩纪、古近纪漫长的地质历史时期，除断陷盆地局部接受沉积外，广大区域处于剥蚀夷平状态，形成了东南高西北低的地貌形态。一直到新近纪早期，地壳才普遍下沉，不均衡振荡性沉降，沉积了西厚东薄的新近系和第四系松散层，西部厚度普遍达到600m以上，新城口断层以东不足100m。第四纪以来的新构造运动，东西沉降速度倒置，造就了平原西北略高于东南的现代地貌景观。

本区第四纪地层基本属于华北地层系统，第四纪地层发育，厚度由西、西北部大于700m渐变至北部、东南部小于100m。从构造体系来看，本区处于新华夏第二沉降带与秦岭纬相构造带的复合部位，构造特征以近东西向构造为主，辅以北北东向的构造格局。根据区内构造特征及其形成时期，可分为蚌埠—凤阳期褶皱，印支、燕山期褶皱及喜山期坳陷。鲜见地表断层，多为隐伏断层。根据其展布方向归纳为北北东—北东、北西、南北、东西向断层组合，主要在燕山期形成。

淮北地区第四系按岩层地质学法可划分为：中、下更新统、上更新统、全新统三个主要地层。由于下更新统与中更新统无明显分层标志，故合并为中、下更新统。其第四纪地层剖面如图3-14所示，不同时代的含水层埋深和厚度见表3-1。

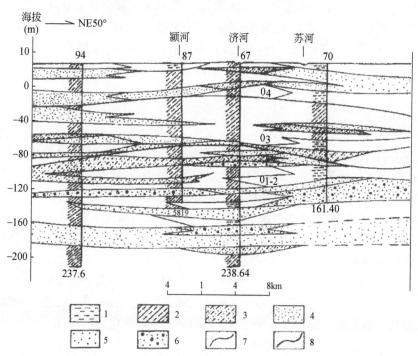

1.黏土 2.亚黏土 3.亚砂土 4.粉细砂 5.中细砂 6.含砾粗砂 7.岩性界线 8.时代界线

图3-14　淮南矿区第四纪地层剖面图

资料来源：《中华人民共和国区域水文地质普查报告　蒙城幅》

表3-1　研究区第四系主要含水层埋深和厚度统计表

时代	符号	含水层类别	含水层顶板埋深（m）	含水层厚度（m）
全新统	Q_4^2	第一层	3.0 ~ 15.0	2.5 ~ 14.0
	Q_4^1	第二层	9.1 ~ 44.0	0.8 ~ 11.0
上更新统	Q_3	第一层	25.1 ~ 104.8	1.0 ~ 33.0
		第二层	53.71 ~ 109.3	1.8 ~ 22.8
		第三层	67.4 ~ 126.9	1.0 ~ 27.6
中、下更新统	Q_{1-2}	第一层	80.0 ~ 156.0	2.5 ~ 19.0
		第二层	104.0 ~ 176.0	2.0 ~ 39.4
		第三层	117.5 ~ 190.0	3.0 ~ 25.6
		第四层	135.0 ~ 236.6	3.6 ~ 35.3
		第五层	153.37 ~ 264.5	5.5 ~ 48.5
		第六层	189.1 ~ 348.3	6.5 ~ 32.4
		第七层	228.1 ~ 339.3	4.1 ~ 19.3
		第八层	250.2 ~ 353.0	8.0 ~ 12.4

中、下更新统（Q_{1-2}）埋藏于 80 ~ 140m 深度以下。利辛周寨一带埋深达 135m。西南部颍上县口孜集一带埋深达 120m。东部平峨山周围埋深小于 80m。在平峨山与淮河之间埋深仅为 47 ~ 77m。中部地区埋深为 110 ~ 120m。中、下更新统厚度由西 400m 向东逐渐变为 30m。据钻孔资料，可划分为 3 ~ 8 个沉积韵律。单层韵律厚为 30 ~ 50m。在垂直和水平方向上均有所变化。但一般层位稳定，砂层在水平方向上的厚度、粒度变化显示了一定的规律性：在 200m 深度以上，由东山丘向西北，西部颗粒由粗到细，厚度由东南向西北由 40m 渐变为 10m 左右。

上更新统（Q_3）在本区除东南的平峨山附近、淮河以南的韭菜山附近出露地表之外，其余均隐伏于地下 25 ~ 55m。蒙城、凤台县一带埋深为 28 ~ 36m，颍河两岸埋深为 25 ~ 35m，其他地区埋深大于 40m。厚度由东南 40m 逐步向西北增厚至 100m 左右。本统具有三个主要沉积韵律。单层韵律厚为 10 ~ 35m。单层砂层厚为 10 ~ 30m，普遍含有铁锰结核、钙质结核，且含量较多。

全新统（Q_4）按岩相可划分为下、中、上三段。全新统下段 Q_4^1 地表无出露，顶板埋藏在地下 20m 左右。厚度由西北向东南由厚变薄，一般厚为 15 ~ 20m。顶部为灰黑、紫灰色亚黏土，含腐殖质，厚为 1 ~ 3m，结构紧密。下部为较厚的灰、灰黄色粉细砂层，厚为 5 ~ 8m。其分布与古河道一致，二期古河道的重叠部位，构成了良好的蓄水地段。该段底部还有亚黏土薄层，内含淡水螺、蚌壳化石及砂礓。全新统中段（Q_4^2）大面积出露于地表，广大河间地区均为此段覆盖。总厚为 13 ~ 25m，具有 2 ~ 3 个沉积韵律，具有二元结构，上部为亚黏土、粉砂、亚砂土组成的漫滩相，下部由粉细砂组成的河床相。砂层厚度一般为 2 ~ 10m，最厚处超过 15m。在利辛县孙集至蒙城县双涧至怀远县的龙亢以北，埋深为 3 ~ 15m。全新统上段（Q_4^3）沿现代河流呈条带状展布，宽为 1 ~ 5km，主要由黄、浅灰黄色粉砂、亚砂土及棕黄、棕红色亚黏土、黏土组成，厚为 0.5 ~ 5m，是河流最新泛滥淤积造成的。

3.2.5　土地利用与土壤

（1）土地利用

研究区土地利用包括耕地、林地、草地、水域、城镇用地、农村居民点等类型（图3-15），具体类别编码、类别名称及含义见表3-2。研究区的土地利用类型以农业耕地为主（包括旱地与水田），占研究区总面积的81.32%，城镇用地和农村居民点占研究区总面积的14.47%，其余土地利用类型不足研究区总面积的5%。

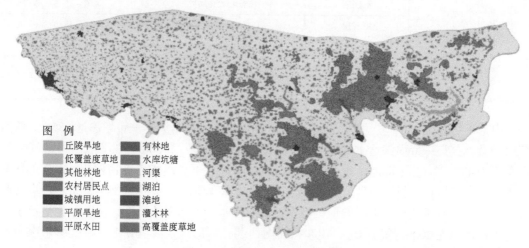

图例

丘陵旱地	有林地
低覆盖度草地	水库坑塘
其他林地	河渠
农村居民点	湖泊
城镇用地	滩地
平原旱地	灌木林
平原水田	高覆盖度草地

图3-15　研究区土地利用信息图

表3-2　研究区不同区县土地利用类型及面积

分区	凤台县（km²）	淮南市市辖区（km²）	怀远县（km²）	颍上县（km²）	阜阳市市辖区（km²）	利辛县（km²）	总计（km²）	占比（%）
平原旱地	672.7	268.1	334.1	580.5	574.0	321.2	2750.6	68.55
农村居民点	118.7	59.6	45.6	158.9	104.2	55.8	542.8	13.53
平原水田	180.1	201.8	42.2	85.7	—	2.6	512.4	12.77
河渠	9.4	25.5	14.0	11.4	9.5	5.5	75.3	1.88
湖泊	46.7	—	—	11.6	—	—	58.3	1.45
城镇用地	6.7	7.8	0.9	3.1	18.4	0.94	37.8	0.94
水库坑塘	8.4	3.2	5.3	0.6	0.4	0.1	18.0	0.45
滩地	4.7	0.8	—	2.8	—	—	8.3	0.21

续表

分区	凤台县（km^2）	淮南市市辖区（km^2）	怀远县（km^2）	颍上县（km^2）	阜阳市市辖区（km^2）	利辛县（km^2）	总计（km^2）	占比（%）
其他林地	—	—	—	—	3.0	—	3.0	0.07
灌木林	—	—	2.0	—	—	—	2.0	0.05
高覆盖度草地	0.2	—	—	1.5	—	—	1.7	0.04
有林地	0.1	—	1.0	0.2	—	—	1.3	0.03
丘陵旱地	—	—	1.2	—	—	—	1.2	0.03
低覆盖度草地	—	—	—	—	0.1	—	0.1	0.00
总计	1047.7	566.8	446.3	856.3	709.6	386.1	4012.8	100.00

(2) 土壤分布

研究区主要土壤类型有棕色石灰土、水稻土、潴育水稻土、漂洗水稻土、潮土、石灰性砂姜黑土、砂姜黑土、白浆化黄褐土、黏盘黄褐土、黄褐土共10种，分布如图3-16所示。由图3-16可知，研究区中北部土壤类型大多为砂姜黑土，颍河北部有石灰性砂姜黑土，淮河、颍河、西淝河周边多为潮土，水稻土多分布在沿淮低洼带，西淝河沿岸有白浆化黄褐土。研究区砂姜黑土的面积最大，占总研究区面积的52.1%，其次为潮土、水稻土和黄褐土，分别占研究区面积的18.9%、10.4%和8.3%，其余6种土壤面积比例较小（表3-3）。相关土壤水力学参数经查《安徽省土种志》及期刊论文等相关研究文献，整理其土壤容重、饱和渗透系数及含水率等数据见表3-4。

图 例
棕色石灰土
水稻土
漂洗水稻土
潮土
潴育水稻土
石灰性砂姜黑土
白浆化黄褐土
砂姜黑土
黏盘黄褐土
黄褐土

图3-16 研究区土壤分布示意图

表3-3 研究区不同区县土壤类型及面积

土壤类型	凤台县 （km²）	阜阳市市辖区 （km²）	怀远县 （km²）	淮南市市辖区 （km²）	利辛县 （km²）	颍上县 （km²）	总计 （km²）	占比 （%）
砂姜黑土	562.2	483.5	155.2	219.8	334.5	335.4	2090.6	52.10
潮土	165.5	165.8	59.3	71.9	11.7	286.0	760.2	18.94
水稻土	124.1	—	156.0	112.7	—	25.1	417.9	10.41
黄褐土	77.2	—	60.2	105.9	24.9	65.3	333.5	8.31
石灰性砂姜黑土	—	60.7	—	—	14.6	143.5	218.8	5.45
白浆化黄褐土	89.9	—	—	1.2	0.3	0.1	91.5	2.28
潴育水稻土	18.5	—	6.4	54.8	—	0.7	80.4	2.00
漂洗水稻土	10.1	—	0.9	—	—	—	11.0	0.27
棕色石灰土	—	—	8.4	—	—	—	8.4	0.21
黏盘黄褐土	0.0	—	—	0.6	—	—	0.6	0.01
总计	1047.5	710.0	446.4	566.9	386.0	856.1	4012.9	100.0

表3-4 不同类型土壤主要水力学参数

土壤类型	容重 （g/cm³）	渗透系数 （mm/h）	饱和含水率 （%）	凋萎含水率 （%）	田间持水率 （%）
砂姜黑土	1.38	24.2	0.48	14.6	25.4
潮土	1.42	20.2	0.46	12.6	27.5
水稻土	1.52	5.6	0.43	18.7	32.5
黄褐土	1.48	18.1	0.44	13.2	29.2
石灰性砂姜黑土	1.43	16.9	0.46	13.4	27.9
白浆化黄褐土	1.47	9.7	0.45	11.9	26.7
潴育水稻土	1.48	4.2	0.42	17.5	29.6
漂洗水稻土	1.55	3.8	0.42	16.5	30.4
棕色石灰土	1.52	12.8	0.43	15.7	28.4
黏盘黄褐土	1.46	15.6	0.45	12.3	26.6

土质是影响潜水蒸发的一个主要因素。王振龙等[61]根据试验站长期试验数据，对淮北平原两种面积比例最大的土壤（砂姜黑土和潮土）在有无植被生长条件下潜水蒸发与埋深的变化规律进行了研究（图3-17和图3-18）。根据其研究结论，淮北平原砂姜黑土的潜水蒸发极限埋深为2.4~3.8m，潮土的潜水蒸发极限埋深为3.8~5.1m。通过阿维里扬诺夫公式对其数据进行拟合，模拟过程中砂姜黑土的潜水埋深极限取值为3.5m时，潜水蒸发指数为4.2~8.0；潮土的潜水蒸发极限埋深取值为5.0m时，潜水蒸发指数为2.9~4.2。

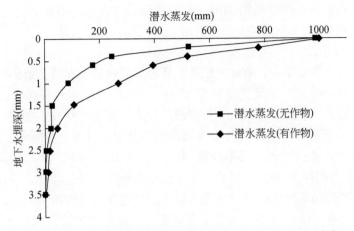

图 3-17 淮北平原砂姜黑土潜水蒸发随埋深变化特征曲线[61]

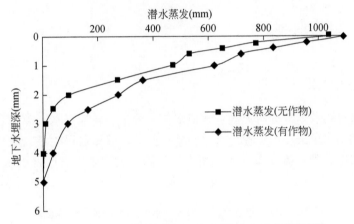

图 3-18 淮北平原潮土潜水蒸发随埋深变化特征曲线[61]

3.2.6 社会经济

研究区涉及阜阳市颍东区、颍上县，亳州市利辛县，淮南市凤台县、毛集区，共三市五县（区），流域总人口为 125.7 万人，耕地面积为 171.4 万亩。流域内涉及的五个县（区）是安徽省粮食主产区，以农业生产为主，主要农作物有小麦、水稻、大豆、玉米等，经济作物有棉花、花生、芝麻、油菜等，近年来蔬菜、药材的种植比例增大，部分为两年三熟，复种指数为 1.86。2007 年五个县（区）粮食产量为 260 万 t，占全省粮食总产量的 9%。流域内工业基础薄弱，现有工业生产主要是利用当地农产品优势的加工业，缺乏高附加值的工业。五个县（区）2007 年规模以上工业企业为 149 个，工业总产值（当年价）为 103.37 亿元，仅占全省的 1.3%。

由于流域内洪、涝、旱、渍灾害频繁，历年平均亩产及人均收入较低，2007 年的农村居民人均收入约为 2000 元，其中颍东区人均收入为 2414.55 元，颍上县人均收入为 2619.07 元，利辛县人均收入为 2101.99 元，低于全省平均的农民人均纯收入 3556.3 元；凤台县人均纯收入为 3896.31 元，毛集区人均纯收入为 3960.51 元，比全省人均纯收入平均水平略高。

流域内地下煤炭资源丰富，有淮南矿业集团和国投新集能源股份有限公司两家大型国有煤矿企业，已查明的可采煤炭资源量近 87 亿 t。除丰富的煤炭资源外，流域内还有煤气、石灰石、高岭土、煤泥、煤矸石、粉煤灰等资源。流域内建成、在建、待建的国有煤矿、电厂、煤化工等重大项目近 20 个，是淮南煤电基地的重要组成部分。

流域内公路交通畅通成网，已形成以国道、省道为骨架，县乡道路为支线，干支结合、沟通城乡的公路网，在全省处于领先水平；合徐高速公路、合淮阜高速公路、淮蚌高速公路等高等级公路从流域内通过。铁路运输是流域内煤炭运输的主要方式，淮南线、阜淮线两条铁路相通横贯淮南全市，北接京九铁路，南接京沪铁路。内河运输也稳步发展，截至 2007 年，淮南市拥有生产性码头泊位 106 个，其中 500t 级泊位 18 个，2007 年淮南港完成货物吞吐量为 850 万 t。

3.2.7　供用水与退水

（1）区域供用水

分区供用水过程数据根据研究区各地市水资源公报、各地市水资源综合规划等资料进行整理。分区供用水量按一般工业、火电、城镇公共、城镇居民生活、农村居民生活、生态环境用水、农田灌溉、林牧渔畜 8 个用水部门和本地地表水、区外引水（淮河、颍河、茨淮新河）、浅层地下水、深层地下水 4 个水源类型进行区分，具体见表 3-5。

表 3-5　2010 年研究区不同县（区）各用水部门用水量表　（单位：万 m³）

用水部门	水源类型	凤台县	阜阳市市辖区	怀远县	淮南市市辖区	利辛县	颍上县	合计
一般工业	本地地表水	3 300	0	665	2 200	0	759	6 924
	区外引水	6 542	0	0	7 158	0	0	13 700
	浅层地下水	3 056	3 515	488	3 344	292	18 39	12 534
	深层地下水	0	445	0	0	0	0	445
	小计	12 898	3 960	1 153	12 702	292	2 598	33 603
火电	本地地表水	0	0	0	0	0	0	0
	区外引水	1 900	2 000	0	57 380	0	0	61 280
	浅层地下水	0	0	0	0	0	0	0
	深层地下水	0	0	0	0	0	0	0
	小计	1 900	2 000	0	57 380	0	0	61 280

用水部门	水源类型	凤台县	阜阳市市辖区	怀远县	淮南市市辖区	利辛县	颍上县	合计
城镇公共	本地地表水	0	0	0	0	0	0	0
	区外引水	0	0	0	0	0	0	0
	浅层地下水	0	0	67	0	0	0	67
	深层地下水	413	311	0	487	35	58	1 304
	小计	413	311	67	487	35	58	1 371
城镇居民生活	本地地表水	0	0	0	0	0	0	0
	区外引水	0	0	0	0	0	0	0
	浅层地下水	903	0	174	486	8	7	1 578
	深层地下水	75	1 121	0	40	40	285	1 561
	小计	978	1 121	174	526	48	293	3 139
农村居民生活	本地地表水	0	0	0	0	0	0	0
	区外引水	0	0	0	0	0	0	0
	浅层地下水	1 258	0	431	677	97	45	2 508
	深层地下水	105	1 194	0	56	469	1 751	3 575
	小计	1 363	1 194	431	733	566	1 796	6 083
生态环境用水	本地地表水	387	194	91	213	39	86	1 010
	区外引水	0	0	0	0	0	0	0
	浅层地下水	0	0	0	0	0	0	0
	深层地下水	0	0	0	0	0	0	0
	小计	387	194	91	213	39	86	1 010
农田灌溉	本地地表水	3 298	480	0	1 813	0	8 811	14 402
	区外引水	33 801	222	10 500	18 590	930	7 779	71 822
	浅层地下水	0	0	0	0	0	0	0
	深层地下水	0	0	0	0	0	0	0
	小计	37 099	702	10 500	20 403	930	16 590	86 224
林牧渔畜	本地地表水	908	349	201	492	289	473	2 712
	区外引水	0	0	0	0	0	0	0
	浅层地下水	0	0	0	0	0	0	0
	深层地下水	0	0	0	0	0	0	0
	小计	908	349	201	492	289	473	2712
总计		55 946	9 831	12 617	92 936	2 199	21 893	195 422

根据统计结果，2010 年研究区总用水量约为 19.54 亿 m³。其中，淮南市辖区用水最大，约为 9.29 亿 m³，凤台县其次，约为 5.59 亿 m³，两者合计占总研究区用水总量的 76%。其余四个区县约占总用水的 24%，按大小排序颍上县为 2.19 亿 m³，怀远县为 1.26 亿 m³，

阜阳市辖区为 0.98 亿 m^3，利辛县为 0.22 亿 m^3。

从不同部门用水量看（图 3-19），研究区农田灌溉、火电、一般工业的用水比例较大，分别占全区用水总量的 44%、31% 和 17%，三者合计用水量占总用水的 92%，其余农村居民生活用水、城镇居民生活用水等合计占 8%。研究区火电用水量比较大，为该区用水特色之一，用水总量为 6.1 亿 m^3。根据调查，研究区火电厂主要分布在沿淮岸边，其取水水源绝大多数来自淮河。

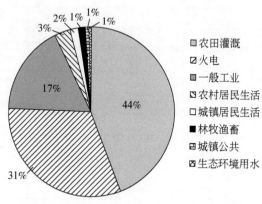

图 3-19　研究区 2010 年不同部门用水比例

从不同水源占比看（图 3-20），由于研究区三面环水，且周边均为水源较为充足的河流，引水条件比较便利，因此区外引水（含淮河、颍河、茨淮新河）为研究区的主要水源，区外引水量达 14.7 亿 m^3，占总供水量的 75%，主要用于农田灌溉和火电，少部分用于一般工业；其次为本地地表水，水量约为 2.5 亿 m^3，占总供水量的 13%，包括从研究区河道及湖泊的引水量，大部分用于农田灌溉，小部分用于一般工业。浅层地下水总水量为 1.7 亿 m^3，约占研究区总供水的 9%，大部分用于一般工业，其余用于生活用水。深层地下水仅为 0.7 亿 m^3，占研究区总用水的 3%，主要用于农村居民生活用水和城镇居民生活用水。

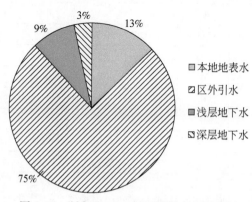

图 3-20　研究区 2010 年不同供水水源比例

（2）区域退水

工业用水、城镇/农村居民生活用水等在使用过程中不一定被完全消耗，均有退水产生。通过对研究区相关地市的水资源规划报告和水资源公报的数据进行整理发现，不同县（区）不同部门的退水量见表3-6。

表3-6 2010年研究区不同县（区）不同用水部门退水量

用水部门	分项	凤台县	阜阳市市辖区	怀远县	淮南市市辖区	利辛县	颍上县	合计退水量（万 m³）
一般工业	用水量（万 m³）	12 898	3 960	1 153	12 702	292	2 598	25 186
	退水率（%）	75	75	78	75	78	74	
	退水量（万 m³）	9662	2952	899	9516	227	1930	
火电	用水量（万 m³）	1 900	2 000	0	57 380	0	0	52 422
	退水率（%）	20	20	0	90	0	0	
	退水量（万 m³）	380	400	0	51 642	0	0	
城镇公共	用水量（万 m³）	413	311	67	487	35	58	673
	退水率（%）	55	43	60	56	0	0	
	退水量（万 m³）	229	133	40	271	0	0	
城镇居民生活	用水量（万 m³）	978	1 121	174	526	49	293	2 217
	退水率（%）	79	80	80	79	0	0	
	退水量（万 m³）	768	897	139	413	0	0	
农村居民生活	用水量（万 m³）	1 363	1 194	431	733	566	1 796	187
	退水率（%）	4.99	5.03	5.10	5.05	0	0	
	退水量（万 m³）	68	60	22	37	0	0	
合计退水量（万 m³）		11 107	4 442	1 100	61 879	227	1 930	80 685

研究区总退水量约为8.07亿 m³，通过数据资料分析，约有5.07亿 m³的退水直接进入淮河，因此进入研究区河道的退水总量约为3.00亿 m³。从部门来看，火电部门的退水量最大，占总退水量的65%，其中尤以淮南市市辖区为主，其区内平圩电厂是直流式大型电厂，用水量大，退水率较高，使淮南市市县（区）的火电部门退水量占全研究区主要部分，其他县（区）的电厂均为循环式，退水率较低。其次为一般工业，退水量占总量的31%，其余用水部门退水较少。从分区来看，退水量较大的为淮南市市辖区及凤台县，这两个县（区）工业相对比较发达，城镇居民生活用水也较多，两个县（区）的退水量占研究区总量的90%。

3.3 模型时期设定

本次水循环模拟检验，以2010年研究区域沉陷情景为基础，以2001～2010年的水文气象数据和研究区相关用水驱动数据作为背景进行。模拟过程中将 2001～2010 年分为三个阶段，第一阶段为 2001～2002 年（共两年），这个阶段作为水循环模拟的预热期，通过模型预热，可将有关土壤初始含水率、初始地下水位、河道流量等初值设置不完全合理带来的影响进行有效弱化；第二阶段为 2003～2006 年（共四年），该阶段作为模型的率定期，通过模型率定调试模型的各项参数，使模型模拟结果能够与实际观测数据有较好的一致性；第三阶段为 2007～2010 年（共四年），该阶段作为模型的验证期，验证期内保持与率定期一致的模型参数，通过在验证期内比较模拟结果与实测结果的相似程度，可以对模型的模拟能力和精度进行合理判断，只有在率定期和验证期模型都能够较好还原实际观测数据情况时，才能认为模型可行。

3.4 主要空间数据处理

模拟数据说明见表 3-7。MODCYCLE 的构建需要基础空间数据和水循环驱动数据两类。水循环驱动数据包括气象数据和人类活动取用水数据。本次研究收集的气象数据包括 17 个雨量站点和 3 个气象站点 1954～2010 年的气象要素数据（最高/最低温度、辐射、风速、湿度）。降水量和气象数据根据地理位置就近原则进行展布。人类活动取用水的水量统计数据为 2001～2010 年逐年农业用水、工业用水、城市居民生活用水和农村居民生活用水的统计数据等。

表 3-7 MODCYCLE 主要参考数据

数据类型	数据内容	说明
基础地理信息	数字高程图（DEM）	30m×30m 精度
	土地利用类型分布图	1：100 000（2005 年）
	土壤类型分布图	1：1 000 000
	数字河网	1：250 000
气象信息	降水量、气温、风速、太阳辐射、相对湿度，站点位置分布	国家气象局、安徽省水文局
土壤数据库	孔隙度、密度、水力传导度、田间持水量、土壤可供水量	《安徽省土种志》
农作物管理信息	作物生育期和灌溉定额	文献调查
水利工程信息	水利工程参数	相关规划报告
水文信息	系列年出入境水量	安徽省水文局
地下水位信息	地下水观测井及埋深	安徽省水文局、淮南矿业集团等单位收集
供、用水信息	农业灌溉用水、工业用水、城市居民生活用水、农村居民生活用水	整理自研究区相关各县（区）《水资源公报》

3.4.1 子流域划分与模拟河道

根据模型计算原理，为研究地表产/汇流关系，在空间上，首先需要根据 DEM 借助

GIS 汇流关系分析工具将研究区划分成多个子流域（图 3-21），提取模拟河道，以刻画区域的地表水系特征。一般而言，受 DEM 精度限制，地势起伏较大的区域（如山丘区）子流域划分精度较高，而地势平缓的区域（如平原区）子流域划分精度较低。同时平原区人工河道和天然河道纵横交错、水系散乱、水利工程密布，仅仅根据 DEM 难以刻画其复杂的河道系统，因此划分子流域、提取模拟河道时除利用 DEM 以外，还需要用实际河道分布信息进行人工引导。在本次模拟过程中，全研究区共划分为 1245 个子流域，对应每个子流域都有自己的主河道，模拟河道具体情况如图 3-22 所示。

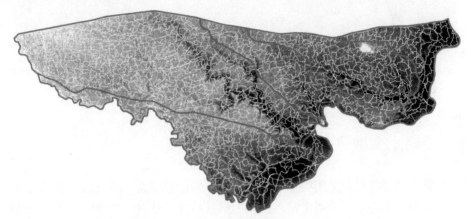

图 3-21　研究区子流域划分分布图

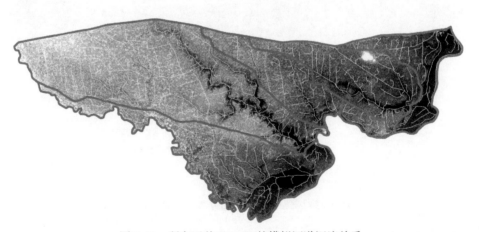

图 3-22　研究区基于 DEM 的模拟河道汇流关系

在 MODCYCLE 中，平原区地下水循环以地下水数值模拟方法计算，因此还需要对研究区进行网格单元剖分（图 3-23）。本研究中，平原区网格单元以 0.5km 为间距进行剖分，共剖分 132 行 276 列，地下水含水层分浅层和深层两层，单层计算网络单元数量为 36 432 个，其中研究区范围内的有效网络单元为单层 16 166 个。

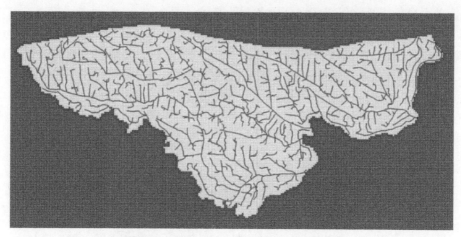

图 3-23　研究区地下水数值网格单元剖分

3.4.2　气象水文数据空间展布

模型对降水的空间展布采用类似于泰森多边形的处理方式，子流域计算所用的降水数据来自于与其形状中心最近的雨量站。模拟中雨量站分布及对应子流域如图 3-24 所示。

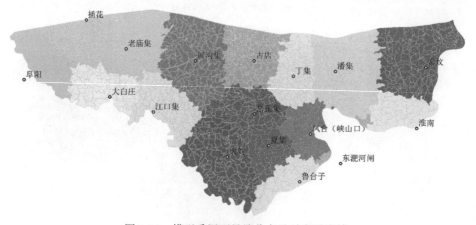

图 3-24　模型采用雨量站分布及对应子流域

与降水数据空间展布类同，模型根据子流域形状中心与气象站点的距离确定各子流域所用的气象数据（图 3-25）。

3.4.3　基础模拟单元划分

基础模拟单元代表特定土地利用类型（如耕地、林草地、滩地等）、土壤属性和土地管理方式（种植、灌溉等）的集合体，具有三重属性。初级基础模拟单元的划分主要依据土地利用类型和土壤属性分布进行划分，仅考虑两重属性。通过 GIS 工具对土地利用类型

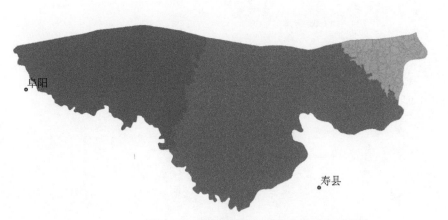

图 3-25　模型采用气象站分布及对应子流域

和土壤属性分布进行叠加归类操作，共分初级基础模拟单元4102个（图3-26）。后期将主要根据各县种植结构进一步对耕地类型的初级基础模拟单元进行细化，划分出具体作物的种植面积及其农业操作，包括作物生育期、灌溉用水模式等。

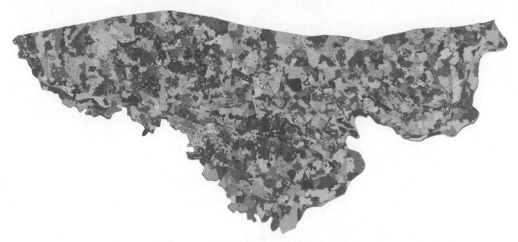

图 3-26　研究区初级基础模拟单元构建

3.4.4　主要水文地质参数

与模型地下水数值模拟有关的主要水文地质参数包括地表高程分布、地下水的给水度/贮水系数、含水层导水系数、含水层底板高程等信息，均根据研究区相关的1∶200 000水文地质普查报告及淮南、蚌埠、利辛等市（县）水资源评价资料进行整理，如图3-27～图3-33所示。

模型模拟时需要设定各地下水数值网格单元的初始地下水位数据，但研究区所在范围内的地下水位监测站很少，本次研究仅收集到六个站的数据，尚不能通过实测数据的插值处理为整个研究区提供合理的地下水位分布数据。因此，本次模拟主要通过试算法确定初始地下水位。

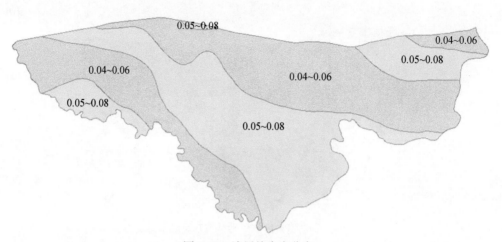

图 3-27　浅层给水度分布

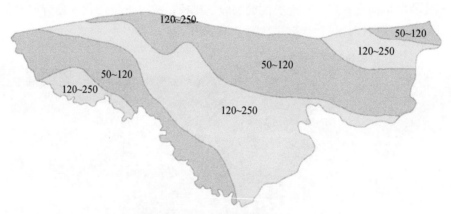

图 3-28　浅层导水系数（m²/d）分布

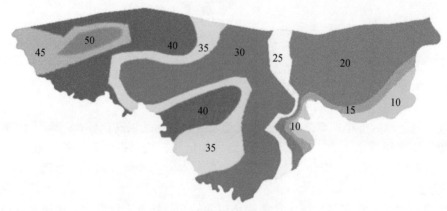

图 3-29　浅层底板埋深（m）

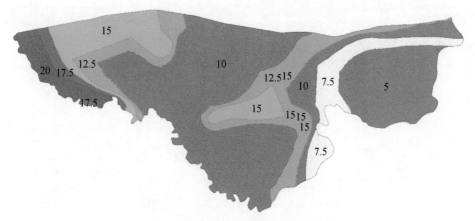

图 3-30　浅层含水层厚度（m）分布

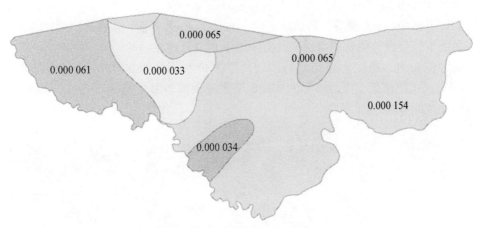

图 3-31　浅层含水层与深层含水层间越流系数（1/T）

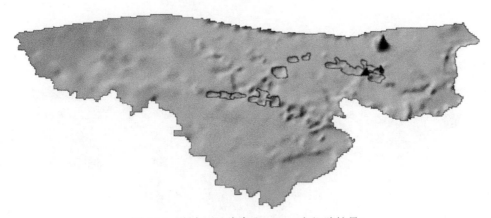

图 3-32　研究区地表高程（2010 年沉陷情景）

图 3-33　研究区地表高程（2030 年沉陷情景）

　　研究区位于淮北平原高潜水位区，且用水以地表水为主，地下水开发利用程度不高，浅层地下水埋深为 1~2m，其分布基本上与地形走向一致，年际变化不大。本次模拟先统一以地表以下 1.5m 作为模型的初始浅层地下水位，通过一定年份的模拟后，各网格单元的浅层地下水位将自动调整到与研究区实际地下水位分布相近的程度。此时将网格单元的浅层地下水位输出，再作为其初始的浅层地下水位数据使用。通过上述处理，2010 年、2030 年研究区沉陷情景模拟时所用的浅层地下水位数据如图 3-34 和图 3-35 所示。深层地下水位同样按此方式处理。

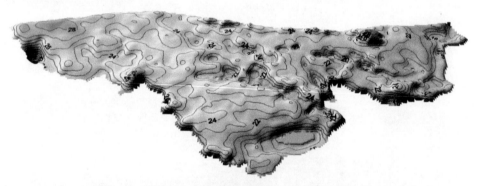

图 3-34　研究区初始浅层地下水位（2010 年沉陷情景）

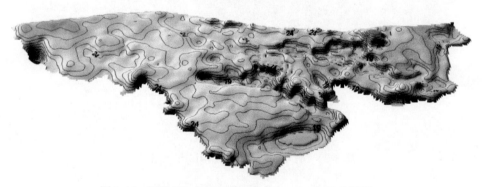

图 3-35　研究区初始浅层地下水位（2030 年沉陷情景）

3.5 主要水循环驱动因素

3.5.1 气象条件

气象条件是自然水循环的主动力之一，用来计算降水产流和潜在蒸发等，也是作物生长所必需的驱动因子。模型中用到的气象数据包括日降水量、日最高气温、日最低气温、日太阳辐射量（日照时数）、日风速、日相对湿度等。这些数据来自本次研究收集的 17 个雨量站和 3 个国家基本气象站。

3.5.2 内水入淮条件

研究区与外界地表水系的直接联系被切割，除本区内河道向环周河道排水及人工取水之外，外界地表水系与本区水系基本无水量汇入关系，因此无须处理外界河道水量入境问题，但是需要处理研究区河道的出流条件。

淮河水位是影响各条河流入淮的重要因素。若淮河水位低于研究区支流水位，入淮支流下游的泄水闸门可自由排泄。而当淮河水位高于研究区支流水位时，泄水闸门完全失效，只有抽水泵站才能起到强排作用，这就是典型的"关门淹"事件。分析"关门淹"事件中支流河道下游湖泊/洼地的蓄洪除涝作用时，内水水位和外水水位的相对关系是关键。研究区支流下游的湖泊/洼地水位是通过模型计算的，而淮河水位则作为边界条件，需要给出。2001～2010 年应用于西淝河、永幸河/架河、泥河三处入淮口处的水位数据如图 3-36～图 3-38 所示。这些数据通过收集的正阳关、凤台（峡山口）和淮南等站的水文数据整理而来。

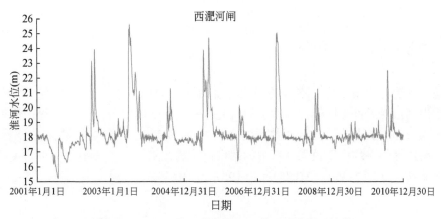

图 3-36　2001～2010 年西淝河入淮口处淮河日水位

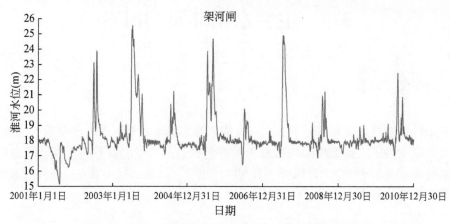

图 3-37　2001～2010 年永幸河/架河入淮口处淮河日水位

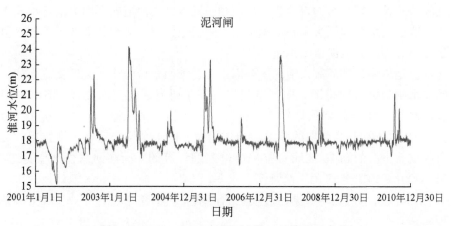

图 3-38　2001～2010 年泥河入淮口处淮河日水位

3.5.3　地下水边界条件

从地下水边界的角度看，本区的周边环绕的河道为地下水的一类边界（水头边界），也需要给出其边界条件，即模拟过程中沿研究区周边河道的水位。模拟过程中河道水位的确定方法为选择有长期连续日观测数据的水文站点，将其多年日观测数据进行平均得出，以体现水头边界的平均作用效果。所用的站点包括插花闸站、上桥闸站、正阳关站和淮南站四个水文站点（图 3-39），监测时间为 1957～2010 年。

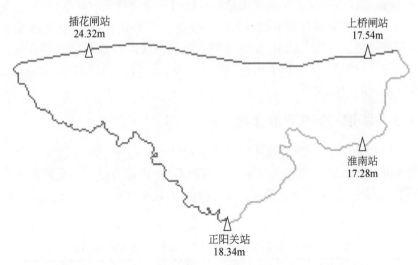

图 3-39　地下水边界处理所涉及的四个水文站多年平均水位

3.5.4　湖泊/洼地蓄滞条件

3.5.4.1　湖泊/洼地的网格单元离散

按照 MODCYCLE 的"河道–沉陷区–地下水"模拟原理，洼地区域首先需要以网格单元的形式进行离散，以对洼地区域地表积水和地下水之间的通量关系进行模拟计算。离散结果如图 3-40 所示。

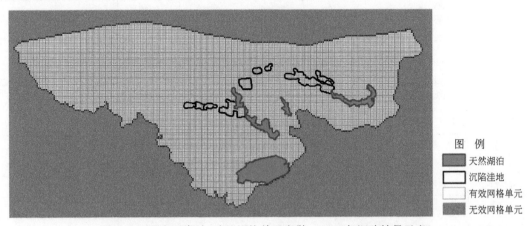

图 3-40　研究区湖泊/洼地网格单元离散（2010 年沉陷情景示意）

3.5.4.2　湖泊/洼地的蓄滞特征参数

湖泊/洼地的蓄滞特征参数主要包括其蓄水位–蓄水量关系及蓄水位–水面面积关系，

以反映湖泊/洼地水位变化所引起的蓄水量和水面面积变化结果。若各湖泊/洼地的湖底高程等值线已知，则经过对高程等值线进行网格插值，可得到各湖泊/洼地区域所含的每个网格单元的湖底高程。将各个湖泊/洼地区域从最低湖底高程的网格单元开始，逐步统计湖底高程变化引起的湖泊/洼地积水面积和蓄水量变化，可得到湖泊/洼地的水位与积水区面积、蓄水量之间的线性关系。

3.5.4.3 湖泊/洼地下泄参数

湖泊/洼地的主要下泄控制参数分别见表 3-8 和表 3-9，包括运行期间的最高允许蓄水位、正常蓄水位、泄水能力（对于有闸门控制的湖泊/洼地为闸门的设计流量，对于无闸门控制的湖泊为其下游河道的过流能力）、抽水泵站抽排能力（对建有泵站的湖泊/洼地）等。

表 3-8 2010 年沉陷情景下湖泊/洼地主要模拟控制参数

汇流区	湖泊/洼地名称	最高允许蓄水位（m）	正常蓄水位（m）	闸门设计流量（m³/s）	闸门设计水头差（m）	泵站设计抽排量（m³/s）	泵站启排水位（m）
西淝河	谢桥西洼地	24.00	22.50	40	0.20		
	谢桥中洼地	24.16	22.66	80	0.20		
	谢桥东洼地	22.12	20.62	80	0.20		
	花家湖片	24.50	18.00	300+320	0.22、0.75		
永幸河/架河	顾北顾桥洼地	24.56	23.06	10	0.20		
	丁集西洼地	23.04	21.54	10	0.20		
	丁集东洼地	22.42	20.92	10	0.20		
	城北湖	22.00	18.00	120+67	0.20	80+23.4	21
泥河	潘一潘三洼地	22.00	20.50	160	0.20		
	潘北洼地	22.10	20.60	40	0.20		
	泥河湖片	20.60	18.00	153	0.90	120	19.5
其他	焦岗湖	21.50	18.00	197	0.20	38.4+30.2	19.5

注：花家湖 2003 年实测最高蓄水位为 24.73m；泥河湖 2003 年实测最高水位为 22.04m

表 3-9 2030 年沉陷情景下湖泊/洼地主要模拟控制参数

汇流区	湖泊/洼地名称	最高允许蓄水位（m）	正常蓄水位（m）	闸门设计流量（m³/s）	闸门设计水头差（m）	泵站设计抽排量（m³/s）	泵站启排水位（m）
西淝河	西淝河联合片	24.50	18.00	442+150	0.10	180	23.2
永幸河	永幸河汇流片1	24.00	22.50	100	0.20		
	永幸河汇流片2	22.90	21.40	100	0.20		
	城北湖	22.00	18.00	120+67	0.20、0.20	80+23.4+100	21.0
泥河	泥河联合片	20.60	18.00	153	0.20	120	19.5
其他	焦岗湖	21.50	18.00	197	0.20	38.4+30.2	19.5

西淝河、永幸河、泥河、焦岗湖等下游周边都建有圩堤，根据安徽省水利设计院提供的数据，这些圩堤按照 20 年一遇的设计防洪标准修建，防洪水位值分别为 24.50m、22.00m、20.60m 和 21.50m，这些标准对应了各条河流下游湖泊的最高允许蓄水位，因此模拟时各天然湖泊的最高允许蓄水位直接采用这些标准。正常蓄水位当地也有相应标准，各天然湖泊都为 18.00m。无控制的研究区内部湖泊，模拟时最高允许蓄水位按其周边平均地面高程处理，正常蓄水位按周边平均地面高程以下 1.5m 处理。

湖泊/洼地的泄水能力，已有的天然湖泊均有相关的闸门设计流量、设计水头差数据，模拟时直接采用。无控制的沉陷洼地采用试算法，以大于模拟期湖泊上游来水量上限（不影响湖泊出流）作为参考。

建有抽水泵站的三个湖泊，包括焦岗湖、城北湖、泥河湖，其抽水泵站的抽排能力采用现有资料的数据。泵站启排水位按各个湖泊的警戒水位制定。据有关资料，花家湖的警戒水位为 23.2m，城北湖的警戒水位为 21.0m，泥河湖的警戒水位为 19.5m，焦岗湖的警戒水位为 19.5m。

与 2010 水平年相比，2030 水平年，研究区湖泊/洼地将会扩大合并，部分老的泄水闸将修复重建，还有新的排涝泵站的规划建设等，这些因素对不同水系的湖泊/洼地的个数、模拟控制参数有直接影响。

3.5.4.4　湖泊/洼地的其他模拟参数

其他模拟参数包括湖底沉积物的渗透系数、水面蒸发修正系数、未积水区降水入渗补给系数及潜水蒸发相关系数等。

关于湖泊/洼地湖底沉积物的渗透系数，通过在泥河湖、顾北顾桥洼地、谢桥洼地等进行实地采样，发现湖底沉积物的土质均为粉质黏土，厚度为 0.08～0.32m，根据采样位置有一定区别，一般规律是距离湖泊/洼地中心位置越近，或者在河道通过处沉积物的厚度较大。根据渗透试验和相关文献资料检索，该种土质的底泥饱和渗透系数为 $5×10^{-4}$～$5×10^{-3}$m/d，合每天 0.5～5mm 的渗透速度。根据模型试算经验，由于本区地表高程变化不大，地下水径流的水力坡度较小，地下水与湖泊/洼地的交换通量对湖底渗透系数参数不是很敏感，从渗透系数下限 $5×10^{-4}$m/d 到 $5×10^{-3}$m/d 上限的取值，对地下水交换量模拟的影响小于 10%，而且地下水循环通量在湖泊/洼地水量平衡过程中不占主要部分，所以模拟过程中，各个湖泊/洼地单元的底泥饱和渗透系数统一按 $2.75×10^{-3}$m/d 处理，为渗透系数变化范围的均值，底泥厚度按调查时的常见值取 0.12m。

其他模拟参数包括湖泊/洼地的水面蒸发修正系数 cof_e，本书中模拟根据研究区蒸发器的实测数据进行对比调算，确定为 0.86；未积水区的降水产流 SCS 曲线值 CN 取为 90；未积水区降水入渗补给系数 $coef_{rec}$ 取为 0.35；未积水区潜水蒸发极限埋深和蒸发指数根据湖泊/洼地单元格的分布位置处的土质情况确定。

3.5.5　农业种植过程

农业耕地是研究区主要的土地利用类型，且农业种植和灌溉对区域用水、蒸发、地表径流和土壤入渗等水文过程影响显著。由于不同作物种植时期、根系深度、叶面积指数、冠层高度等与作物水分利用有关的参数具有一定的差异性，耕地上种植不同的作物，产生的水文效应也不一样。作为分布式物理模型，模型可对每种作物生长期的田间水分循环过程进行模拟。模拟过程中不同作物的种植时期和相关参数见表3-10。

表3-10　不同作物种植时期和相关参数

作物名称	播种日期	收获日期	潜在热单位（℃）	潜在叶面积指数	潜在冠层高度（m）	根系深度（m）	生长基温（℃）	最优生长温度（℃）	气孔导度[mol/(m²·s)]
春大豆	5月5日	8月15日	1401	3	0.8	1.2	10	25	0.007
棉花	4月5日	9月10日	1249	4	1	2.5	15	30	0.009
春玉米	5月1日	8月10日	1529	5	2.5	1.2	8	25	0.007
瓜果	4月5日	7月5日	831	4	0.5	1.2	16	35	0.006
冬小麦	10月25日	6月5日	1989	4	0.9	1.5	0	18	0.006
夏大豆	6月10日	9月20日	1482	3	0.8	1.2	10	25	0.007
花生	6月12日	9月25日	1158	4	0.5	1.2	14	27	0.006
薯类	6月15日	9月25日	1158	4	0.8	1.2	14	24	0.006
水稻	6月10日	10月20日	1717	5	0.8	0.9	10	25	0.008
夏玉米	6月12日	9月25日	1722	5	2.5	1.2	8	25	0.007
春蔬菜	3月5日	6月5日	979	2.5	0.5	0.6	4	22	0.006
夏蔬菜	6月10日	10月2日	1064	3	0.5	1.2	15	26	0.006
油菜	10月15日	5月1日	1478	3	2.5	1.2	6	25	0.008

3.5.6　人工用水分布过程

按照用水频率的相对稳定性，模型将人工用水分为两大类：一类是农业灌溉用水；另一类是其他用水，包括城镇/农村居民生活、工业/火电和生态环境用水等。作为分布式模型，需要对人工用水的过程进行分布。

（1）农业灌溉用水分布过程

农业用水量与当年的降水气象条件密切相关，研究区位于湿润地区，除水稻之外，降水基本可满足一般旱作物的大部分生长需求，平常年份基本为补充灌溉，灌溉次数较少或无须灌溉，偏枯年份或降水年内分布极不均匀时则需多次灌溉，单次灌溉水量水浇地为70~90m^3/亩，水稻田为50~70m^3/亩。

对于范围较大的地区而言，由于作物种植结构组成的复杂性，同时各作物所在位置的降水气象条件、土质条件、灌溉条件等都存在空间差异性，导致需灌次数和灌溉发生的时间具有很大不确定性。以上因素造成水循环模拟模型在应用时，农业灌溉用水量的时空展布成为一个普遍较难解决的问题。对此，MODCYCLE采用以土壤墒情追踪为判断条件的自动灌溉功能，在土壤墒情低于给定的阈值时模型将自动取水对农田进行灌溉，从而自动完成对农业用水的时空分布。

（2）其他用水分布过程

其他用水量在研究区人口、产业结构、城镇分布变化不大时年际差异较小。在其他用水量的分布处理上，需进一步细分为城镇用水和农村用水两个层次进行。一般工业用水、城镇公共用水、城镇居民生活用水、生态环境用水划分为城镇用水；农村居民生活用水、林牧渔畜用水划分为农村用水。城镇用水分布一般相对较为集中，且水源也比较固定。在分区其他用水确定的情况下，模型按照每个子流域的城镇用地和其他建设用地的面积比例进行展布，农村用水也按照类似方式处理，但在空间进行分布时参考的依据是子流域土地利用中的农村居民点面积比例。在对城镇用水和农村用水进行空间分布后，可以对两者进行叠加，从而获得研究区其他用水强度空间格局，如图 3-41 所示，图中用水量较大的子流域一般都是城镇或大用水户（如电厂等）集中之处。

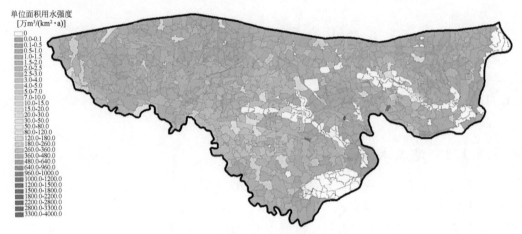

图 3-41 其他人工用水量空间分布

3.5.7 退水分布过程

农业灌溉用水在模型中参与土壤水循环过程，因此其消耗及多余水分的深层渗漏、排水等由模拟过程自行确定。工业用水、城镇/农村生活用水等在使用过程中不一定被完全消耗，均有退水产生，这些退水量将进入工矿企业、城镇、农村居民点附近的沟渠、排水管道并最终进入区域河道系统，成为地表水循环的一部分。退水量需要在模型输入数据中作为点源给出。退水量的大小与两个因素有关系，一是单位面积用水强度，二是退水率。由于研究区的用水有空间分布特征，因此退水也有相应的分布特征。通常用水量集中，耗水率低的区域，相应的退水量大。退水将作为点源展布到各子流域，其空间分布如图 3-42 所示。

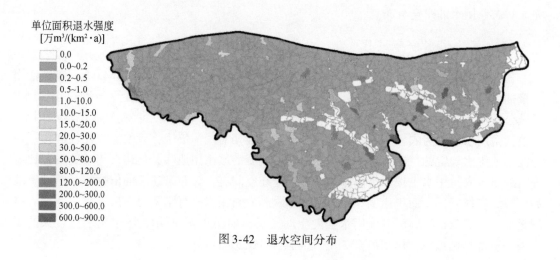

图 3-42　退水空间分布

单位面积退水强度
[万m³/(km²·a)]
- 0.0
- 0.0~0.2
- 0.2~0.5
- 0.5~1.0
- 1.0~10.0
- 10.0~15.0
- 15.0~20.0
- 20.0~30.0
- 30.0~50.0
- 50.0~80.0
- 80.0~120.0
- 120.0~200.0
- 200.0~300.0
- 300.0~600.0
- 600.0~900.0

3.6　研究区水循环模拟检验

3.6.1　水循环模拟关键数据检验

3.6.1.1　地表水位检验

本次收集到的主要地表水位实测数据包括 2003 年、2007 年汛期西淝河闸（花家湖下游）、青年闸（泥河下游）两个闸站的闸上/闸下（淮河）水位观测数据。架河闸（永幸河下游）没有进行水位观测。模型主要对西淝河闸上（图 3-43 和图 3-44）和青年闸（图 3-45 和图 3-46）的数据进行模拟检验。城北湖的永幸河闸没有观测数据，这里仅给出水位模拟过程线供参考（图 3-47 和图 3-48）。

图 3-43 和图 3-44 是采用 2010 年沉陷数据开展水循环模拟所得到的花家湖 2001～2010 年闸上水位的模拟结果，从模拟结果看率定期和验证期模型基本都能反映西淝河闸上水位变化规律。

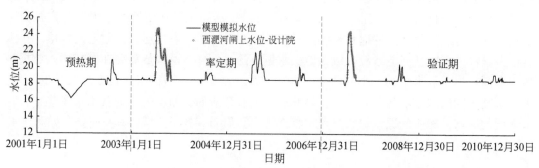

图 3-43　2010 年沉陷情景下西淝河汇流区花家湖闸上水位模拟校核

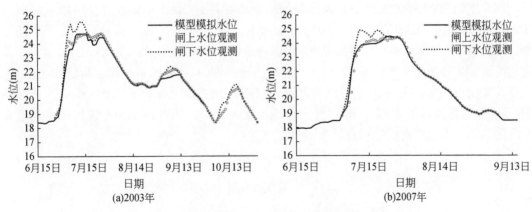

图 3-44　2003 年、2007 年汛期花家湖水位变化

　　泥河下游青年闸闸上水位的模拟结果如图 3-45 和图 3-46 所示，模拟结果也基本能够接受。需要指出的是青年闸 2003 洪水年汛期模拟水位变化趋势与实测水位基本一致，但模拟水位低于实测水位比较明显，原因可能是模拟时采用的是 2010 年的累积沉陷值，而2003 年实际年份时洼地的累积沉陷量较之要小。2003 年汛期西淝河闸模拟值与实测值之间的差异也可能存在这个因素。

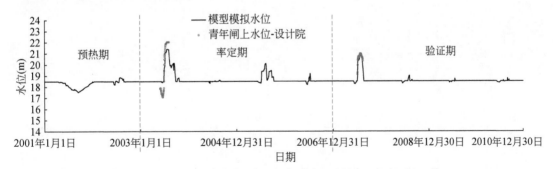

图 3-45　2010 年沉陷情景下泥河汇流区泥河湖闸上水位模拟校核

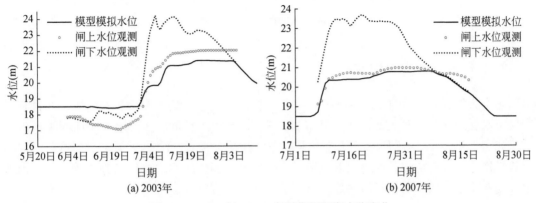

图 3-46　2003 年、2007 年汛期泥河湖水位变化

　　两个闸站 2007 年的模拟值与实测值的拟合程度都比 2003 年要稍好，可能主要因为 2007 年较 2003 年的累积沉陷量与 2010 年更接近。西淝河闸 2003 年拟合程度比青年闸要好，可能是因为该区域随年份增长带来的汇流区总蓄滞库容的变化程度较小。2010 年时，西淝河汇流区沉陷洼地总蓄滞库容为 1.09 亿 m³，全部湖泊/洼地的蓄滞库容为 3.90 亿 m³，沉陷洼地仅占28%；而 2010 年时泥河汇流区沉陷洼地总蓄滞库容为 1.24 亿 m³，全部湖泊/洼地的蓄滞库容为 2.42 亿 m³，沉陷洼地占比为 51%。因此西淝河汇流区沉陷洼地累积沉陷量随年份变化对模拟拟合效果影响较小。

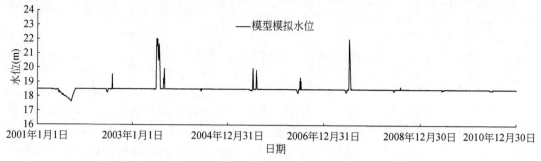

图 3-47　2010 年沉陷情景下永幸河汇流区城北湖闸上水位过程模拟

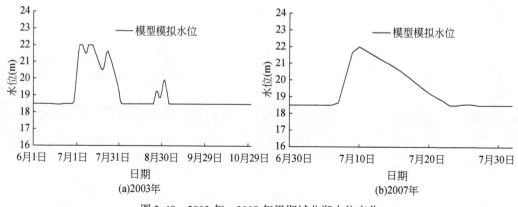

图 3-48　2003 年、2007 年汛期城北湖水位变化

3.6.1.2　地下水位检验

　　本次收集了研究区自 20 世纪 70 年代起常坟、黄庄、夏集、谢桥、新庙集、杨村集六个地下水埋深 5 日一测数据，站点分布如图 3-49 所示。不同站点的地下水埋深模拟检验结果如图 3-50～图 3-55 所示。从地下水埋深模拟结果来看，除前两年模型预热期内的模拟效果稍差，率定期和验证期大多数站点模拟值与实测值之间的变化趋势一致，包括地下水周期变化和变幅，均有相似之处，但细节变化上尚有差距。

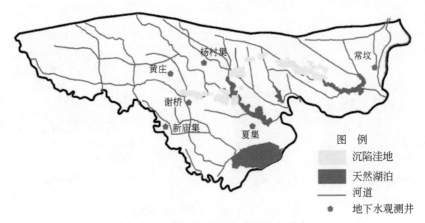

图 3-49　研究区地下水观测站点分布

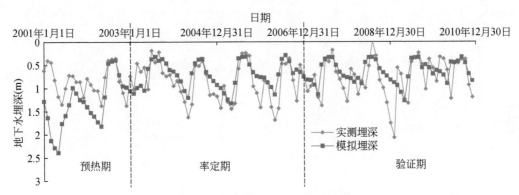

图 3-50　杨村集地下水埋深模拟检验

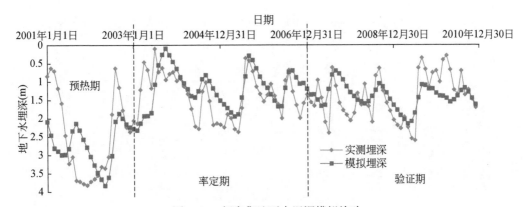

图 3-51　新庙集地下水埋深模拟检验

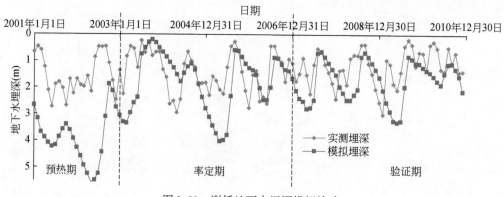

图 3-52　谢桥地下水埋深模拟检验

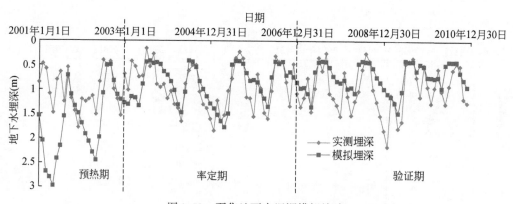

图 3-53　夏集地下水埋深模拟检验

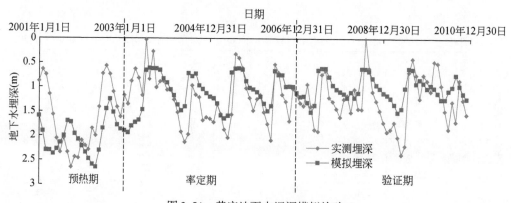

图 3-54　黄庄地下水埋深模拟检验

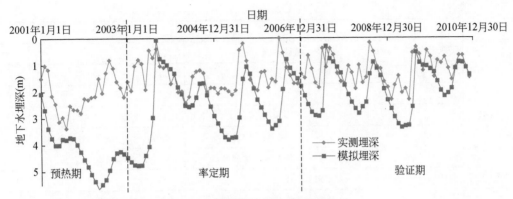

图 3-55　常坟地下水埋深模拟检验

　　需要说明的是，水循环模拟模型虽然是分布式模拟，但进行单井水位检验时通常都难以获得精准的拟合结果，这主要是由模拟尺度决定的。单井地下水埋深变化受井周小尺度因素环境参数影响比较明显，理论上分布式模型可以将模型的模拟单元，如子流域、地下水网格等剖分得无限小，但限于基础数据的精度，如地表高程、土地利用、土壤分布、降水、站点分布、用水等，以及数据处理工作量的限制，通常模拟时都进行一定程度的均化处理。在这个过程中单井周边的一些小尺度范围内的影响因素可能因此被掩盖。例如，降水通常在空间分布上变化比较大，尽管雨量站点较多，模型进行空间插值等处理后，可能观测井所在位置处的实际降水量与模型给出的降水量仍有一定量差，除非观测井就在雨量站点附近；土壤可能是同种类型，但不同地点的密实程度、土粒级配、渗透系数可能存在一定区别等，此外模型本身计算原理的抽象化过程也有可能会引入一定的误差。这些因素综合在一起，都会给模型的拟合带来难度。

　　尽管如此，但作为分布式模拟模型，模拟过程中总需要从单点变化的检验来大致判断模型模拟的合理性。从目前模型的地下水埋深检验方面来看，至少在地下水埋深周期变化规律和埋深变幅上还是基本能反映实地情况的。

3.6.2　水循环模拟收支平衡检验

　　以率定期和验证期 2003 ~ 2010 年共 8 年时段作为水量平衡检验时段，研究区从降水、土壤水、地表水（含湖泊、洼地）、地下水到全区的年均水循环平衡分项统计见表 3-11，水分沿水循环"四水"转化模拟路径的各过程通量如图 3-56 所示。

表 3-11　2003 ~ 2010 年时段研究区"四水"转化平衡关系表　（单位：亿 m³）

水循环系统	补给		排泄		蓄变	
土壤水	降水	39.77	冠层截留蒸发	1.20	土壤水蓄变	0.34
	本地地表引水灌溉	1.35	积雪升华	0.01	植被截留蓄变	0.00
	地下水开采灌溉	0.00	地表积水蒸发	4.13	地表积雪蓄变	0.00
	区外引水灌溉	6.91	土表蒸发	13.55	地表积水蓄变	0.00

水循环系统	补给		排泄		蓄变	
土壤水	潜水蒸发	4.88	植被蒸腾	12.05		
			地表超渗产流	8.00		
			壤中流	0.17		
			土壤深层渗漏	10.15		
			灌溉渗漏补给地下水	1.49		
			灌溉系统蒸发损失	1.82		
	合计	52.91	合计	52.57	合计	0.34
地表水（本地）	降水	1.23	湖泊/洼地水面蒸发	1.15	河道总蓄变	0.06
	地表产流汇入河道	11.46	河道水面蒸发	0.23	湖泊/洼地总蓄变	0.01
	地表产流汇入洼地	0.49	灌溉引水	1.35		
	地下水补给湖泊/洼地	0.40	工业/生活/生态引水	0.79		
	工业生活退水	3.00	河道出境	12.81		
			河道渗漏	0.00		
			湖泊/洼地渗漏	0.18		
	合计	16.58	合计	16.51	合计	0.07
地下水	地表漫流损失入渗	0.11	基流排泄	3.88	浅层蓄变	0.13
	土壤深层渗漏	10.16	潜水蒸发	4.89	深层蓄变	0.02
	河道渗漏量	0.00	浅层边界流出	0.51		
	灌溉渗漏补给地下水	1.49	深层边界流出	0.00		
	池塘/湿地/水库渗漏	0.17	浅层农业灌溉开采	0.00		
	浅层边界流入	0.26	浅层工业/生活/生态开采	1.67		
	深层边界流入	0.00	深层农业灌溉开采	0.00		
			深层工业/生活/生态开采	0.69		
			地下水补给湖泊/洼地	0.40		
	合计	12.19	合计	12.04	合计	0.15
全区	降水量（土壤）	39.77	冠层截留蒸发	1.20	土壤水总蓄变	0.34
	降水量（地表水体）	1.23	积雪升华	0.01	地表水总蓄变	0.07
	浅层边界流入	0.26	地表积水蒸发	4.13	地下水总蓄变	0.15
	深层边界流入	0.00	土表蒸发	13.55		
	区外引水灌溉	6.91	植被蒸腾	12.05		
	区外引水供工业等	7.50	地表水体水面蒸发	1.39		
			其他（工业/生活/生态）消耗	2.58		
			灌溉系统蒸发损失	1.82		

水循环系统	补给		排泄		蓄变	
全区			地下水边界流出	0.51		
			河道出境量	12.81		
			电厂直退淮河	5.06		
	合计	55.67		55.11		0.56

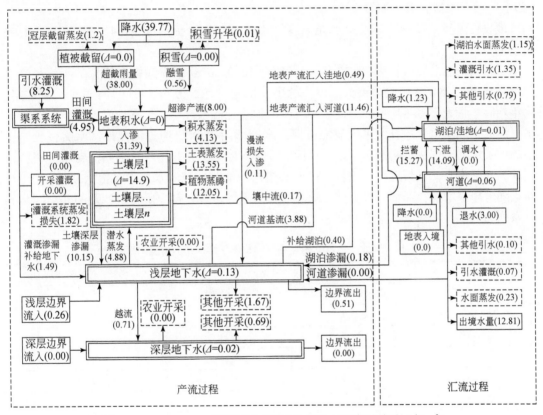

图 3-56　2003～2010 年研究区"四水"转化过程定量关系（亿 m³）

研究区土壤水系统、地表水系统、地下水系统水量收支情况如下：土壤水年均总补给为 52.91 亿 m³，年均总排泄为 52.57 亿 m³，年均总蓄变为 0.34 亿 m³；地表水（本地）年均总补给为 16.58 亿 m³，年均总排泄为 16.51 亿 m³，年均总蓄变为 0.07 亿 m³；地下水年均总补给为 12.19 亿 m³，总排泄为 12.04 亿 m³，年均总蓄变为 0.15 亿 m³。

从研究区整体来看，包括降水、区外引水、地下水边界流入等总水分补给为 55.67 亿 m³，自然蒸发、人工消耗、地下水边界流出、河道出境、区内电厂直排等排泄量共计年均为 55.11 亿 m³，全区年均总蓄变为 0.56 亿 m³。从不同系统的水量收支来看，土壤水系统（本地）、地表水系统、地下水系统、全区水循环整体系统等的年均总水分补给量都等于其年均总排泄量与年均蓄变量之和，符合水循环模拟水量收支平衡的基本要求（图 3-56）。

3.6.3 宏观水文特征参数检验

水资源评价中涉及的两个最重要的水文特征参数为地表径流系数和降水入渗补给系数，一个关系到地表水天然资源量的评价，一个关系到地下水天然资源量的评价。

淮北平原径流系数研究方面，乔丛林等[60]在淮北平原多年平均 869.6mm 降水量基础上给出的多年平均径流系数为 0.24。本次水循环模拟 2003 ~ 2010 年地表径流量可根据“四水”转化模拟（表 3-11）评价为

地表径流量 = 地表产流汇入河道量 + 地表产流汇入洼地量 = 11.47 + 0.49 = 11.96（亿 m^3）

考虑到地表总降水量为 39.77 亿 m^3（约合 1000mm/a），可知模型模拟的年均径流系数约为 0.30，比多年平均值要大。但注意到模拟期内有 2003 年和 2007 年两个大洪水年，且年均降水量大于多年均值，因此模拟评价的地表径流系数比多年平均值大也是正常的。

淮北平原降水入渗补给系数研究方面，水利部门于玲[62]通过淮北地区水文试验站长期的地下水动态观测资料推算了淮北地区的降水入渗系数，并用统计回归法对不同资料系列计算的降水入渗系数进行了比较，得出的结论为淮北地区降水入渗系数为 0.22 ~ 0.24，而且随着降水增加，降水入渗系数有随之增加的趋势。该文献中研究区涉及的几个区县不同系列的降水入渗系数实验值如表 3-12 所示。

表 3-12　淮北平原不同资料系列计算年平均降雨入渗量对照表

地区	1951 ~ 1995 年系列		1956 ~ 1979 年系列
	降水量（mm）	入渗补给系数	入渗补给系数
怀远县	870.1	0.24	0.22
淮南市郊	918.7	0.23	0.22
凤台县	865.2	0.24	0.22
利辛县	889.1	0.23	0.22
阜阳县*	918.2	0.23	0.22
颍上县	951.6	0.24	0.22

*已于 1992 年 11 月 20 日撤销

此外，地矿部门郭新矩[63]也提出了对淮北平原降水入渗系数的评价结果，给出的参考值为 0.23，与于玲等人研究成果相近。

MODCYCLE 水循环模拟的土壤深层渗漏量实际上可以代表降水入渗补给量计算值，2003 ~ 2010 年共八年期间模拟计算出来的年均土壤深层渗漏量约为 10.16 亿 m^3，而期间研究区土表年均降水量为 39.77 亿 m^3（约合 1000mm/a），这样降水入渗补给系数约为 0.255，比文献值稍大，考虑到模拟时段内降水量比研究区多年平均多 112mm 的因素，模型评价出的降水入渗补给系数应该也是合理的。

3.7 代表性沉陷洼地积水机理模拟分析

以往研究区的经验表明,本区潜水位较高,地表一旦发生沉陷现象,则很容易积水,而且洼地水位与周边地下水位基本同步变化,尤其是水质清澈,符合地下水补给特征,这些表象似乎从侧面印证了洼地区域积水主要是从地下水渗出的预判,但事实是否如此,尚缺乏科学理论及定量研究结论支撑。由于洼地区域的空间尺度一般都比较大,很难做到直接通过传统实验手段对洼地各部分的水循环通量进行观测,但基于本模型开发的"河道–沉陷区–地下水"水循环模拟模块,以及其具有的物理性特点,可以从数值模拟实验的角度对沉陷洼地的积水过程进行反演,分析其水量平衡组成,从而认知淮南沉陷区域所形成洼地的积水机理。

要定量研究洼地的积水机理,特别是地下水所起作用,需要选取代表性沉陷洼地进行研究。代表性洼地周边条件最好比较简单,以减少外源水量对研究结论的干扰。根据2012~2013年对淮南项目区的实地考察,当前研究区洼地分散为大小十多片,大部分洼地与当地河道直接连通,如谢桥洼地、张集洼地、泥河洼地等,河道水量的汇入干扰很不利于单独分析地下水与洼地积水间的相互作用机理,比较适合于做典型洼地研究的为顾北顾桥洼地。该洼地位于凤台县顾桥镇,沉陷范围据中国矿业大学2010年评估约为12.57km²,大部分面积积水(图3-57)。苍沟从沉陷洼地中间穿过,筑有河堤与沉陷洼地水面分离,其水量并未汇入顾北顾桥洼地内。该洼地区域无灌溉等人工利用,基本上用于鱼虾养殖。从这个意义上来说,顾北顾桥洼地基本上可以概化为一个孤立湖区,其积水量仅取决于降水、水面蒸发、地下水作用,而与上游汇流量无关,比较符合本次研究沉陷洼地积水中地下水作用的需要。本节将利用研究区2001~2010年水循环模拟对顾北顾桥洼地的模拟输出,详细分析其积水过程和积水机理。

|(a)2011年9月|(b)2013年5月|

图 3-57 顾北顾桥洼地积水状况

3.7.1 洼地水循环通量模拟及水平衡分析

对于顾北顾桥这类孤立洼地区域,其水循环涉及的通量组成中,补给项主要为水面降水、地下水渗出补给（含积水区/未积水区）、未积水区地表产流汇入三部分；排泄主要为水面蒸发和地下水渗漏两部分。不同水循环通量在水循环模拟过程中的变化规律如图 3-58 ~ 图 3-63 所示。

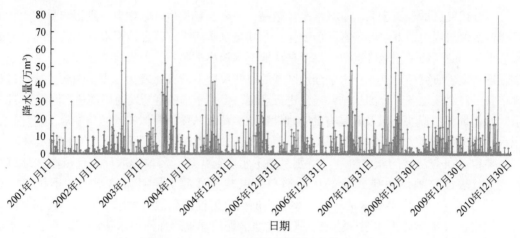

图 3-58 2001 ~ 2010 年顾北顾桥水面降水过程

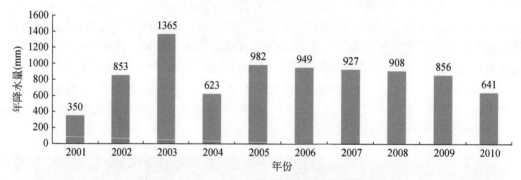

图 3-59 2001 ~ 2010 年顾北顾桥年降水强度统计

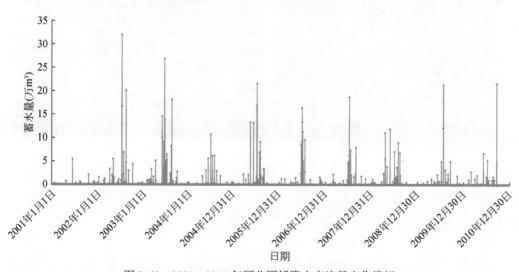

图 3-60 2001 ~ 2010 年顾北顾桥降水产流量变化模拟

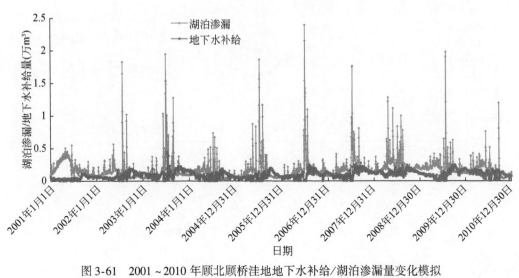

图 3-61 2001～2010 年顾北顾桥洼地地下水补给/湖泊渗漏量变化模拟

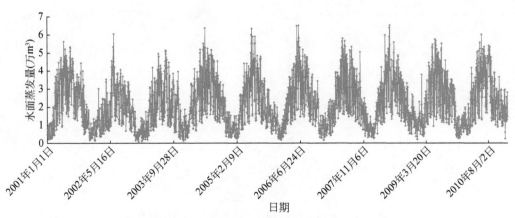

图 3-62 2001～2010 年顾北顾桥洼地水面蒸发量变化模拟

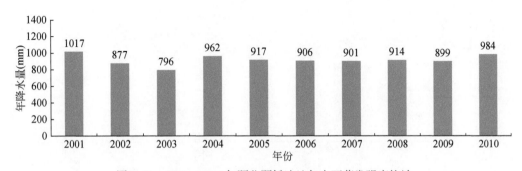

图 3-63 2001～2010 年顾北顾桥洼地年水面蒸发强度统计

2001～2010 年水循环模拟过程中，顾北顾桥洼地区域的积水面积、洼地水位、洼地蓄水量的逐日模拟数据如图 3-64～图 3-66 所示。

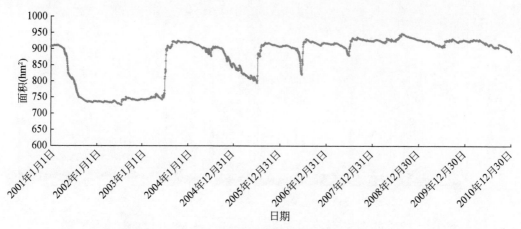

图 3-64 2001~2010 年顾北顾桥洼地积水面积变化模拟

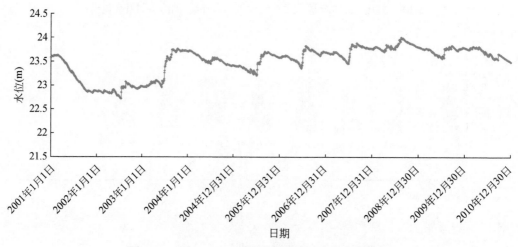

图 3-65 2001~2010 年顾北顾桥洼地水位变化模拟

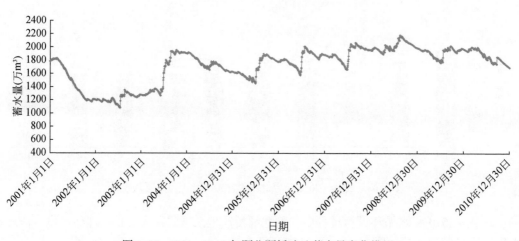

图 3-66 2001~2010 年顾北顾桥洼地蓄水量变化模拟

将顾北顾桥洼地的各水循环补给和排泄通量按年份进行统计，可得图3-67和图3-68所示的年补给及排泄组成变化过程。从洼地水量补给组成来看，对于顾北顾桥这种孤立洼地区域，大部分水量补给其实绝大部分来源于水面降水，而非地下水补给，这个结论与之前关于洼地积水主要来自于地下水补给的经验看法截然不同。洼地的排泄组成则以水面蒸发为主。

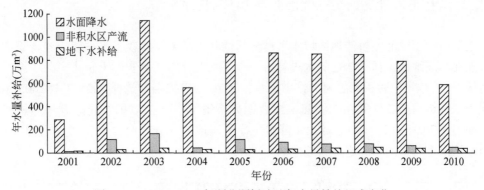

图3-67 2001～2010年顾北顾桥洼地年水量补给组成变化

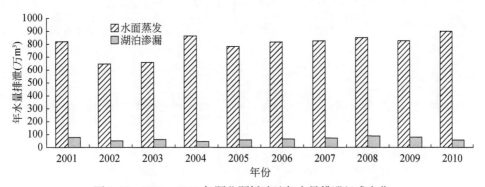

图3-68 2001～2010年顾北顾桥洼地年水量排泄组成变化

基于以上模拟数据，可对顾北顾桥洼地进行水平衡分析，以研究不同水循环通量的比例构成。由于气象驱动因素不同，各年份的洼地水循环通量存在一定的波动性，为使分析结论具有平均意义，表3-13给出了2003～2010年共计8年的水平衡分析结果。2001年及2002年未计入水平衡分析过程，主要是为了排除水循环模拟预热期的干扰。

表3-13 2003～2010年顾北顾桥洼地水平衡分析表 （单位：万 m³/a）

补给		排泄		其他	
水面降水	811.4	水面蒸发	815.7	模拟开始蓄水量	1277.4
积水区地下水补给	23.1	洼地渗漏	65.5	模拟结束蓄水量	1692.0
未积水区地下水补给	14.2	人工用水	0.0	未积水区降水入渗	71.9
未积水区产流汇入	84.3	洼地下泄	0.0	未积水区潜水蒸发	205.0
上游河道汇入	0.0				
合计	933.0	合计	881.2	年均蓄水量变化	51.8

从水量平衡分析来看，2003～2010 年，顾北顾桥洼地水量补给源中水面降水占 87.0%，地下水补给量仅占约 4.0%（含积水区及未积水区地下水补给），未积水区产流汇入约占 9.0%。洼地的水量排泄中水面蒸发约占 92.6%，7.4% 的水量排泄方式为湖泊渗漏。

3.7.2　洼地地下水补给/洼地渗漏规律分析

上节给出了顾北顾桥洼地区域水平衡分析的相关结果，比较出乎一般经验认识的结论是发现在淮南地区，孤立洼地的水量补给中地下水的补给比例实际上很小，为了继续深入研究地下水–洼地地表积水之间的作用关系，在 10 年模拟期间选择 2004 年及 2005 年的逐日地下水补给模拟数据和洼地渗漏模拟数据分析地下水与洼地积水间的循环通量变化规律，如图 3-70 和图 3-71 所示。由于降水主导了洼地的水分补给，图 3-69 和图 3-70 中一并给出这两个年份的日降水分布数据。

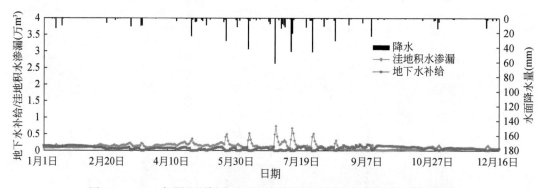

图 3-69　2004 年顾北顾桥洼地地下水补给及洼地积水渗漏逐日模拟数据

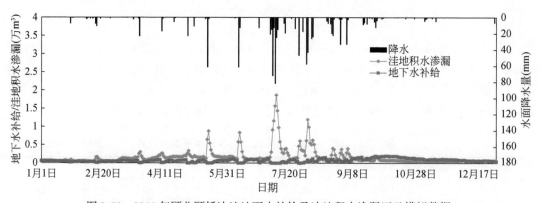

图 3-70　2005 年顾北顾桥洼地地下水补给及洼地积水渗漏逐日模拟数据

从 2004 年及 2005 年地下水补给洼地及洼地积水渗漏的年内过程来看，可以发现渗漏主要发生在降水较丰的汛期，且与降水量分布有显著正相关关系，地下水补给洼地过程则与年内降水分布之间的相关关系不强。

由于洼地周边地下水位分布不均，洼地当天可能部分区域产生积水渗漏，而其他部分区域产生地下水补给，为便于研究，可将洼地的逐日地下水补给量减去其渗漏量，得其逐日的地下水净补给量从而进行规律分析。当日的地下水净补给量为正，说明当日地下水－洼地积水间作用以地下水补给为主，反之则说明当日地下水－洼地积水间作用以积水区渗漏为主。2004 年及 2005 年顾北顾桥洼地的逐日地下水净补给量过程如图 3-71 及图 3-72 所示。

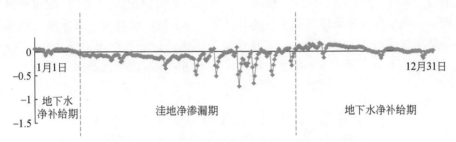

图 3-71　2004 年顾北顾桥洼地地下水净补给过程

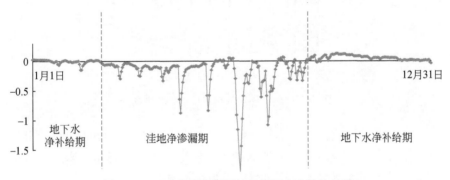

图 3-72　2005 年顾北顾桥洼地地下水净补给过程

图 3-71 和图 3-72 中显示的规律表明，在一个水文年内，地下水与洼地积水间的作用过程具有明显的阶段性，在汛期基本上表现为洼地净渗漏（地下水负的净补给），在非汛期基本上表现为正的地下水净补给。其内在机理经分析应该为，汛期降水比较集中，高频次的降水导致短时期内洼地水面接受大量降水补给从而迅速抬高其积水位，而降水入渗补给地下水一般有滞后效应，洼地周边潜水位抬升的速度滞后于洼地水位抬升的速度，因此洼地积水渗漏补给周边地下水；非汛期（枯期）降水稀少，洼地水量的直接补给来源大幅度衰减，与此同时水面蒸发成为其主要通量过程，随着洼地水量的大量消耗，洼地积水位逐渐低于其周边潜水位，因此洼地周边潜水将向洼地补给；随着洼地积水位与周边潜水位间逐渐趋同，地下水向洼地的补给量逐渐减少。

3.7.3　高潜水位区洼地积水机理辨析

本节以上部分对淮南代表性孤立洼地区域的水平衡过程进行了模拟分析，给出了洼地积水的补给/排泄特征，并剖析了其洼地积水与地下水间的作用关系，取得了两个重要的基本认识，一是孤立洼地的水量补给来源绝大部分来自于降水而非地下水补给；二是地下水对洼地的补给有季节性变化规律，汛期洼地水量渗漏到地下水，枯水季地下水补给给洼地。基于此，可对研究区洼地积水的三个基本问题进行辨析。

3.7.3.1 沉陷洼地积水主要成因分析

在淮南这种高潜水位平原地区，沉陷的洼地容易大面积积水，这个问题可从洼地水量平衡原理、淮南地区气象条件出发进行解答。对于孤立的沉陷洼地，其水量补给来源于三部分：一是洼地积水区的水面降水，二是洼地未积水区的地表产流，三是地下水的补给；洼地水量排泄主要为两部分：一是水面蒸发，二是湖泊积水渗漏，如图3-73所示。

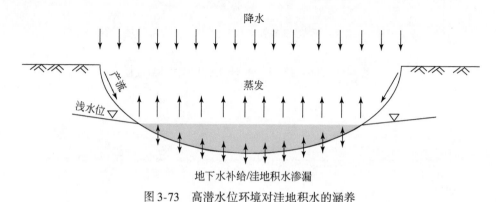

图 3-73 高潜水位环境对洼地积水的涵养

理论上，对于单个孤立洼地，若忽略地下水对沉陷洼地水平衡的影响，即既不考虑地下水对洼地的补给作用，也不考虑洼地的渗漏，仅考虑积水区降水、未积水区降水产流、积水区水面蒸发之间的水量平衡，则可得以下数量关系。

$$A_积 \cdot P + \alpha \cdot P \cdot (A_T - A_积) = A_积 \cdot E_0 \tag{3-1}$$

式中，α 为降水径流系数；P 为年均降水量（L）；E_0 为年均水面蒸发量（L）；A_T 为沉陷洼地包含积水区和未积水区的总面积（L^2）；$A_积$ 为沉陷洼地的年均积水面积（L^2）。

式（3-1）中左端第一项 $A_积 \cdot P$ 为洼地积水区接受的年均降水量，左端第二项 $\alpha \cdot P \cdot (A_T - A_积)$ 为洼地未积水区年均产流汇入到洼地的水量，右端项 $A_积 \cdot E_0$ 为洼地的年均水面蒸发量。式（3-1）经过整理可得洼地积水面积比与降水产流系数、降水量、水面蒸发量间的数学关系：

$$\frac{A_积}{A_T} = \frac{\alpha \cdot P}{E_0 - (1-\alpha)P} \tag{3-2}$$

淮南地区多年平均降水量约为888mm，多年平均水面蒸发量为976mm，当地降水产流系数约为0.24。将以上数据代入式（3-2），可得多年平均意义上的洼地积水面积比为71%。以上简单的数据匡算表明，在淮南地区，由于降水量与水面蒸发量比较接近，即使没有地下水对沉陷洼地的补给，仅仅依赖洼地积水区降水和洼地未积水区的降水径流，也可以维持孤立洼地较大的积水面积比。因此，淮南沉陷洼地容易大面积积水，首先是由当地的降水/蒸发气象条件决定的。此外，人们通常发现沉陷区域洼地的水质较好，比较清澈，符合地下水渗出补给的特征，因此以为洼地的水量主要来源于地下水，其实降水直接补给洼地的水量也具有同样的特征。

3.7.3.2 沉陷洼地来水中地下水补给比例问题

从顾北顾桥洼地水循环模拟过程中，发现洼地水量大部分来自于降水和未积水区的产流，来自于地下水的补给量比例很小，年均总补给量为 37.3 万 m^3，仅占 4%。该分析结果与目前大多数认识相左，因为此前普遍认为沉陷的洼地大部分水量来源于地下水。由于模型模拟过程比较复杂，虽然给出了定量的模拟数据，但结论与普遍认识相差巨大，仍需进一步慎重分析模拟结果的可靠性。

为进一步解释这一现象，下面通过简单的计算事实进行说明。

地下水径流向洼地的补给，是与洼地周长、周边地下水的水力坡度、周边含水层导水系数相关的，如图 3-74 所示。

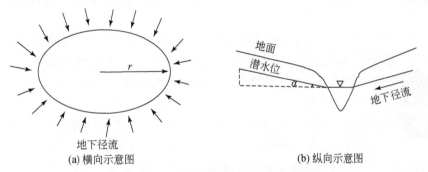

(a) 横向示意图　　　　　　　　(b) 纵向示意图

图 3-74　地下水向洼地的补给平面示意图

假设洼地基本为圆形，其等效半径为 r，周边地下水的平均水力坡度为 J，周边含水层的平均导水系数为 T，则地下水向洼地每年的补给量匡算公式为

$$Q_{年,补} = 2\pi r \cdot T \cdot J \cdot 365 \qquad (3-3)$$

顾北顾桥沉陷洼地面积约为 $12.57km^2$，洼地等效半径约为 2000m；研究区地势平坦，地面坡降为 1/15 000 ~ 3/10 000，地下水流向与地形坡降一致，天然水力坡度与地面坡降基本相当（注：数据摘自《中华人民共和国区域水文地质普查报告 蒙城幅》）；研究区含水砂层渗透系数为 7 ~ 12m/d，浅层含水层厚度为 3 ~ 25m，导水系数分布区间为 120 ~ 250m^2/d。将等效半径 2000m，地面坡降 3/10 000，导水系数 250m^2/d 代入式（3-3）中，可得 $Q_{年,补} \approx 35$ 万 m^3，与模型模拟结果大致相当，在一个量级上。以上匡算虽然比较粗略，如忽略了洼地水位变化引起的水力坡度变化等，有可能不是很准确，但计算结果的数量级应该还是能说明问题。

另外还需注意到一个事实。地下水向洼地的补给是与洼地的周长线性相关的，即与洼地等效半径是一次方关系，而洼地的水面降水、未积水区产流汇入则是与洼地的面积线性相关的，因此与洼地的等效半径之间是二次方关系。从这个角度来看，随着洼地的扩大，水面降水、未积水区产流汇入的增长速度将远比地下水补给的增长速度要快。因此在洼地到达一定面积尺度时，地下水补给的比例将远小于降水补给和产流汇入量，这也是有理论根据的。

3.7.3.3 高潜水位对沉陷洼地积水所起作用

既然洼地主要依靠雨水及周边径流补给，那么在淮南地区，高潜水位环境在洼地积水过程到底起什么作用？从以上顾北顾桥洼地水循环模拟过程中，可以发现洼地的地表–地下水之间的作用是双向的，既有地下水向洼地的补给，又有洼地积水向地下水的渗漏。但由于平原区地势平坦，地下水侧向径流微弱，洼地的地表–地下水交换通量在洼地水循环的整体循环通量中所占的比例其实是比较小的，补给部分只占 4.0%，排泄部分只占7.4%。顾北顾桥洼地 2003～2010 年洼地积水向地下水的渗漏通量甚至比地下水向洼地的补给通量还要大一些，从纯水平衡收支的角度来看，2003～2010 年模拟期内洼地积水是向地下水供水的而不是从地下水得到补给的，其原因是 2003～2010 年顾北顾桥洼地所在地区平均降水量要比多年平均降水量稍偏丰一些，基本与水面蒸发相等（表3-13），洼地水面降水与洼地未积水区降水径流量之和超出洼地水面蒸发能力，因此部分洼地积水以净渗漏的方式进入洼地周边地下水进行排泄。

平原洼地地表–地下水交换通量比例较小的事实及丰/枯季双向交替规律表明，高潜水位环境实际上是为平原洼地积水提供了涵养条件。这里高潜水位的涵养作用包括两层意义，一是由于潜水位较高，洼地水面降水及洼地未积水区的地表径流才能够保存在洼地中不至于大量漏失。如果潜水位过低，则洼地积水将无法维持蓄存，如同华北平原地区由于地下水常年超采，潜水位较深，大量的湖泊湿地如白洋淀、大浪淀等水面面积持续萎缩一样，如无人工补水，这些湿地将逐渐消亡。二是高潜水位条件下，若洼地积水由于水面蒸发较大导致水面下降较快，洼地积水位与洼地周边潜水位之间的水位差将驱动地下水向洼地进行补给，反之若洼地短时期内接受了大量的降水与地表径流补给，洼地水面上升较快，则洼地积水位与洼地周边潜水位之间的水位差将驱动洼地积水向周边地下水进行排泄。从这个意义来说，高潜水位区地下水为维持洼地水面的稳定性起到了调节器的作用。虽然地下水调节的循环通量比较小，但淮南地区年降水与年水面蒸发比较接近，该调节通量尚有一定作用。人们通常发现除非特殊枯水年份，洼地积水位是比较稳定的，降水丰期不见显著上升，降水枯期不见显著下降，且与周边地下水位往往是同期变化，但这并不是表明洼地积水主要从地下水而来，实际上是表明了高潜水位环境对洼地积水的双向调节作用。

4 采煤沉陷区蓄洪除涝作用研究

淮河流域地处我国南北气候过渡地带，气候变化复杂，降水时空分布不均。流域内众多支流多为扇形网状水系结构，洪水集流迅速，洪涝灾害频繁。中华人民共和国成立以来淮河流域共发生流域性和支流性大洪水数十次，尤以淮河中游较为严重。研究区已经形成了规模化蓄滞库容，其汛期蓄洪除涝潜力凸显，可以通过模型模拟进行预测评估。

在本章研究展开之前，首先进行两点说明。

一是本书中"蓄洪除涝作用"的定义。本书"蓄洪除涝作用"包含"蓄洪"和"除涝"两重含义，且是分开进行评价的，其中"蓄洪作用"指的是研究区蓄滞外洪，即淮河干流洪水的作用；"除涝作用"指的是蓄滞内洪，即研究区内洪涝水的作用。

二是关于本书中除涝作用的表达。在除涝工程设计方面，如河道疏浚、排水闸和排涝站设计等，通常的技术指标为除涝标准，指对一定重现期的暴雨产生的洪涝水在一定时期内排出，如《安徽省淮北地区除涝水文计算办法》（1981年）中五年一遇除涝标准为按三天设计面降水量频率计算净降水量，按2~3日排出计算排涝模数。需要指出的是，从概念上讲除涝标准研究的是排水系统将内涝水及时排出的能力，而本书中沉陷洼地"除涝作用"研究的则是将内涝水有效蓄滞住的能力，所以两者表达的含义并不一样。这里研究沉陷洼地蓄滞洪涝水能力，主要针对的是淮河中游内涝的"关门淹"问题。"关门淹"是指汛期淮河干流水位高于沿淮支流水位的现象，有时长达一个月之久。此时支流洪涝水受干流水位阻挡无法自流排出，任何除涝设计标准的闸门均失效，除非支流入淮口处建有抽排泵站，否则所有内涝水只能暂存在支流河道内。这样"关门淹"的时间越长，发生支流河道圩堤溃决的风险越大。因此在发生"关门淹"时，支流河道是否具有足够的蓄滞能力就成为应对问题的关键。形成的沉陷洼地可有效提高支流河道的蓄滞能力，因此本书在研究沉陷洼地除涝作用时，以评价其在"关门淹"期间拦蓄的涝水量，即"关门淹"期间最高水位对应的蓄水量减去"关门淹"起始水位对应的蓄水量，以此作为衡量除涝作用的标准。

本书蓄洪除涝作用评估思路分以下三步。第一步，先确定内涝和外洪的历史遭遇情况。可通过对内涝和外洪两者之间的历史遭遇情况进行排频分析，确定出内涝与外洪皆不利的组合年份，并挑选其中的代表年份作为评估分析用。第二步，以典型年为对象，分析不同沉陷情景下的除涝作用。先通过水循环模拟确定各典型洪水年份的洪涝来水过程，再分析研究区洼地系统对"关门淹"水量的拦蓄表现，进而进行除涝作用评价。第三步，在除涝效果评估基础上，分析研究区除涝期间尚富余的蓄滞库容，作为评估蓄滞外洪（淮河洪量）潜力的基础，并结合不同因素确定蓄洪能力。

4.1 内涝和外洪遭遇情况分析

淮河中游洪涝灾害具有"关门淹"特色，需要结合内涝（研究区洪量）和外洪（淮河洪量）两方面的因素一起考虑。首先遴选内涝和外洪均不利的遭遇年份，这可以通过研究区最大30日降水量数据和研究区位置处淮河最大30日洪量进行频率遭遇研究。图4-2为根据淮河中游鲁台子站（图4-1）1951～2010年的流量资料计算的逐年最大30日洪量频率，以及根据研究区1951～2010年的降水资料统计的逐年最大30日降水量频率之间对比。其中30日最大降水量用研究区内17个雨量站通过泰森多边形法加权得出，基本代表了研究区的平均面降水状况。从图4-2中分析可知，1954年、1956年、1968年、1991年、2003年和2007年共六年为外洪与内涝不利组合的年份，其各年份内的最大30日降水量和淮河中游最大30日、60日、90日洪量的具体数据、频率见表4-1。

图4-1　鲁台子站、凤台站位置示意图

外洪量只是淮河汛期水文信息的一部分，真正与研究区"关门淹"更密切相关的是与外洪量相应的淮河水位。研究区主要靠闸门排泄内涝水，目前各闸门均达到5～10年一遇排涝标准。在外洪较小时，由于淮河水位较低，在闸门不受淮河水位顶托的情况下，研究区内涝水的排出速度主要取决于其区内各支流入淮闸门的设计流量，即使内涝水超出排涝标准，也只会影响数天的排涝时间，内涝危害基本可控。而当外洪较大时，在一定时期内会形成淮河水位高于内水水位的格局（即"关门淹"时期），此时内涝水受外洪水位顶托无法排泄，排涝闸门完全失效，以至于在内涝水量不断聚集的情况下出现河道下游漫堤等防汛安全事故，给人民生命财产带来重大损失。作为淮河汛期洪水信息的补充，图4-3给出了历次洪水年份淮河中游凤台（峡山口）站（西淝河闸附近）的洪水位变化过程，并在表4-1中给出了淮河中游汛期最高水位、淮河水位超过西淝河下游花家湖警戒水位（23.2m）历时，以及淮河水位超24m高水位历时等数据。

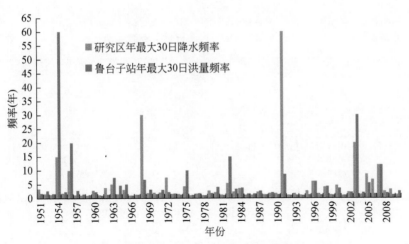

图4-2　淮河中游洪水与研究区降水频率遭遇分析图

表4-1　淮河中游洪水与研究区强降水遭遇组合分析表

年份	研究区最大30日降水		淮河鲁台子站洪量（m³/s）						淮河凤台（峡山口）水位		
			30日最大		60日最大		90日最大				
	降水量（mm）	频率（年）	洪量（亿m³）	频率（年）	洪量（亿m³）	频率（年）	洪量（亿m³）	频率（年）	最高水位(m)	超23.2m时长(天)	超24m时长(天)
1954	614.2	15	220.2	60	328.0	60	371.0	60	25.20	40	21
1956	558.5	10	146.2	20	256.1	30	370.2	30	24.01	27	1
1968	666.3	30	119.5	7	161.2	5	189.6	5	25.09	16	11
1991	679.0	60	129.9	9	213.9	12	273.7	12	25.22	31	4+14
2003	622.1	20	151.0	30	216.2	15	288.7	20	25.61	31	26
2007	559.2	12	142.6	12	198.8	9	226.7	7	24.96	23	20

注：1991年淮河水位超24m历时分两个阶段，第一阶段4天，第二阶段14天

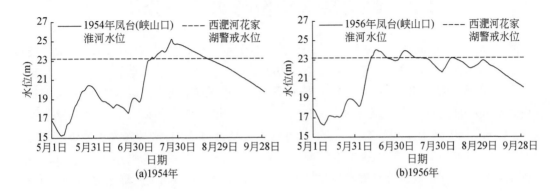

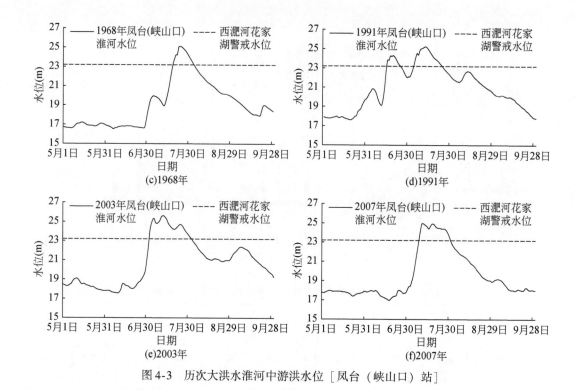

图4-3　历次大洪水淮河中游洪水位［凤台（峡山口）站］

除1954年外，其他洪水年份淮河水位超西淝河花家湖警戒水位历时均约在1个月以内，因此在对研究区发生"关门淹"危害大小进行初步定性排序时，可主要参考研究区最大30日降水和淮河水位因素进行初步定性判断。排序结果应该是1954年"关门淹"危害最大，因为该年份淮河外洪水位和降水的组合最不利。2003年虽然比1991年最大30日降水要稍小，但2003年淮河水位超24m历时却比1991年长8天，同时1991年淮河水位超24m历时中间有间断，研究区内洪可择机抢排，因此2003年与1991年相比危害可能要更大；其他排序为1991年高于2007年、2007年高于1968年、1968年高于1956年。

4.2　典型洪水年份降水特征分析

本节将对采煤沉陷区在1991年、2003年、2007年三个典型洪水年份的降水特征进行分析。综合内涝和外洪遭遇因素，初步估计1991年为20～25年一遇水平，2003年为20～30年一遇水平，2007年为10～15年一遇水平。为增进了解，故先对不同年份的年内和分区降水分布特征进行研究。统计表明，1991年、2003年、2007年研究区总降水量分别为56.43亿m³、60.06亿m³和44.65亿m³，可见虽然1991年30日最大降水量是研究区历史上最大的，达到60年一遇，2003年仅有20年一遇，1991年降水总量还是小于2003年。不同洪水年份三片汇流区分月降水数据见表4-2和图4-4～图4-6。从降水分布特征来看，1991年主要降水发生在5月、6月、7月三个月，6月为降水高峰期。2003年和2007年主要降水分布在6月、7月、8月三个月，都在7月达到降水高峰期，但2003年降水占比主要偏向 6 月和 7 月，而 2007 年降水占比主要偏向 7 月和 8 月。分片进行降水统计，西淝河和永幸河/架河汇流片降水量符合 2003 年大于 1991 年，1991 年大于 2007 年的规律，但泥河汇流片是 1991 年大于 2003 年，2003 年大于 2007 年。可见 1991 年与 2003 年的降水强度分布还是有较大差别的，1991 年偏东部，2003 年偏西部。

表 4-2　典型洪水年分月降水量数据表　　　　　　　　　（单位：亿 m^3）

月份	西淝河汇流片			永幸河/架河汇流片			泥河汇流片		
	1991 年	2003 年	2007 年	1991 年	2003 年	2007 年	1991 年	2003 年	2007 年
1	0.29	0.27	0.00	0.06	0.07	0.00	0.10	0.12	0.00
2	1.10	0.92	0.87	0.22	0.25	0.22	0.36	0.39	0.31
3	2.67	2.32	1.71	0.61	0.50	0.32	0.99	0.69	0.43
4	0.55	1.80	0.70	0.13	0.41	0.16	0.15	0.51	0.20
5	2.80	0.52	1.24	0.58	0.06	0.21	0.70	0.18	0.32
6	6.91	5.55	1.57	1.95	1.36	0.41	2.58	1.52	0.79
7	3.67	8.20	8.27	0.99	1.65	1.84	1.51	2.12	2.47
8	1.78	3.94	2.96	0.45	1.02	0.69	0.60	1.09	0.91
9	1.73	0.42	0.44	0.59	0.15	0.11	1.04	0.27	0.26
10	0.01	2.11	0.60	0.00	0.44	0.16	0.00	0.56	0.19
11	0.06	0.77	0.37	0.01	0.22	0.09	0.02	0.33	0.11
12	1.05	0.18	0.31	0.18	0.05	0.07	0.22	0.08	0.08
合计	22.62	27.00	19.04	5.77	6.18	4.28	8.27	7.86	6.07

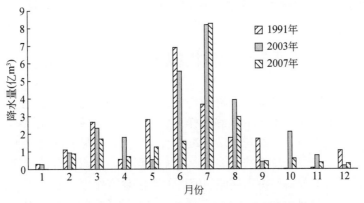

图 4-4　西淝河汇流片不同典型洪水年分月降水量

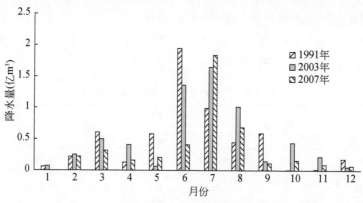

图 4-5　永幸河/架河汇流片不同典型洪水年分月降水量

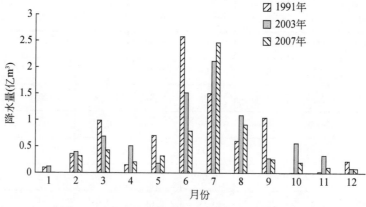

图 4-6　泥河汇流片不同典型洪水年分月降水量

4.3　2010 年沉陷情景下典型洪水蓄洪除涝效果评估

4.3.1　典型洪水汛期来水过程模拟评估

研究区主要支流分三片汇流区，分别为西淝河汇流区、永幸河汇流区和泥河汇流区。研究不同沉陷情景下的典型洪水蓄洪除涝作用，需要各分片汇流区汛期的定量洪量数据。由于西淝河等支流尚未建有流量观测站，2003 年和 2007 年两个特大洪水年份西淝河汇流区、永幸河汇流区和泥河汇流区的入淮水量均无观测资料，而仅有西淝河闸和泥河青年闸的水位观测数据。为评价典型洪水期间研究区的蓄洪除涝作用，必须采取计算方法对汛期各支流汇流片的洪涝量进行反演，而这正是水文/水循环模拟模型的主要功能应用之一。在 2010 年沉陷情景下水循环模拟模型通过校验认为基本合理后，特别是各闸站水位过程能够大致吻合后，各汇流片汛期的洪涝量可以通过模型模拟进行定量评估。

各支流汇流区的内涝水最终分别汇入花家湖、城北湖和泥河湖，经由湖泊/洼地拦蓄后，通过各自的闸门自流或泵站抽排入淮，如图4-7所示。典型洪水的汛期洪涝量反演计算，也按这三个湖泊的来水过程分别进行。

图4-7 研究区湖泊/洼地分布

（1）1991年典型洪水汛期来水过程模拟评估

图4-8～图4-10为1991年汛期（6月1日～10月31日共五个月）研究区不同汇流片下游入淮湖泊的来水过程模拟结果。湖泊当天的来水量为上游的河道汇入量、湖泊水面降水量、地下水向湖泊的排泄、湖泊未积水区产流汇入量的总和。

表4-3为模拟过程中1991年汛期研究区各汇流片下游湖泊的补给、排泄、蓄量变化各分项模拟结果，从补给、排泄、蓄变之间的关系看，各个湖泊均水量平衡。1991年汛期西淝河汇流片总降水为14.10亿m³，花家湖总来水量约为7.06亿m³；泥河汇流量总降水为5.74亿m³，泥河湖总来水量约为3.41亿m³；永幸河汇流片总降水为3.98亿m³，城北湖总来水量约为1.97亿m³。

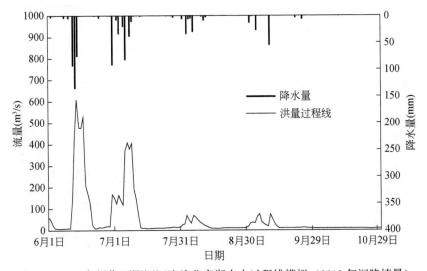

图4-8 1991年汛期西淝河汇流片花家湖来水过程线模拟（2010年沉陷情景）

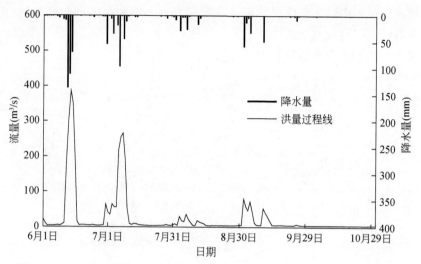

图 4-9　1991 年汛期泥河汇流片泥河湖来水过程线模拟（2010 年沉陷情景）

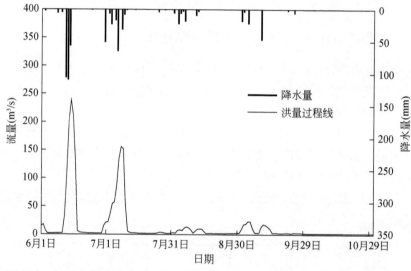

图 4-10　1991 年汛期永幸河汇流片城北湖来水过程线模拟（2010 年沉陷情景）

表 4-3　1991 年汛期（6～10 月）**各汇流片下游湖泊水量平衡分析表**　　（单位：万 m³）

湖泊/洼地	补给		排泄		其他	
西淝河 汇流片 花家湖	水面降水	3 733	水面蒸发	2 044	6 月 1 日起始蓄水量	6 500
	积水区地下水补给	1 754	湖泊渗漏	1 615	10 月 31 日结束蓄水量	3 967
	未积水区地下水补给	302	人工用水	1 807	未积水区降水入渗	369
	未积水区产流汇入	1 526	湖泊下泄	67 639	未积水区潜水蒸发	728
	上游河道汇入	63 257			模拟期汇流区总降水	140 982
	合计	70 572	合计	73 105	蓄水量变化	-2 533

续表

湖泊/洼地	补给		排泄		其他	
泥河汇流片泥河湖	水面降水	3 518	水面蒸发	1 887	6月1日起始蓄水量	3 535
	积水区地下水补给	495	湖泊渗漏	382	10月31日结束蓄水量	2 725
	未积水区地下水补给	66	人工用水	1 567	未积水区降水入渗	492
	未积水区产流汇入	1661	湖泊下泄	31 110	未积水区潜水蒸发	781
	上游河道汇入	28 396			模拟期汇流区总降水	57 378
	合计	34 136	合计	34 946	蓄水量变化	-810
永幸河汇流片城北湖	水面降水	636	水面蒸发	320	6月1日起始蓄水量	693
	积水区地下水补给	173	湖泊渗漏	143	10月31日结束蓄水量	278
	未积水区地下水补给	47	人工用水	598	未积水区降水入渗	15
	未积水区产流汇入	40	湖泊下泄	19 046	未积水区潜水蒸发	52
	上游河道汇入	18 796			模拟期汇流区总降水	39 842
	合计	19 692	合计	20 107	蓄水量变化	-415

（2）2003年典型洪水汛期来水过程模拟评估

图4-11～图4-13为2003年汛期（6月1日～10月31日共五个月）研究区不同汇流片下游入淮湖泊的来水过程模拟结果。

表4-4为模拟过程中2003年汛期研究区各汇流片下游湖泊的补给、排泄、蓄量变化各分项模拟结果。2003年汛期西淝河汇流片总降水为20.21亿 m^3，花家湖总来水量约为8.77亿 m^3；泥河汇流量总降水为5.56亿 m^3，泥河湖总来水量约为2.57亿 m^3；永幸河汇流片总降水为4.61亿 m^3，城北湖总来水量约为2.00亿 m^3。

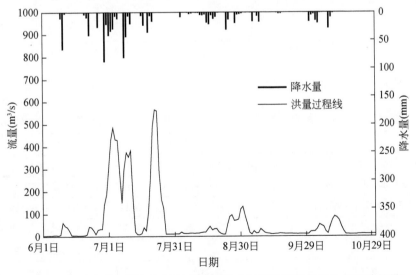

图4-11　2003年汛期西淝河汇流片花家湖来水过程线模拟（2010年沉陷情景）

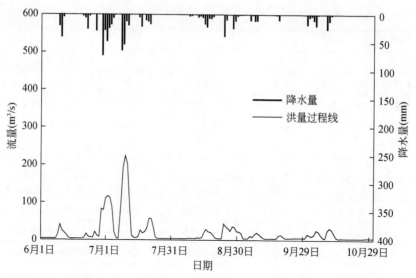

图 4-12　2003 年汛期泥河汇流片泥河湖来水过程线模拟（2010 年沉陷情景）

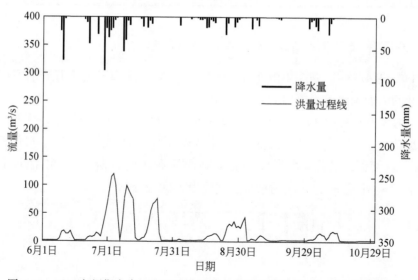

图 4-13　2003 年汛期永幸河汇流片城北湖来水过程线模拟（2010 年沉陷情景）

表 4-4　**2003 年汛期**（6～10 月）**各汇流区下游湖泊水量平衡分析表**　　（单位：万 m³）

湖泊/洼地	补给		排泄		其他	
西淝河汇流片花家湖	水面降水	4 132	水面蒸发	1 673	6 月 1 日起始蓄水量	3 967
	积水区地下水补给	1 593	湖泊渗漏	1 647	10 月 31 日结束蓄水量	4 607
	未积水区地下水补给	373	人工用水	1 830	未积水区降水入渗	659
	未积水区产流汇入	1 162	湖泊下泄	81 866	未积水区潜水蒸发	666
	上游河道汇入	80 396			模拟期汇流区总降水	202 107
	合计	87 656	合计	87 016	蓄水量变化	640

续表

湖泊/洼地	补给		排泄		其他	
泥河汇流片泥河湖	水面降水	3 009	水面蒸发	1 593	6月1日起始蓄水量	2 725
	积水区地下水补给	416	湖泊渗漏	329	10月31日结束蓄水量	2 723
	未积水区地下水补给	102	人工用水	1 935	未积水区降水入渗	725
	未积水区产流汇入	1 001	湖泊下泄	21 835	未积水区潜水蒸发	715
	上游河道汇入	21 162			模拟期汇流区总降水	55 622
	合计	25 690	合计	25 692	蓄水量变化	-2
永幸河汇流片城北湖	水面降水	646	水面蒸发	273	6月1日起始蓄水量	278
	积水区地下水补给	143	湖泊渗漏	141	10月31日结束蓄水量	387
	未积水区地下水补给	52	人工用水	542	未积水区降水入渗	32
	未积水区产流汇入	39	湖泊下泄	18 933	未积水区潜水蒸发	47
	上游河道汇入	19 118			模拟期汇流区总降水	46 081
	合计	19 998	合计	19 889	蓄水量变化	109

（3）2007年典型洪水汛期来水过程模拟评估

图4-14～图4-16为2007年汛期（6月1日～10月31日共五个月）研究区不同汇流片下游入淮湖泊的来水过程模拟结果。

表4-5为模拟过程中2007年汛期研究区各汇流片下游湖泊的补给、排泄、蓄量变化各分项模拟结果。2007年汛期西淝河汇流片总降水为13.84亿 m^3，花家湖总来水量约为5.61亿 m^3；泥河汇流片总降水为4.63亿 m^3，泥河湖总来水量约为2.19亿 m^3；永幸河汇流片总降水为3.20亿 m^3，城北湖总来水量约为1.18亿 m^3。

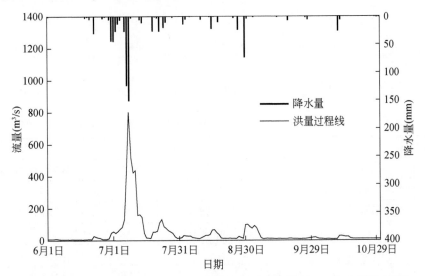

图4-14　2007年汛期西淝河汇流片花家湖来水过程线模拟（2010年沉陷情景）

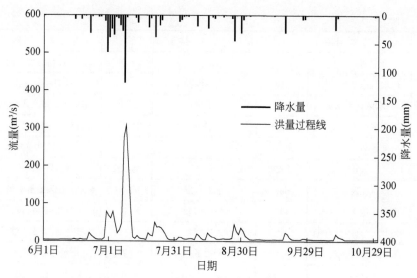

图 4-15 2007 年汛期泥河汇流片泥河湖来水过程线模拟（2010 年沉陷情景）

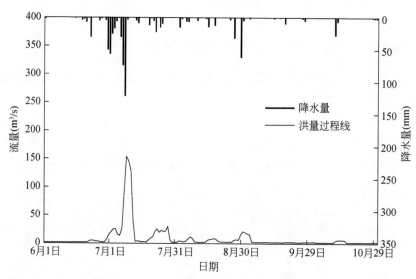

图 4-16 2007 年汛期永幸河汇流片城北湖来水过程线模拟（2010 年沉陷情景）

表 4-5 2007 年汛期（6～10 月）各汇流区下游湖泊水量平衡分析表 （单位：万 m³）

湖泊/洼地	补给		排泄		其他	
西淝河汇流片花家湖	水面降水	3 217	水面蒸发	1 433	6 月 1 日起始蓄水量	3 966
	积水区地下水补给	1 380	湖泊渗漏	1 392	10 月 31 日结束蓄水量	3 966
	未积水区地下水补给	350	人工用水	2 473	未积水区降水入渗	519
	未积水区产流汇入	1 558	湖泊下泄	50 842	未积水区潜水蒸发	826
	上游河道汇入	49 635			模拟期汇流区总降水	138 354
	合计	56 140	合计	56 140	蓄水量变化	0

湖泊/洼地	补给		排泄		其他	
泥河汇流片泥河湖	水面降水	2 390	水面蒸发	1 474	6月1日起始蓄水量	2 725
	积水区地下水补给	348	湖泊渗漏	245	10月31日结束蓄水量	2 723
	未积水区地下水补给	58	人工用水	2 252	未积水区降水入渗	640
	未积水区产流汇入	1 110	湖泊下泄	17 918	未积水区潜水蒸发	784
	上游河道汇入	17 981			模拟期汇流区总降水	46 257
	合计	21 887	合计	21 889	蓄水量变化	2
永幸河汇流片城北湖	水面降水	506	水面蒸发	235	6月1日起始蓄水量	278
	积水区地下水补给	125	湖泊渗漏	98	10月31日结束蓄水量	278
	未积水区地下水补给	66	人工用水	488	未积水区降水入渗	40
	未积水区产流汇入	53	湖泊下泄	10 938	未积水区潜水蒸发	90
	上游河道汇入	11 009			模拟期汇流区总降水	32 037
	合计	11 759	合计	11 759	蓄水量变化	0

4.3.2 典型洪水汛期"关门淹"除涝作用模拟评估

(1) 1991 年典型洪水"关门淹"除涝作用模拟评估

图 4-17 ~ 图 4-19 给出了 1991 年典型洪水期间各湖泊水位（内水）变化过程线、湖泊入淮口处淮河水位（外水）变化过程线及自 2003 年 6 月 1 日起的累计洪量（来水）过程线。其中"关门淹"状态开始时刻为汛期淮河水位高于湖泊内水位的时刻，"关门淹"状态解除时刻为汛期淮河水位低于湖泊内水位的时刻。

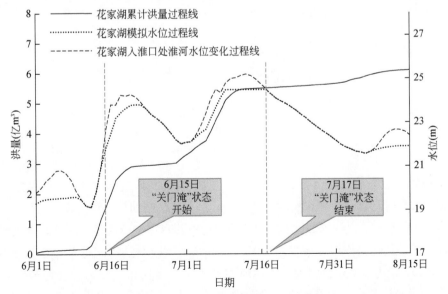

图 4-17 1991 年汛期花家湖"关门淹"时期及累计来水量（2010 年沉陷情景）

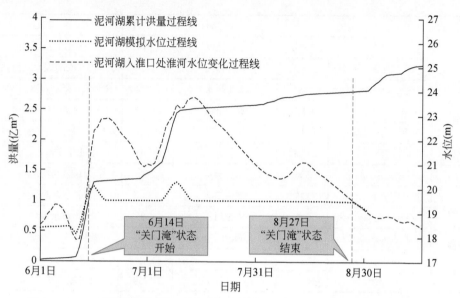

图 4-18　1991 年汛期泥河湖"关门淹"时期及累计来水量（2010 年沉陷情景）

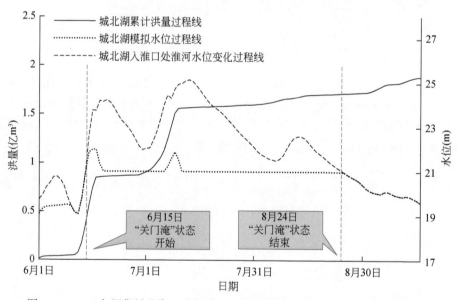

图 4-19　1991 年汛期城北湖"关门淹"时期及累计来水量（2010 年沉陷情景）

　　从数据统计上来看（表 4-6），2010 年沉陷情景下，研究区在 1991 年典型洪水形成"关门淹"状态期间总累计来水量为 8.02 亿 m³，通过泵站抽排总量为 3.10 亿 m³，闸门下泄总量为 1.53 亿 m³，其余水量主要依靠湖泊/洼地的库容进行拦蓄，统计拦蓄的涝水总量为 2.84 亿 m³。从除涝作用上来看，2010 年沉陷情景下研究区的蓄滞库容及其分布尚不能完整应对 1991 年典型洪水，因为除了泥河湖外，花家湖片和城北湖"关门淹"期间其水位均达到最大允许蓄水位，导致出现漫溢排水。统计的漫溢排水总量约为 0.52 亿 m³。需要注意的是，花家湖片在"关门淹"期间，其闸口对应的淮河水位有大概10天的短历时的下降，形成了西淝河闸抢排的机会，因此"关门淹"期间有一定水量通过闸门下泄。

表4-6 1991年典型洪水的除涝量模拟评估（2010年沉陷情景）

湖泊/洼地	花家湖	泥河湖	城北湖	合计	备注
"关门淹"起始时间	6月15日	6月14日	6月15日		"关门淹"期间拦蓄的涝水量为最高水位对应的蓄水量与"关门淹"起始水位对应的蓄水量之差
"关门淹"结束时间	7月17日	8月27日	8月24日		
"关门淹"持续时间（天）	33	75	71		
期间累计来水量（亿m³）	4.33	2.32	1.37	8.02	
期间闸门下泄量（亿m³）	1.53	0.00	0.00	1.53	
期间泵站抽排量（亿m³）	0.00	1.89	1.21	3.10	
期间漫溢量（亿m³）	0.42	0.00	0.10	0.52	
"关门淹"起始水位（m）	21.00	19.03	20.94		
期间最高水位（m）	24.50	20.27	22.00		
期间拦蓄的涝水量（亿m³）	2.14	0.57	0.13	2.84	

（2）2003年典型洪水"关门淹"除涝作用模拟评估

图4-20～图4-22给出了2003年典型洪水期间各湖泊水位（内水）变化过程线、湖泊入淮口处淮河水位（外水）变化过程线及自2003年6月1日起的累计洪量（来水）过程线。

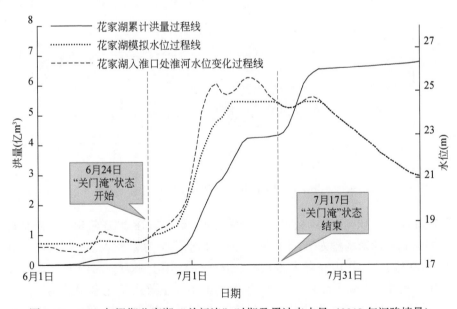

图4-20 2003年汛期花家湖"关门淹"时期及累计来水量（2010年沉陷情景）

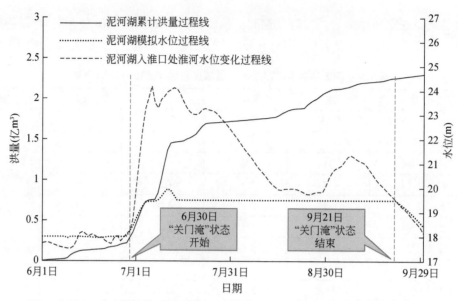

图 4-21　2003 年汛期泥河湖 "关门淹" 时期及累计来水量（2010 年沉陷情景）

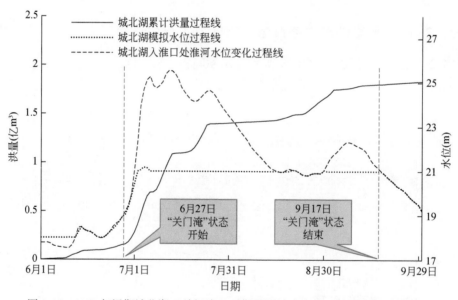

图 4-22　2003 年汛期城北湖 "关门淹" 时期及累计来水量（2010 年沉陷情景）

　　从数据统计上来看（表 4-7），2010 年情景下，研究区在 2003 年典型洪水形成 "关门淹" 状态期间总累计来水量为 7.65 亿 m³，总泵站抽排量为 2.53 亿 m³，湖泊/洼地拦蓄的涝水量为 3.89 亿 m³。同 1991 年典型洪水，从除涝作用上来看，2010 年沉陷情景下研究区的蓄滞库容及其分布尚不能应对 2003 年典型洪水，主要在于花家湖片由于拦蓄空间不足出现水量漫溢。2003 年典型洪水 "关门淹" 期间漫溢量为 0.85 亿 m³，大于 1991 年典型洪水 "关门淹" 期间漫溢量为 0.52 亿 m³ 时的情景，说明本章前面在进行 "关门淹" 洪涝危害大小初步评估时的判断是正确的。虽然 1991 年 "关门淹" 期间花家湖片的来水量大于 2003 年的，同时"关门淹"起始水位也高于 2003 年，但由于 1991 年"关门淹"中途有抢排机会，通过闸门及时下泄了 1.53 亿 m³ 的涝水，所以最终漫溢量较小。

表 4-7　2003 年典型洪水的除涝量模拟评估（2010 年沉陷情景）

湖泊/洼地	花家湖	泥河湖	城北湖	合计	备注
关门淹起始时间	6 月 24 日	6 月 30 日	6 月 27 日		"关门淹"期间拦蓄的涝水量为最高水位对应的蓄水量与"关门淹"起始水位对应的蓄水量之差
关门淹结束时间	7 月 17 日	9 月 21 日	8 月 17 日		
关门淹持续时间（天）	24	84	52		
期间累计来水量（亿 m³）	4.02	1.97	1.66	7.65	
期间闸门下泄量（亿 m³）	0.00	0.00	0.00	0.00	
期间泵站抽排量（亿 m³）	0.00	1.31	1.22	2.53	
期间漫溢量（亿 m³）	0.85	0.00	0.00	0.85	
关门淹起始水位（m）	18.31	18.23	18.72		
期间最高水位（m）	24.50	19.95	21.18		
期间拦蓄的涝水量（亿 m³）	3.00	0.67	0.22	3.89	

需要指出的是，模拟分析结果表明 2010 年沉陷情景下花家湖尚难抵御 2003 年典型洪水，以至于会发生内涝水漫溢，这一事实可通过文献资料进行佐证。

（3）2007 年典型洪水"关门淹"除涝量模拟评估

图 4-23 ～图 4-25 给出了 2007 年典型洪水期间各湖泊/洼地水位（内水）变化过程线、湖泊入淮口处淮河水位（外水）变化过程线及自 2007 年 6 月 1 日起的累计洪量（来水）过程线。

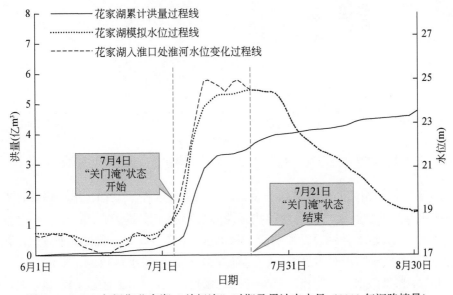

图 4-23　2007 年汛期花家湖"关门淹"时期及累计来水量（2010 年沉陷情景）

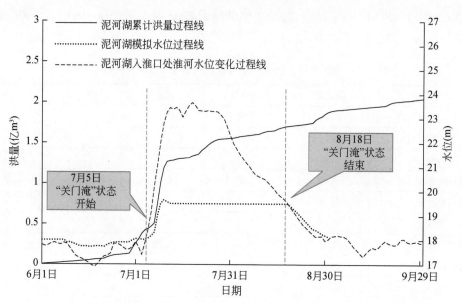

图 4-24　2007 年汛期泥河湖"关门淹"时期及累计来水量（2010 年沉陷情景）

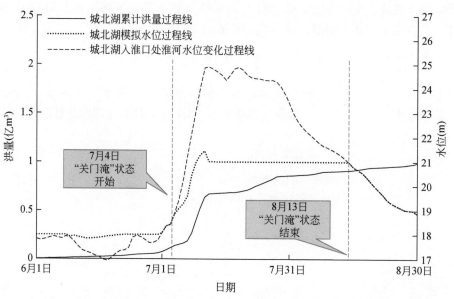

图 4-25　2007 年汛期城北湖"关门淹"时期及累计来水量（2010 年沉陷情景）

　　"关门淹"期间相关分析结果列于表 4-8。从统计上来看，2010 年沉陷情景下，研究区在 2007 年典型洪水形成"关门淹"状态期间总累积来水量为 5.18 亿 m^3，总泵站抽排量为 1.20 亿 m^3，湖泊/洼地总拦蓄的涝水量为 3.79 亿 m^3。相对 2003 年典型洪水，2007 年典型洪水"关门淹"历时明显缩短，这与 2007 年内涝来水量较少、淮河高水位期较短有关。2007 年典型洪水"关门淹"期间花家湖仅略漫溢出 0.02 亿 m^3 的水量。从除涝效果上来看，2010 年情景下研究区的蓄滞库容及其分布基本上能应对 2007 年典型洪水。

表 4-8　2007 年典型洪水的除涝量模拟评估（2010 年沉陷情景）

湖泊/洼地	花家湖	泥河湖	城北湖	合计	备注
关门淹起始时间	7 月 4 日	7 月 5 日	7 月 4 日		"关门淹"期间拦蓄的涝水量为最高水位对应的蓄水量与"关门淹"起始水位对应的蓄水量之差
关门淹结束时间	7 月 21 日	8 月 18 日	8 月 13 日		
关门淹持续时间（天）	18	45	41		
期间累计来水量（亿 m³）	3.11	1.28	0.79	5.18	
期间闸门下泄量（亿 m³）	0.00	0.00	0.00	0.00	
期间泵站抽排量（亿 m³）	0.00	0.65	0.55	1.20	
期间漫溢量（亿 m³）	0.02	0.00	0.00	0.02	
关门淹起始水位（m）	18.48	18.01	18.42		
期间最高水位（m）	24.50	19.65	21.44		
期间拦蓄的涝水量（亿 m³）	2.95	0.58	0.26	3.79	

4.3.3　典型洪水蓄洪潜力评估

针对 2010 年沉陷情景，可在其除涝分析的基础上进行典型洪水的蓄洪潜力评估。

从西淝河汇流片 1991 年、2003 年典型洪水上来看，其湖泊/洼地总库容尚不足以完成"关门淹"期间的拦蓄任务，甚至还发生漫溢，因此这两个典型洪水年份无蓄洪潜力；2007 年典型洪水年份虽然基本能蓄纳"关门淹"期间涝水，但花家湖最高水位已达 24.5m 的最大允许蓄水位，同时也超过花家湖汇流片 24.27m 的周边平均地面高程，因此基本也无蓄洪潜力。

永幸河汇流片的三片人工沉陷洼地，包括丁集东、丁集西、顾北顾桥洼地等，目前沉陷规模甚小，合计总库容仅为 0.35 亿 m³，扣除汛期洼地自身积水所占库容后仅剩 0.12 亿 m³，蓄洪利用意义不大；另外城北湖本身处在永幸河汇流片三个洼地的下游，与沉陷洼地之间也无空间联合关系，即使沉陷洼地有蓄洪库容，若无相应工程也利用不到。

泥河汇流片泥河湖以 20.6m 高程作为最高允许水位控制时，对应的蓄滞库容为 13 465 万 m³，扣除三个典型洪水年除涝期间最高水位已用掉的库容，则 1991 年典型洪水蓄洪潜力约为 0.18 亿 m³，2003 年典型洪水年蓄洪潜力约为 0.34 亿 m³，2007 年典型洪水年蓄洪潜力约为 0.49 亿 m³，见表 4-9。以上核算结果说明，2010 年沉陷情景下研究区仅泥河汇流片湖泊/洼地有一定蓄洪潜力，但可利用库容有限，工程利用价值不大。

表 4-9　2010 年沉陷情景下的泥河汇流片蓄洪潜力计算表

年份	除涝时最高水位（m）	对应库容（万 m³）	可蓄洪库容（万 m³）
1991	20.27	11 673	1 793
2003	19.95	10 041	3 424
2007	19.65	8 592	4 874

4.4 2030 年沉陷情景下典型洪水蓄洪除涝效果评估

2030 年沉陷情景下，预测研究区采煤沉陷范围增大到 331km²，沉陷库容增大到 10.04 亿 m³，其应对典型洪水的蓄洪除涝效果如何值得研究。为兼顾与 2010 年沉陷水平年的可比性和研究区未来水利工程的规划，2030 年沉陷情景模拟时基于的条件为：①所用的水文气象数据与 2010 年沉陷情景保持一致；②洼地分布、汇流区变化、蓄滞库容等空间数据采用 2030 年沉陷预测值；③研究区不同水平年社会经济用水的变化具有较大的不确定性，暂时不予以考虑，即研究区的用水和退水数据保持与 2010 年沉陷情景一致；④已经规划的排水闸和泵站工程作为比较确定性的因素，在 2030 年沉陷情景模拟过程中予以考虑。

4.4.1 典型洪水汛期来水过程模拟评估

2030 年沉陷情景下，沉陷范围扩大，一是影响了研究区的汇流格局，西淝河汇流片港河上游将并入永幸河汇流片，永幸河汇流片也有小部分面积并入泥河汇流片，将引起分区产汇流量的变化；二是由于沉陷洼地积水面积、洼地接受的降水、地下水汇入等来水状况也会有所不同，因此需要对典型洪水汛期来水过程进行重新评估。

（1）1991 年典型洪水汛期来水过程模拟评估

图 4-26 ~ 图 4-28 为 2030 年沉陷情景下 1991 年汛期（6 月 1 日 ~ 10 月 31 日共五个月）研究区不同汇流片下游入淮湖泊的来水过程模拟结果。

从模拟结果看，2030 年沉陷情景下，1991 年典型洪水汛期各汇流片下游入淮湖泊的来水过程线变化趋势基本与 2010 年沉陷情景相似，但有一定变化，其中较为明显的是永幸河汇流片，主要原因为 2030 年沉陷情景下其汇流面积约增加了五分之一（93km²），因此来水量比 2010 年沉陷情景大。泥河汇流片由于沉陷的原因，水面面积较大，因此来水量也有所增加。

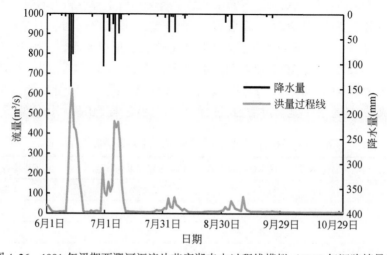

图 4-26 1991 年汛期西淝河汇流片花家湖来水过程线模拟（2030 年沉陷情景）

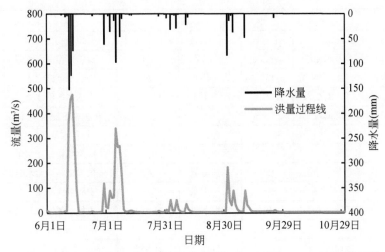

图 4-27　1991 年汛期泥河汇流片泥河湖来水过程线模拟（2030 年沉陷情景）

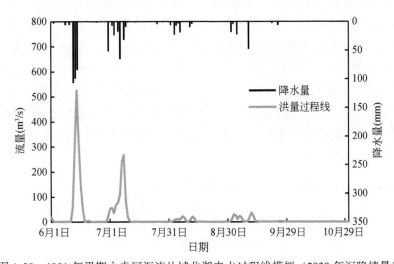

图 4-28　1991 年汛期永幸河汇流片城北湖来水过程线模拟（2030 年沉陷情景）

表 4-10　1991 年汛期（6～10 月）**入淮湖泊水量平衡分析表**（2030 年沉陷情景）

（单位：万 m³）

湖泊/洼地	补给		排泄		其他	
西淝河汇流片花家湖	水面降水	6 541	水面蒸发	3 638	模拟期初始蓄水量	11 164
	积水区地下水补给	1 845	湖泊渗漏	1 554	模拟期结束蓄水量	9 133
	未积水区地下水补给	270	人工用水	2 568	未积水区降水入渗	856
	未积水区产流汇入	3 553	湖泊下泄	58 407	未积水区潜水蒸发	1 537
	上游河道汇入	51 929			模拟期汇流区总降水	132 234
	合计	64 138	合计	66 167	蓄水量变化	−2 029

续表

湖泊/洼地	补给		排泄		其他	
泥河汇流片泥河湖	水面降水	7 811	水面蒸发	4 189	模拟期初始蓄水量	11 587
	积水区地下水补给	733	湖泊渗漏	641	模拟期结束蓄水量	10 539
	未积水区地下水补给	133	人工用水	1981	未积水区降水入渗	1 359
	未积水区产流汇入	5 723	湖泊下泄	32 243	未积水区潜水蒸发	1 994
	上游河道汇入	23 606			模拟期汇流区总降水	57 863
	合计	38 006	合计	39 054	蓄水量变化	-1 048
永幸河汇流片城北湖	水面降水	631	水面蒸发	320	模拟期初始蓄水量	1 065
	积水区地下水补给	152	湖泊渗漏	107	模拟期结束蓄水量	278
	未积水区地下水补给	54	人工用水	333	未积水区降水入渗	16
	未积水区产流汇入	42	湖泊下泄	25 172	未积水区潜水蒸发	52
	上游河道汇入	24 266			模拟期汇流区总降水	47 802
	合计	25 145	合计	25 932	蓄水量变化	-787

表 4-10 为 2030 年沉陷情景下 1991 年典型洪水汛期各入淮湖泊的水量平衡统计结果。西淝河汇流片总降水 13.22 亿 m³，比 2010 年沉陷情景少 0.87 亿 m³，花家湖来水量 6.41 亿 m³，比 2010 年沉陷情景少 0.64 亿 m³；泥河汇流片总降水 5.79 亿 m³，比 2010 年沉陷情景略增 0.05 亿 m³，泥河湖来水量 3.80 亿 m³，也有所微增；永幸河汇流片总降水 4.78 亿 m³，比 2010 年沉陷情景增加 0.80 亿 m³，城北湖来水量 2.51 亿 m³，比 2010 年沉陷情景增加 0.55 亿 m³。综合而言，1991 年典型洪水年，2030 年沉陷情景下研究区汛期总来水与 2010 年沉陷情景基本接近，但分片来水量随汇流格局改变稍有变化，对永幸河汇流片而言变化较为明显。

（2）2003 年典型洪水汛期来水过程模拟评估

图 4-29～图 4-31 为 2030 年沉陷情景下 2003 年汛期（6 月 1 日～10 月 31 日共五个月）研究区不同汇流片下游入淮湖泊的来水过程模拟结果。

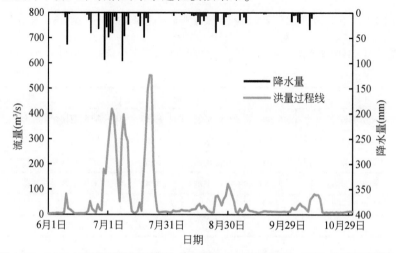

图 4-29　2003 年汛期西淝河汇流片花家湖来水过程线模拟（2030 年沉陷情景）

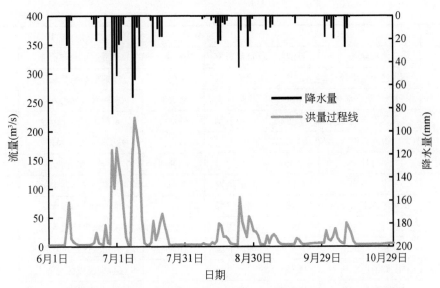

图 4-30　2003 年汛期泥河汇流片泥河湖来水过程线模拟（2030 年沉陷情景）

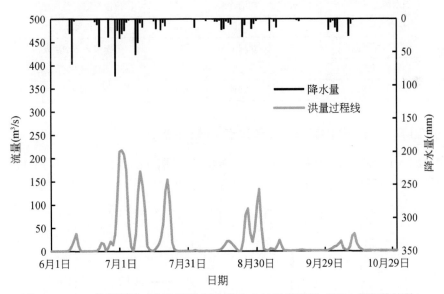

图 4-31　2003 年汛期永幸河汇流片城北湖来水过程线模拟（2030 年沉陷情景）

　　表 4-11 为 2030 年沉陷情景下 2003 年典型洪水汛期各入淮湖泊的水量平衡统计结果。该情景下西淝河汇流片总降水 18.90 亿 m^3，花家湖片来水 7.72 亿 m^3；泥河汇流片总降水 5.61 亿 m^3，泥河湖来水 2.79 亿 m^3；永幸河汇流片总降水 5.85 亿 m^3，城北湖来水 2.88 亿 m^3。各分片区受汇流格局影响，相对 2010 年沉陷情景有一定变化，规律与 1991 年典型洪水类似，此处不再赘述。

表4-11 2003年汛期（6~10月）入淮湖泊水量平衡分析表（2030年沉陷情景）

（单位：万 m³）

湖泊/洼地	补给		排泄		其他	
西淝河汇流片花家湖	水面降水	6 873	水面蒸发	2 994	模拟期初始蓄水量	9 134
	积水区地下水补给	2 058	湖泊渗漏	1 978	模拟期结束蓄水量	10 324
	未积水区地下水补给	407	人工用水	2 765	未积水区降水入渗	1 656
	未积水区产流汇入	3 397	湖泊下泄	68 230	未积水区潜水蒸发	1 403
	上游河道汇入	64 422			模拟期汇流区总降水	188 954
	合计	77 157	合计	75 967	蓄水量变化	1 190
泥河汇流片泥河湖	水面降水	6 751	水面蒸发	3 531	模拟期初始蓄水量	10 432
	积水区地下水补给	616	湖泊渗漏	557	模拟期结束蓄水量	10 540
	未积水区地下水补给	186	人工用水	2 209	未积水区降水入渗	2 097
	未积水区产流汇入	3 629	湖泊下泄	21 458	未积水区潜水蒸发	1 946
	上游河道汇入	16 681			模拟期汇流区总降水	56 090
	合计	27 863	合计	27 755	蓄水量变化	108
永幸河汇流片城北湖	水面降水	650	水面蒸发	273	模拟期初始蓄水量	278
	积水区地下水补给	160	湖泊渗漏	157	模拟期结束蓄水量	388
	未积水区地下水补给	56	人工用水	280	未积水区降水入渗	31
	未积水区产流汇入	37	湖泊下泄	27 933	未积水区潜水蒸发	46
	上游河道汇入	27 850			模拟期汇流区总降水	58 513
	合计	28 753	合计	28 643	蓄水量变化	110

（3）2007年典型洪水汛期来水过程模拟评估

图4-32~图4-34为2030年沉陷情景下2007年汛期（6月1日~10月31日共五个月）研究区不同汇流片下游入淮湖泊的来水过程模拟结果。

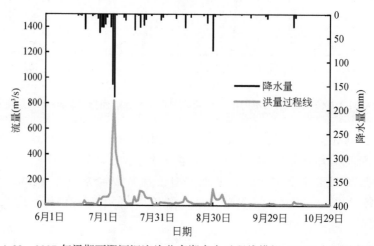

图4-32 2007年汛期西淝河汇流片花家湖来水过程线模拟（2030年沉陷情景）

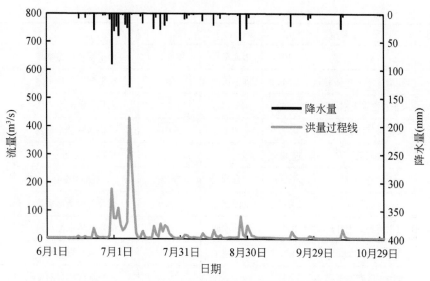

图 4-33　2007 年汛期泥河汇流片泥河湖来水过程线模拟（2030 年沉陷情景）

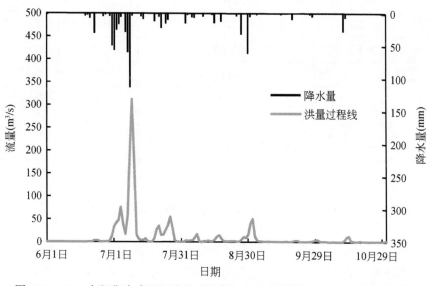

图 4-34　2007 年汛期永幸河汇流片城北湖来水过程线模拟（2030 年沉陷情景）

　　表 4-12 为 2030 年沉陷情景下 2007 年典型洪水汛期各入淮湖泊的水量平衡统计结果。西淝河汇流片总降水 13.04 亿 m³，花家湖来水量 5.03 亿 m³；泥河汇流片总降水 4.66 亿 m³，泥河湖来水量 2.34 亿 m³；永幸河汇流片总降水 3.94 亿 m³，城北湖来水量 1.47 亿 m³。与 2010 年沉陷情景相比，变化规律与 1991 年、2003 年典型洪水分析结果类同。

表 4-12　2007 年汛期（6～10 月）入淮湖泊水量平衡分析表（2030 年沉陷情景）

（单位：万 m³）

湖泊/洼地	补给		排泄		其他	
西淝河汇流片花家湖	水面降水	5 108	水面蒸发	2 512	模拟期初始蓄水量	9 134
	积水区地下水补给	1 634	湖泊渗漏	1 381	模拟期结束蓄水量	9 134
	未积水区地下水补给	285	人工用水	3 382	未积水区降水入渗	1 208
	未积水区产流汇入	3 877	湖泊下泄	43 014	未积水区潜水蒸发	1 449
	上游河道汇入	39 385			模拟期汇流区总降水	130 351
	合计	50 289	合计	50 289	蓄水量变化	0
泥河汇流片泥河湖	水面降水	5 281	水面蒸发	3 360	模拟期初始蓄水量	10 520
	积水区地下水补给	595	湖泊渗漏	509	模拟期结束蓄水量	10 540
	未积水区地下水补给	88	人工用水	2 417	未积水区降水入渗	1 719
	未积水区产流汇入	3 471	湖泊下泄	17 129	未积水区潜水蒸发	1 886
	上游河道汇入	14 000			模拟期汇流区总降水	46 624
	合计	23 435	合计	23 415	蓄水量变化	20
城北湖	水面降水	520	水面蒸发	236	模拟期初始蓄水量	278
	积水区地下水补给	127	湖泊渗漏	105	模拟期结束蓄水量	279
	未积水区地下水补给	70	人工用水	205	未积水区降水入渗	37
	未积水区产流汇入	46	湖泊下泄	14 152	未积水区潜水蒸发	88
	上游河道汇入	13 936			模拟期汇流区总降水	39 407
	合计	14 699	合计	14 698	蓄水量变化	1

4.4.2　典型洪水汛期"关门淹"除涝作用模拟评估

在 2010 年沉陷情景分析中，结果表明研究区湖泊/洼地蓄滞能力难以应对 1991 年、2003 年典型洪水情形，对于 2007 年典型洪水则勉强能满足除涝需求，但已经到达极限。2030 年沉陷情景下，研究各汇流片蓄滞库容均有所增加情况下的除涝量变化规律。

（1）1991 年典型洪水"关门淹"除涝作用模拟评估

图 4-35～图 4-37 给出了 2030 年沉陷情景下，1991 年典型洪水期间模拟的各湖泊水位（内水）变化过程线、湖泊入淮口处淮河水位（外水）变化过程线以及自 1991 年 6 月 1 日起的累计洪量（来水）过程线，并根据内水位和外水位的相对关系确定了"关门淹"持续时段。

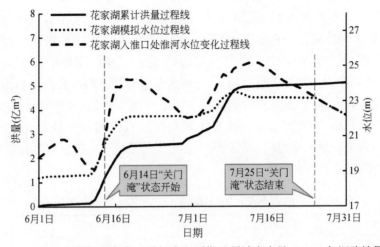

图 4-35　1991 年汛期花家湖"关门淹"时期及累计来水量（2030 年沉陷情景）

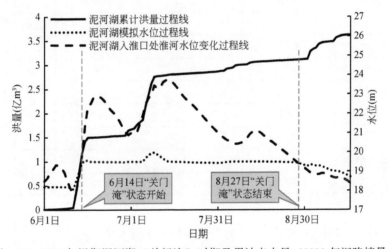

图 4-36　1991 年汛期泥河湖"关门淹"时期及累计来水量（2030 年沉陷情景）

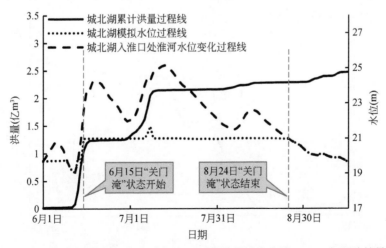

图 4-37　1991 年汛期城北湖"关门淹"时期及累计来水量（2030 年沉陷情景）

从数据统计上看（表4-13），2030年沉陷情景下，研究区在1991年典型洪水形成"关门淹"状态期间总累计来水量为8.18亿m³，比2010年沉陷情景多0.16亿m³；通过泵站抽排3.67亿m³，比2010年沉陷情景多0.57亿m³；闸门下泄0.38亿m³，比2010年沉陷情景少1.15亿m³；主要依靠湖泊/洼地的库容进行拦蓄的水量为4.25亿m³，比2010年沉陷情景多1.41亿m³。从除涝效果上看，2030年沉陷情景下研究区的蓄滞库容及其分布已能完整应对1991年典型洪水，所有入淮湖泊的水位均低于最高允许水位。说明在2030年，通过泵站、泄水闸建设、沉陷区库容增大等效应，研究区将具备应对历史第三大"关门淹"事件的能力。

表4-13   1991年典型洪水的除涝量模拟评估（2030年沉陷情景）

湖泊/洼地	花家湖	泥河湖	城北湖	合计	备注
关门淹起始时间	6月14日	6月14日	6月15日		
关门淹结束时间	7月25日	8月27日	8月24日		
关门淹持续时间（天）	42	75	71		
期间累计来水量（亿m³）	4.33	2.35	1.50	8.18	"关门淹"期间拦蓄的涝水量为最高水位对应的蓄水量与"关门淹"起始水位对应的蓄水量之差
期间闸门下泄量（亿m³）	0.38	0.00	0.00	0.38	
期间泵站抽排量（亿m³）	0.85	1.51	1.31	3.67	
期间漫溢量（亿m³）	0.00	0.00	0.00	0.00	
关门淹起始水位（m）	19.84	18.97	19.62		
期间最高水位（m）	23.51	19.97	21.69		
期间拦蓄涝水量（亿m³）	3.13	0.90	0.22	4.25	

（2）2003年典型洪水"关门淹"除涝作用模拟评估

图4-38～图4-40给出了2030年沉陷情景下，2003年典型洪水期间模拟的各湖泊水位

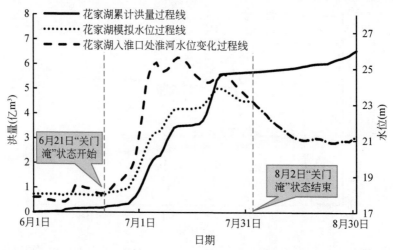

图4-38   2003年汛期花家湖"关门淹"时期及累计来水量（2030年沉陷情景）

（内水）变化过程线、湖泊入淮口处淮河水位（外水）变化过程线以及自2003年6月1日起的累计洪量（来水）过程线，并根据内水位和外水位的相对关系确定了"关门淹"持续时段。

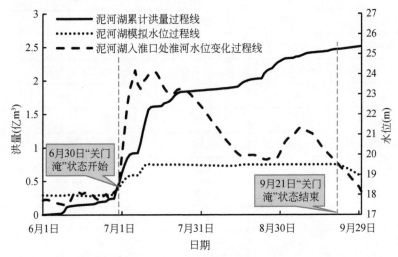

图4-39 2003年汛期泥河湖"关门淹"时期及累计来水量（2030年沉陷情景）

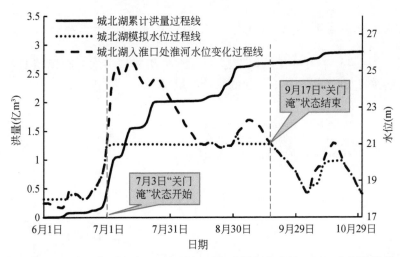

图4-40 2003年汛期城北湖"关门淹"时期及累积来水量（2030年沉陷情景）

从数据统计上看（表4-14），2030年沉陷情景下，研究区在2003年典型洪水形成"关门淹"状态期间总累计来水量为9.57亿 m³，比2010年沉陷情景多1.92亿 m³，主要是西淝河片由于水位下降，"关门淹"时间增加导致汇入量增加所致。通过泵站抽排3.75亿 m³，比2010年沉陷情景多1.22亿 m³；闸门下泄0.51亿 m³，比2010年沉陷情景多0.51亿 m³；主要依靠湖泊/洼地的库容进行拦蓄的水量为5.48亿 m³，比2010年沉陷情景多1.59亿 m³。从除涝效果上看，和1991年一样，2030年沉陷情景下研究区的蓄滞库容及其分布已能完整应对2003年典型洪水，所有入淮湖泊的水位均低于最高允许水位。

说明在 2030 年，通过泵站、泄水闸建设、沉陷区库容增大等效应，研究区甚至已经具备应对历史第二大"关门淹"事件的能力。

表 4-14　2003 年典型洪水的除涝量模拟评估（2030 年沉陷情景）

湖泊/洼地	花家湖	泥河湖	城北湖	合计	备注
关门淹起始时间	6 月 21 日	6 月 30 日	7 月 3 日		
关门淹结束时间	8 月 2 日	9 月 21 日	9 月 17 日		
关门淹持续时间（天）	43	84	77		"关门淹"期间拦蓄的涝水量为最高水位对应的蓄水量与"关门淹"起始水位对应的蓄水量之差
期间累计来水量（亿 m^3）	5.48	2.08	2.01	9.57	
期间闸门下泄量（亿 m^3）	0.00	0.00	0.51	0.51	
期间泵站抽排量（亿 m^3）	1.53	0.76	1.46	3.75	
期间漫溢量（亿 m^3）	0.00	0.00	0.00	0.00	
关门淹起始水位（m）	18.05	18.23	20.93		
期间最高水位（m）	23.91	19.54	21.58		
期间拦蓄涝水量（亿 m^3）	4.41	0.99	0.08	5.48	

（3）2007 年典型洪水"关门淹"除涝作用模拟评估

图 4-41 ～图 4-43 为 2030 年沉陷情景下，2007 年典型洪水期间模拟的各湖泊"关门淹"发生时期及自 2007 年 6 月 1 日起的累计洪量（来水）过程线。

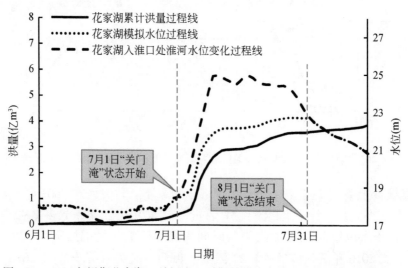

图 4-41　2007 年汛期花家湖"关门淹"时期及累计来水量（2030 年沉陷情景）

从数据统计上看（表 4-15），2030 年沉陷情景下，研究区在 2007 年典型洪水形成

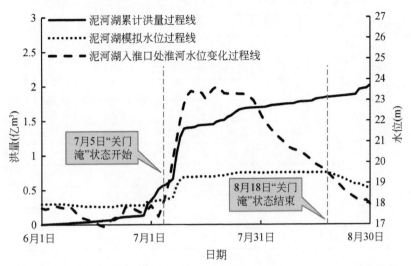

图 4-42 2007 年汛期泥河湖 "关门淹" 时期及累计来水量（2030 年沉陷情景）

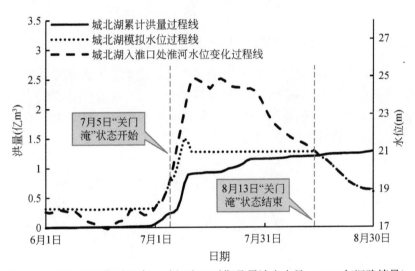

图 4-43 2007 年汛期城北湖 "关门淹" 时期及累计来水量（2030 年沉陷情景）

"关门淹" 状态期间总累计来水量为 6.64 亿 m³，比 2010 年沉陷情景多 1.46 亿 m³，增加的原因一是花家湖关门淹时间加大导致的累计来水量加大，二是永幸河由于汇流面积增加导致来水增加；通过泵站抽排 1.53 亿 m³，比 2010 年沉陷情景多 0.33 亿 m³；闸门下泄 0.51 亿 m³，比 2010 年沉陷情景多 0.51 亿 m³；主要依靠湖泊/洼地的库容进行拦蓄的水量为 4.16 亿 m³，比 2010 年沉陷情景多 0.37 亿 m³。从除涝效果上看，在 2030 年沉陷情景下，由于沉陷库容增大等因素，研究区应对 2007 年典型洪水的能力将大大增强。模拟表明花家湖甚至不需要通过泵站抽排，就已经能够应对 2007 年除涝需求。

表 4-15　2007 年典型洪水的除涝量模拟评估（2030 年沉陷情景）

湖泊/洼地	花家湖	泥河湖	城北湖	合计	备注
关门淹起始时间	7月1日	7月5日	7月5日		
关门淹结束时间	8月1日	8月18日	8月13日		
关门淹持续时间（天）	32	45	40		"关门淹"期间拦蓄的涝水量为最高水位对应的蓄水量与"关门淹"起始水位对应的蓄水量之差
期间累计来水量（m³）	3.34	1.29	2.01	6.64	
期间闸门下泄量（亿 m³）	0.00	0.00	0.51	0.51	
期间泵站抽排量（亿 m³）	0.00	0.07	1.46	1.53	
期间漫溢量（亿 m³）	0.00	0.00	0.00	0.00	
关门淹起始水位（m）	18.00	18.16	20.93		
期间最高水位（m）	22.72	19.50	21.58		
期间拦蓄涝水量（亿 m³）	3.09	0.99	0.08	4.16	

4.4.3　典型洪水"关门淹"水位消落效果评估

（1）1991 年典型洪水"关门淹"水位消落效果分析

2010 年、2030 年沉陷情景下，1991 年典型洪水过程中花家湖水位变化见图 4-44。从对比结果看，"关门淹"期间两个情景下花家湖最高水位出现的时间基本一致，但 2010 年沉陷情景下湖泊已经超蓄，达到了 24.5m 的最高允许蓄水位。2030 沉陷情景下的最高水位要比 2010 年沉陷情景低 0.99m，为 23.51m，比花家湖 23.2m 的警戒水位高 0.3m。

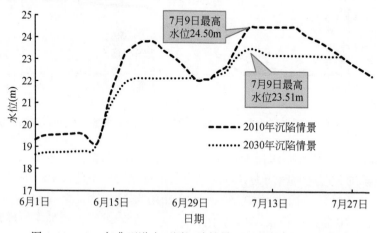

图 4-44　1991 年典型洪水不同沉陷情景下花家湖水位过程模拟

2010 年、2030 年沉陷情景下，1991 年典型洪水过程中泥河湖水位变化见图 4-45。从对比结果看，"关门淹"期间两个情景下泥河湖最高水位出现的时间基本一致，但 2030 年沉陷情景下的最高水位要比 2010 年沉陷情景低约 0.30m，分别为 20.27m 和 19.97m。

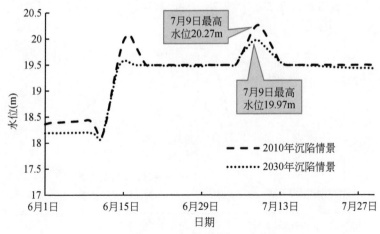

图 4-45 1991 年典型洪水不同沉陷情景下泥河湖水位过程模拟

2010 年、2030 年沉陷情景下，1991 年典型洪水过程中城北湖水位变化见图 4-46。从对比结果看，"关门淹"期间两个情景下泥河湖最高水位出现的时间并不一致。2010 年沉陷情景下最高水位出现在 1991 年 6 月 17 日，为 22.00m，已经达到城北湖的最高允许蓄水位；2030 年沉陷情景下最高水位出现在 7 月 8 日，为 21.69m，比 2010 年沉陷情景低 0.31m。分析最高水位出现时间不一致的原因，一是 2030 年沉陷情景下城北湖增加了新的泵站，二是城北湖上游洼地的面积和库容也有较大的变化，以上两个因素将引起城北湖汇流过程的变化，最终影响了 2030 年沉陷情景下城北湖最高水位出现的时机。

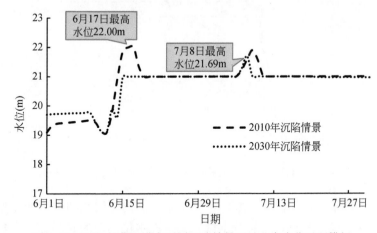

图 4-46 1991 年典型洪水不同沉陷情景下城北湖水位过程模拟

（2）2003 年典型洪水"关门淹"水位消落效果分析

2010 年、2030 年沉陷情景下，2003 年典型洪水过程中花家湖水位变化见图 4-47。从对比结果看，"关门淹"期间两个情景下花家湖最高水位出现的时间基本一致，但 2010 年沉陷情景下湖泊已经超蓄，达到了 24.50m 的最高允许蓄水位。2030 年沉陷情景下的最高水位要比 2010 年沉陷情景低 0.59m，为 23.91m。

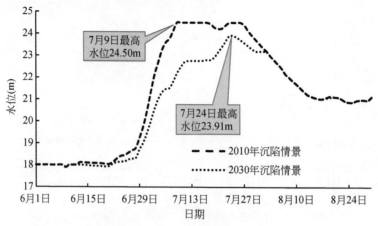

图 4-47　2003 年典型洪水不同沉陷情景下花家湖水位过程模拟

2010 年、2030 年沉陷情景下，2003 年典型洪水过程中泥河湖水位变化见图 4-48。从对比结果看，“关门淹”期间两个情景下泥河湖最高水位出现的时间基本一致，但 2030 年沉陷情景下的最高水位为 19.54m，比 2010 年沉陷情景下 19.95m 的最高水位低 0.41m。

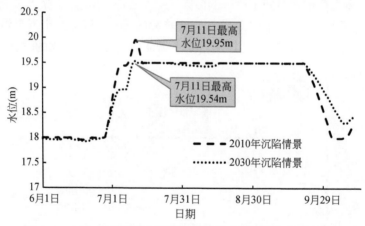

图 4-48　2003 年典型洪水不同沉陷情景下泥河湖水位过程模拟

2010 年、2030 年沉陷情景下，2003 年典型洪水过程中城北湖水位变化见图 4-49。从对比结果看，“关门淹”期间两个情景下城北湖最高水位出现的时间并不一致。2010 年沉陷情景下最高水位出现在 2003 年 7 月 4 日，为 21.17m；2030 年沉陷下最高水位出现在 9 月 1 日，为 21.57m，比 2010 年沉陷情景高 0.40m。

（3）2007 年典型洪水“关门淹”水位消落效果分析

2010 年、2030 年沉陷情景下，2007 年典型洪水过程中花家湖水位变化见图 4-50。从对比结果看，2010 年沉陷情景下湖泊已经到了超蓄状态，基本达到了 24.50m 的最高允许蓄水位。2030 年沉陷情景下的最高水位仅为 22.72m，尚未达到花家湖 23.2m 的警戒水

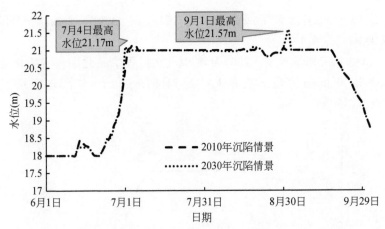

图 4-49　2003 年典型洪水不同沉陷情景下城北湖水位过程模拟

位。2030 年沉陷情景最高水位比 2010 年沉陷情景低 1.78m。

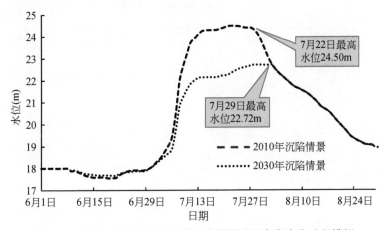

图 4-50　2007 年典型洪水不同沉陷情景下花家湖水位过程模拟

2010 年、2030 年沉陷情景下，2007 年典型洪水过程中泥河湖水位变化见图 4-51。从

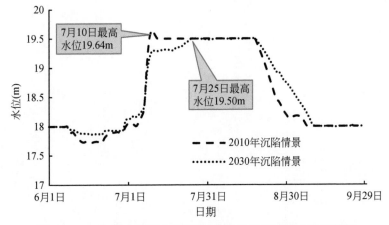

图 4-51　2007 年典型洪水不同沉陷情景下泥河湖水位过程模拟

对比结果看，2010 年沉陷情景下最高水位为 19.64m，2030 年沉陷情景下最高水位为 19.50m，后者比前者低 0.14m。

2010 年、2030 年沉陷情景下，2007 年典型洪水过程中城北湖水位变化见图 4-52。从对比结果看，2030 年沉陷情景下最高水位为 21.57m，2010 年沉陷情景下最高水位为 21.44m，前者比后者高 0.13m。

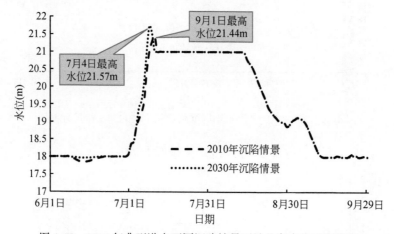

图 4-52　2007 年典型洪水不同沉陷情景下城北湖水位过程模拟

5 采煤沉陷区水资源开发利用潜力研究

本章研究工作包括两部分：一是评估 2010 年沉陷情景下，2001～2010 年沉陷区域洼地的水资源形成转化量，为后期 2030 水平年水资源利用研究提供一定数据参照；二是对 2030 水平年沉陷区域洼地的水资源量及可供水量进行模拟评估，定量分析沉陷区形成一定规模后的水资源利用效用。

5.1 沉陷洼地水资源形成转化模拟评估

5.1.1 洼地水循环补给/排泄组成

表 5-1 为 2010 年沉陷情景下，通过 2003～2010 年水文气象数据及用水数据模拟所得的研究区各湖泊/洼地的年均补给、排泄、蓄变状况，2001～2002 年为预热期模拟，数据不统计在其内。模拟中，西淝河汇流片的张集湖泊/洼地、姬沟湖和花家湖为天然联通关系，故合并成西淝河片湖泊/洼地进行模拟。泥河汇流片的潘一、潘三湖泊/洼地和泥河湖也是如此，合并为泥河片湖泊/洼地。

2003～2010 年，研究区年平均降水量为 1022mm，相当于 30% 降水年份下的降水量，比研究区多年平均降水量（888mm）偏丰约 134mm。在此模拟条件下，研究区所有湖泊/洼地包括降水、地下水补给（含积水区和未积水区）、未积水区产流汇入、上游河道汇入在内的总来水量为 17.4 亿 m^3/a，其中上游河道汇入量为 15.3 亿 m^3/a，湖泊/洼地水面降水约为 1.23 亿 m^3/a，未积水区降水产流量约为 0.5 亿 m^3/a，地下水补给量为 0.4 亿 m^3/a，可见在研究区现状水系格局下，湖泊/洼地来水量组成中，来源于湖泊/洼地自身沉陷范围内的水量所占来水量的比例较小，主要是与湖泊/洼地相关联的河道汇流量为湖泊/洼地提供了可更新资源。

5.1.2 洼地水资源量评价

通过研究区内湖泊/洼地水量平衡模拟分析数据，可对近期沉陷水平和近期实际年份下的洼地水资源量进行评价。洼地水资源量评价分汇流片进行，西淝河汇流片含谢桥西洼地、谢桥中洼地、谢桥东洼地与西淝河片洼地；永幸河汇流片含顾北顾桥洼地、丁集西洼地、丁集东洼地；泥河汇流片含泥河片洼地和潘北洼地。在分汇流片进行水资源量评价时，需要指出的是由于 2010 年沉陷情景下洼地比较分散，某些汇流片的湖泊/洼地具有上下游关系，如西淝河汇流片的谢桥西洼地、谢桥中洼地、谢桥东洼地、西淝河片洼地为级

— 145 —

表 5-1　2010 年沉陷情景下的湖泊/洼地水量平衡

（单位：万 m³/a）

湖泊/洼地名称	补给（2003～2010 年平均值）						排泄（2003～2010 年平均值）						蓄水量		
	降水	积水区地下水渗出补给	未积水区地下水渗出补给	未积水区降水产流汇入	上游河道汇入	合计	水面蒸发	渗漏	农业引水	其他引水	下泄	合计	2003 年初蓄水量	2010 年末蓄水量	年均蓄水量变化
西淝河片	2 547	1 351	754	1 227	55 050	60 929	2 135	583	2 871	1 932	53 408	60 929	4 959	4 959	0
谢桥西洼地	356	64	10	44	1 438	1 912	364	16	0	0	1 533	1 913	1 055	1 055	0
谢桥中洼地	387	22	30	47	18 501	18 987	370	134	0	0	18 482	18 986	1 019	1 019	0
谢桥东洼地	302	129	60	60	19 384	19 935	288	13	0	0	19 634	19 935	562	562	0
顾北顾桥洼地	811	23	14	84	0	932	816	65	0	0	0	881	1 277	1 692	51.88
丁集西洼地	154	9	24	78	0	265	145	39	0	0	84	268	71	44	−3.38
丁集东洼地	3	0	6	84	0	93	3	2	0	0	88	93	2	1	−0.13
泥河片	3 115	573	99	930	22 097	26 814	3 041	284	1 522	2 632	19 334	26 813	4 121	4 122	0.13
潘北洼地	286	28	52	143	926	1 435	285	33	0	0	1 118	1 436	411	411	0
焦岗湖	3 925	378	11	2 157	22 089	28 560	3 666	486	7 962	1 945	14 401	28 460	2 398	3 203	100.63
架河水库	463	194	129	52	13 260	14 098	428	44	441	414	12 772	14 099	500	500	0
合计	12 349	2 771	1 189	4 906	152 745	173 960	11 541	1 699	12 796	6 923	140 854	173 813	16 376	17 568	149

联关系,这样在分汇流片评价采煤沉陷洼地水资源量时,洼地的河道汇流资源量将有重复,如从谢桥东洼地下泄的水量,将成为西淝河片的入流量。为此,需要将重复的河道汇流量进行扣除,所用方法为将下级洼地的河道汇流量减去上级洼地的洼地下泄量。经过整理,得到不同汇流片沉陷洼地的水资源量见表 5-2。不同汇流片洼地不同水资源来源比例如图 5-1 所示。

表 5-2 2010 年沉陷情景下的洼地水资源(2003～2010 年平均值)

(单位:万 m³/a)

片区	洼地名称	水量来源						(7)	(8)	水资源总量
		(1)	(2)	(3)	(4)	(5)	(6)			
		降水	积水区地下水补给	未积水区地下水补给	未积水区降水产流	上游河道汇入	合计	洼地下泄	不重复河道汇流量	
西淝河汇流片	谢桥西洼地	356	64	10	44	1 438	1 912	1 533	1 438	62 114
	谢桥中洼地	387	22	30	47	18 501	18 987	18 482	16 968	
	谢桥东洼地	302	129	60	60	19 384	19 935	19 634	902	
	西淝河片洼地	2 547	1 351	754	1 227	55 050	60 929	53 408	35 416	
	合计	3 592	1 566	854	1 378	94 373	101 763		54 724	
永幸河汇流片	顾北顾桥洼地	811	23	14	84	0	932	0	0	1 290
	丁集西洼地	154	9	24	78	0	265	84	0	
	丁集东洼地	3	0	6	84	0	93	88	0	
	合计	968	32	44	246	0	1290		0	
泥河汇流片	潘北洼地	286	28	52	143	926	1 435	1 118	926	27 130
	泥河片洼地	3 115	573	99	930	22 097	26 814	19 334	20 978	
	合计	3 401	601	151	1 073	23 023	28 249		21 904	
总计		7 961	2 199	1 049	2 697	117 396	131 302		76 628	90 534

注:表中各汇流片水资源总量 =(1)+(2)+(3)+(4)+(8)

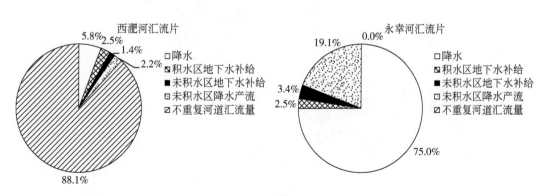

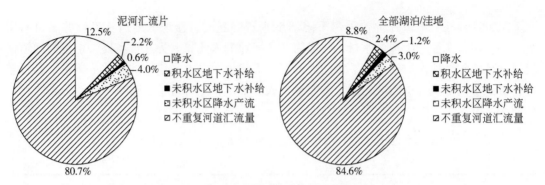

图 5-1　不同汇流区及研究区整体湖泊/洼地水资源来源比例构成

从统计的数据上来看，2010 年沉陷情景及近期实际年份下，研究区沉陷洼地总的水资源量约为 9.05 亿 m^3/a，其中西淝河汇流片最大，为 6.2 亿 m^3/a，其次为泥河汇流片为 2.7 亿 m^3/a，永幸河汇流片洼地目前沉陷规模甚小，且基本上全为孤立洼地，因此水资源量最小，仅为 0.13 亿 m^3/a。若考虑到洼地的水面蒸发是其水资源不可利用的部分，则扣减 0.74 亿 m^3/a 的洼地水面蒸发后研究区沉陷洼地可利用的总水资源量为 8.31 亿 m^3/a。

从水资源构成比例上来看，河道汇流量为其主要的水资源来源，占 84.6%；其次为水面降水，约 8.8%；地下水补给洼地的水量比例较小，含积水区和未积水区补给在内的总和也仅占 3.6%，总量仅约为 0.32 亿 m^3/a；未积水区降水产流量约占 3%。

5.2　2030 水平年洼地可供水量模拟评估

根据预测，研究区 2030 年沉陷洼地的总面积为 331km^2，总最大蓄滞库容（以湖泊周边地面高程为准核算）为 10.04 亿 m^3（图 5-2），若考虑采煤沉陷洼地扩大后与天然湖泊间的沟通，则总的最大蓄滞库容为 13.18 亿 m^3（图 5-3），达到一般大（1）型水库库容标准，因此若未来将沉陷洼地改造成平原水库，可对其工程兴利价值开展研究。

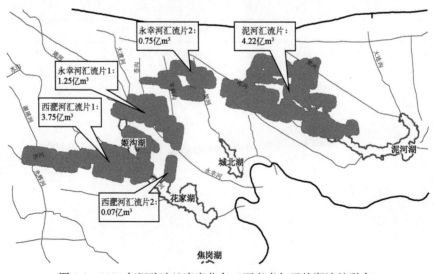

图 5-2　2030 年沉陷洼地库容分布（不考虑与天然湖泊的联合）

水库发挥蓄水工程效益的一项重要指标是可供水量。按照一般定义，水库的可供水量是指在一定的来水和用水条件下，采用合理的调度运用方式，水库可以提供利用的水量。因此，可供水量要在需水量预测和工程规划的基础上，将工程设计供水能力与来水、用水过程相结合，通过水量调节计算而确定。计算方法有长系列和典型年调节计算两种方法，对于具有多年调节功能的蓄水工程，一般以月为调节计算时段。

根据水库可供水量的评价思路，本节首先对 2030 年水平年研究区的需水状况进行预测；其次依据 2030 水平年沉陷区分布特征确定将沉陷区改造成为平原水库后的特征库容和运用调度规则；最后以系列年结合典型特枯年份调节计算的方法，通过建立的河道–沉陷区–地下水综合模拟模型，以日尺度水循环模拟为基础，以月尺度为调节计算统计时段研究平原蓄水工程的可供水量。需要指出的是，由于未来沉陷区扩大后与天然湖泊的自然沟通存在必然性，因此调节计算时以沉陷洼地联合天然湖泊情景为基础，即西淝河汇流片1、西淝河汇流片2、姬沟湖和花家湖联合为西淝河联合片，泥河片和泥河湖联合为泥河联合片，如图5-3所示。

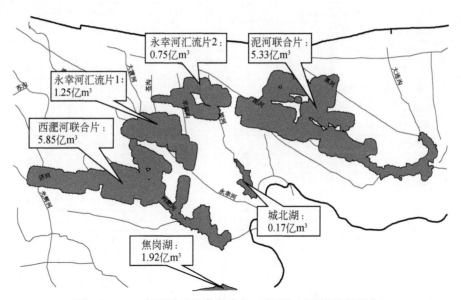

图 5-3　2030 年沉陷洼地库容分布（考虑与天然湖泊的联合）

5.2.1　2030 水平年需水预测

表5-3 为根据淮南市、阜阳市、蚌埠市、亳州市等地市水资源综合规划成果分析整理的研究区未来 2030 水平年的需水预测成果。研究区现状基准年 2010 年的总供/用水量为 19.53 亿 m³，到 2030 水平年，研究区 50% 年份的总需水为 23.99 亿 m³，比 2010 基准年增加了约 4.46 亿 m³；75% 年份的总需水为 25.47 亿 m³，95% 年份的总需水为 27.31 亿 m³。2030 水平年，不同降水频率年份的生活、工业需水和生态环境需水认为基本相等，农业灌溉需水等与降水丰枯相关（图 5-4）。研究区 2030 水平年需水趋势为，农村生活需水随着

农村人口向城镇的迁移将有一定程度的下降，而城镇生活需水则将大幅度提高；随着工业化程度的提高和 GDP 的增长，一般工业需水将从现状的 3.37 亿 m^3 增长到 2030 年 95% 年份的 12.29 亿 m^3，年均增长率为 6.7%；随着发电技术改进，火（核）电总体呈下降趋势，用水量由 2010 基准年的 6.13 亿 m^3，下降到 2030 年 95% 年份的 2.25 亿 m^3；随着农业现代化进程的加快、农业节水的开展、沉陷区扩大，预计未来一般年份农业生产需水将有一定幅度的降低。

表 5-3 2030 水平年研究区需水预测 （单位：亿 m^3）

需水水平	区县	生活			生产					生态环境	需水总量
		农村	城镇	小计	农业灌溉	林牧渔畜	火（核）电	一般工业	小计		
2010基准年	利辛县	0.06	0.01	0.07	0.09	0.03	0.00	0.03	0.15	0.00	0.22
	怀远县	0.04	0.02	0.07	1.05	0.02	0.00	0.12	1.19	0.01	1.26
	阜阳市辖区	0.12	0.14	0.26	0.07	0.03	0.20	0.40	0.70	0.02	0.98
	凤台县	0.14	0.14	0.28	3.71	0.09	0.19	1.29	5.28	0.04	5.59
	淮南市辖区	0.07	0.10	0.17	2.04	0.05	5.74	1.27	9.10	0.02	9.29
	颍上县	0.18	0.04	0.21	1.66	0.05	0.00	0.26	1.97	0.01	2.19
	合计	0.61	0.45	1.06	8.62	0.27	6.13	3.37	18.39	0.10	19.53
2030水平年50%年份	利辛县	0.05	0.09	0.14	0.08	0.01	0.00	0.19	0.28	0.01	0.43
	怀远县	0.04	0.09	0.13	0.81	0.14	0.00	0.44	1.39	0.02	1.54
	阜阳市辖区	0.05	0.39	0.44	0.09	0.01	0.07	1.47	1.64	0.14	2.22
	凤台县	0.08	0.47	0.55	2.83	0.38	0.07	5.95	9.23	0.06	9.84
	淮南市辖区	0.07	0.33	0.40	1.45	0.15	2.11	3.22	6.93	0.06	7.40
	颍上县	0.11	0.16	0.27	1.12	0.11	0.00	1.02	2.25	0.03	2.56
	合计	0.40	1.53	1.93	6.38	0.80	2.25	12.29	21.72	0.32	23.99
2030水平年75%年份	利辛县	0.05	0.09	0.14	0.13	0.01	0.00	0.19	0.33	0.01	0.47
	怀远县	0.04	0.09	0.14	0.94	0.17	0.00	0.44	1.55	0.02	1.70
	阜阳市辖区	0.05	0.39	0.44	0.24	0.02	0.07	1.47	1.80	0.14	2.37
	凤台县	0.08	0.47	0.55	3.37	0.47	0.07	5.95	9.86	0.06	10.46
	淮南市辖区	0.07	0.33	0.40	1.67	0.19	2.11	3.22	7.19	0.06	7.65
	颍上县	0.11	0.16	0.27	1.36	0.13	0.00	1.02	2.51	0.03	2.82
	合计	0.40	1.53	1.93	7.71	0.99	2.25	12.29	23.24	0.32	25.47
2030水平年95%年份	利辛县	0.05	0.09	0.14	0.23	0.01	0.00	0.19	0.43	0.01	0.58
	怀远县	0.04	0.09	0.13	1.01	0.19	0.00	0.44	1.64	0.02	1.79
	阜阳市辖区	0.05	0.39	0.44	0.70	0.02	0.07	1.47	2.26	0.14	2.84
	凤台县	0.08	0.47	0.55	3.97	0.54	0.07	5.95	10.53	0.06	11.14
	淮南市辖区	0.07	0.33	0.40	1.79	0.22	2.11	3.22	7.34	0.06	7.80
	颍上县	0.11	0.16	0.27	1.67	0.16	0.00	1.02	2.85	0.03	3.16
	合计	0.40	1.53	1.93	9.37	1.14	2.25	12.29	25.05	0.32	27.31

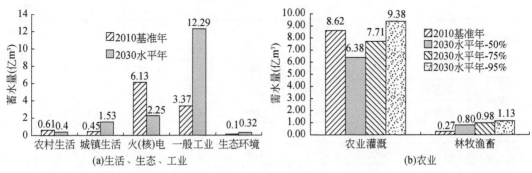

图5-4　2030水平年生活、生态、一般工业需水和不同频率年份农业需水

5.2.2　2030水平年退水量预测

2030年，研究区用水水平发生改变，不仅用水量有变化，相应的生活用水、生产用水的耗水率也将有相应变化，从而影响研究区退水量。生活/生产退水一般退回本地河道，因此退水也是河道水量的一部分，在用水和耗水率变化的情况下，区域退水量需重新评估。

本书有关不同用水部门耗水率变化预测参考长江流域有关文献的成果[64]：2030水平年，一般工业耗水率为2010水平年的1.176倍；火（核）电耗水率为2010水平年的0.972倍；城镇生活及城镇公共用水的耗水率为2010水平年的0.928倍；农村居民生活的耗水率为2010水平年的0.972倍。

根据以上耗水率变化，结合研究区需水可对2030水平年的退水量进行预测评估，见表5-4。2030年研究区预测退水量为11.67亿 m³，其中淮南市市辖区为1.88亿 m³的火电用水将直退到淮河，其余9.79亿 m³的退水将通过污水处理系统处理后退入研究区河道，参与河道循环。

表5-4　2030水平年研究区分区退水量预测　　　　（单位：万 m³）

用水部门	分项	凤台县	阜阳市市辖区	怀远县	淮南市市辖区	利辛县	颍上县	合计退水
一般工业	用水量	59 476	14 691	4 371	32 174	1 854	10 225	86 202
	退水率	0.70	0.70	0.74	0.70	0.74	0.70	
	退水量	41 633	10 284	3 234	22 522	1 372	7 157	
火电	用水量	698	735	0	21 086	0	0	18 938
	退水率	0.12	0.12	—	0.89	—	—	
	退水量	84	88	—	18 766*	—	—	
城镇公共	用水量	1 392	837	259	1 585	375	272	2 718
	退水率	0.59	0.47	0.63	0.59	0.69	0.54	
	退水量	821	393	163	935	259	147	

用水部门	分项	凤台县	阜阳市市辖区	怀远县	淮南市市辖区	利辛县	颍上县	合计退水
城镇居民生活	用水量	3 293	3 015	678	1 714	515	1 364	8 517
	退水率	0.80	0.81	0.81	0.80	0.81	0.81	
	退水量	2 634	2 442	549	1 371	417	1 104	
农村居民生活	用水量	843	458	427	735	526	1 120	329
	退水率	0.08	0.08	0.08	0.08	0.08	0.08	
	退水量	67	37	34	59	42	90	
生态环境	用水量	600	1 400	200	600	100	300	0
	退水率	0.00	0.00	0.00	0.00	0.00	0.00	
	退水量	0	0	0	0	0	0	
合计退水		45 239	13 244	3 980	43 653	2 090	8 498	116 704

* 直接退到淮河，其余退水需经污水处理后退入河道

最终由工业生活退水经过处理后进入河道的水量，与污水处理率和污水处理工艺的产水率有关。据《淮南市水资源综合规划（2015—2030）》，到 2030 年，淮南市工业废水达标排放率达到 100%，城镇生活污水集中处理率达到 90% 以上，可见在 2030 年，研究区城镇废污水接近全部处理。2030 年水资源利用模拟时，偏安全起见，认为工业废水和城镇生活污水的处理率为 100%。关于污水处理工艺，一般分三级处理流程，城市污水一级（初级）处理，产水率为 90%～95%；二级和三级（深度）处理后，产水率多为 50%～70%，少数先进工艺能达到 90%，见《膜技术在中水回用中的应用研究》[66]。偏安全考虑，认为 2030 年模拟时，研究区一级（初级）处理的产水率取 90%，二级和三级（深度）污水处理的产水率取 50%。这样经过以上分析，未来淮南市产生 1 m³ 城镇废污水退水，最终能回到河道中参与循环的水量大约为 0.45 m³。经过以上分析，可得 2030 年研究区进入河道内循环的处理后水量见表 5-5。研究区合计处理后退水量预计为 4.42 亿 m³。

表 5-5   2030 水平年研究区分区污水处理后退水量预测   （单位：万 m³）

用水部门	分项	凤台县	阜阳市市辖区	怀远县	淮南市市辖区	利辛县	颍上县	合计处理后退水量
一般工业	退水量	41 633	10 284	3 234	22 522	1 372	7 157	38 791
	处理后退水量	18 735	4 628	1 455	10 135	617	3 221	
城镇公共	退水量	821	393	163	935	259	147	1 223
	处理后退水量	369	177	73	421	117	66	
城镇居民生活	退水量	2 634	2 442	549	1 371	417	1 104	3 833
	处理后退水量	1 185	1 099	247	617	188	497	
农村居民生活	退水量	67	37	34	59	42	90	329
	处理后退水量	67	37	34	59	42	90	
合计处理后退水量		20 356	5 941	1 809	11 232	964	3 874	44 176

根据退水分布将进行污水处理后的水量展布在各个子流域上，再根据子流域所属汇流片进行统计，可得不同汇流片的退水量，见表 5-6。根据统计结果，西淝河联合片、永幸河汇流片 1、永幸河汇流片 2、泥河联合片分布有沉陷洼地的汇流片，接受的污水处理后的城镇退水量为 2.46 亿 m³。

表 5-6　2030 水平年沉陷洼地接收的处理后退水量

编号	分区	处理后退水量（万 m³）
1	西淝河联合片	15 466
2	永幸河汇流片 1	1 757
3	永幸河汇流片 2	3
4	泥河联合片	7 422
5	其他	19 528
6	总计	44 176

5.3　蓄水工程供水规则限定

2030 水平年，研究区含西淝河联合片、永幸河汇流片 1、永幸河汇流片 2、泥河联合片、城北湖、焦岗湖六个分散的洼地/湖泊，统称为平原区的蓄水工程。为区别起见，以下称西淝河联合片、永幸河汇流片 1、永幸河汇流片 2 和泥河联合片为沉陷洼地蓄水工程，城北湖、焦岗湖为天然湖泊蓄水工程。

5.3.1　蓄水工程供水对象

根据前期调查与水质分析研究，研究区湖泊、沉陷区洼地的水质基本能达到Ⅲ类水标准。蓄水工程的潜在供水对象为生活用水、生产用水和生态环境用水，以下对蓄水工程可行的供水对象进行分析。

1）生活用水。本区地下水资源比较丰富，按研究区年均 888mm 的降水和 0.23~0.24 的降水入渗补给系数，地下水年均补给资源量为 8.0 亿 m³ 以上。本区地下水水质较好，现状阶段本区生活用水基本全部采自地下水。未来 2030 年生活用水虽有大幅度增长，但绝对量仍不大，含农村生活和城镇生活用水总量约为 1.94m³，即使 2030 年生活用水全部利用地下水，加上原一般工业开采的 1.3 亿 m³ 地下水总量，地下水资源的开发利用程度仍不到地下水补给资源量的 50%。本区属于淮北平原高潜水位区，适当增加地下水利用量，有助于减少无效潜水蒸发，充分利用地下水资源。从保障生活用水水质考虑，2030 年生活用水的供水全部利用地下水，不从蓄水工程供水。

2）生产用水。生产用水包括农业灌溉、林牧渔畜、火（核）电和一般工业用水。火（核）电的供水保证率要求较高，当前研究区火（核）电供水都取自周边淮河或颍河，不从研究区内河道或湖泊取水。未来 2030 年，假定火（核）电用水仍从淮河和沙颍河供水，不从蓄水工程供水。蓄水工程的水质符合一般工业用水和农业用水要求，可从蓄水工程供水。

3）生态环境用水。研究区生态环境用水主要是景观用水和城镇绿地用水等，总量并不大，水质和保证率要求不高，可从蓄水工程供水。

综上所述，2030 水平年蓄水工程的供水对象主要为研究区的一般工业用水、农业用水和生态环境用水。

5.3.2 蓄水工程供水范围

从 2030 年沉陷洼地的范围看，其分布主要涉及颍上县、凤台县、淮南市辖区和怀远县四个区县，不涉及利辛县和阜阳市辖区，此外利辛县和阜阳市辖区位于沉陷洼地上游，也不利于从沉陷洼地取水，因此 2030 年，认为沉陷洼地只针对颍上县、凤台县、淮南市辖区和怀远县四个区县供水。

考虑到 2030 年四片沉陷洼地虽然分散，但彼此之间较近，通过兴建联通工程可实现彼此间水量调剂，因此，研究时假定单个沉陷洼地可将水量供给除阜阳市市辖区和利辛县的其他任何区县。此外，焦岗湖和城北湖为研究区现状地表蓄水工程之一，2030 水平年这两个湖泊继续发挥供水功能，但焦岗湖仅供颍上县和凤台县，城北湖仅供凤台县。不同区县对应的湖泊蓄水工程见表 5-7。

表 5-7 蓄水工程与不同县（区）供水关系

县（区）	西淝河联合片	永幸河汇流片 1	永幸河汇流片 2	泥河联合片	城北湖	焦岗湖
凤台县	X	X	X	X	X	X
阜阳市市辖区						
怀远县	X	X	X	X		
淮南市市辖区	X	X	X	X		
利辛县						
颍上县	X	X	X	X		X

注：表中 X 表示洼地/湖泊向对应的区县供水

由于单个县（区）对应了多个沉陷洼地/湖泊，模型模拟时按沉陷洼地/湖泊均匀供水的原则进行处理，即当某个县（区）需要供水时，模型将检查每个沉陷洼地/湖泊的蓄水量情况，并以当前沉陷洼地/湖泊的可用蓄水量（死库容以上）作为权重进行供水。此外，规定一般工业用水和生态环境用水的供水优先权高于农业灌溉供水，若沉陷洼地/湖泊供水不足，则先满足前者。

5.3.3 蓄水工程供水比例

1）一般工业供水比例关系。以 2010 年为基准年，一般工业用水中，全研究区约有 1.30 亿 m^3 为地下水源，其中浅层地下水为 1.25 亿 m^3，深层地下水为 0.05 亿 m^3。2030 年保留基准年一般工业对地下水的开采，扣除地下水之外的一般工业需水由蓄水工程供水和区外供水共同解决。由于 2030 水平年研究区一般工业需水绝对量较大，合计约为 12.28 亿 m^3，扣除地下水供水（约为 1.30 亿 m^3）后需水为 10.98 亿 m^3，其中受蓄水工程供水的四个区县需水为 9.75 亿 m^3，在未进行调算之前，研究区蓄水工程能否有效满足其需水要求尚未可知，因此在研究蓄水工程可供水量时，按 30%、40%、50%、60% 和 70% 由蓄水工程供水分别设置试算情景，蓄水工程供水后剩余部分由区外供水满足。

2）农业供水比例关系。2030 水平年研究区农业需水与 2010 年水平基本相近，随着农业用水效率的提高和沉陷区的扩大，农业需水量还有一定程度下降。研究区现状农业供水主要为地表水供水，一部分为区外引水（茨淮新河和颍河等），一部分为区内本地地表水（河道、湖泊）供水。2030 水平年蓄水工程可供水量研究时，认为农业用水保持该用水比例不变，蓄水工程供水针对的四个区县的本地地表水需水全部由蓄水工程提供。用水比例不变的隐含意义为保持蓄水工程相对稳定的农业灌溉面积，但农业供水量则随降水丰枯可以每年不同。

3）生态环境供水比例关系。2030 水平年研究区生态环境需水总量较少，全部由蓄水工程供水。

5.3.4　蓄水工程需供水量

根据以上供水对象、供水范围和供水比例的讨论，可对蓄水工程不同降水频率和一般工业不同地表水供水比例下的需供水量进行计算，见表 5-8。根据计算结果，2030 年 50% 降水频率年份情况下，蓄水工程按一般工业地表水供水比例的不同，需供水量为 4.17 亿 ~ 8.08 亿 m³；75% 降水频率年份情况下需供水量为 4.39 亿 ~ 8.30 亿 m³；95% 降水频率年份为 4.64 亿 ~ 8.55 亿 m³。

表 5-8　不同降水频率与一般工业供水比例下蓄水工程需供水量　　　（单位：亿 m³）

降水频率	情景描述	用水部门	怀远县	凤台县	淮南市市辖区	颍上县	需供水量
50%	蓄水工程供一般工业 70% 地表水用水	一般工业	0.27	3.95	2.02	0.59	6.83
		生态环境	0.02	0.06	0.06	0.03	0.17
		农田灌溉、林牧渔畜	0.00	0.29	0.14	0.65	1.08
		合计	0.29	4.30	2.22	1.27	8.08
	蓄水工程供一般工业 60% 地表水用水	一般工业	0.23	3.39	1.73	0.50	5.85
		生态环境	0.02	0.06	0.06	0.03	0.17
		农田灌溉、林牧渔畜	0.00	0.29	0.14	0.65	1.08
		合计	0.25	3.74	1.93	1.18	7.10
	蓄水工程供一般工业 50% 地表水用水	一般工业	0.19	2.82	1.44	0.42	4.87
		生态环境	0.02	0.06	0.06	0.03	0.17
		农田灌溉、林牧渔畜	0.00	0.29	0.14	0.65	1.08
		合计	0.21	3.17	1.64	1.10	6.12
	蓄水工程供一般工业 40% 地表水用水	一般工业	0.16	2.26	1.15	0.34	3.91
		生态环境	0.02	0.06	0.06	0.03	0.17
		农田灌溉、林牧渔畜	0.00	0.29	0.14	0.65	1.08
		合计	0.18	2.61	1.35	1.02	5.16
	蓄水工程供一般工业 30% 地表水用水	一般工业	0.12	1.69	0.86	0.25	2.92
		生态环境	0.02	0.06	0.06	0.03	0.17
		农田灌溉、林牧渔畜	0.00	0.29	0.14	0.65	1.08
		合计	0.14	2.04	1.06	0.93	4.17

续表

降水频率	情景描述	用水部门	怀远县	凤台县	淮南市市辖区	颍上县	需供水量
75%	蓄水工程供一般工业70%地表水用水	一般工业	0.27	3.95	2.02	0.59	6.83
		生态环境	0.02	0.06	0.06	0.03	0.17
		农田灌溉、林牧渔畜	0.00	0.34	0.17	0.79	1.30
		合计	0.29	4.35	2.25	1.41	8.30
	蓄水工程供一般工业60%地表水用水	一般工业	0.23	3.39	1.73	0.50	5.85
		生态环境	0.02	0.06	0.06	0.03	0.17
		农田灌溉、林牧渔畜	0.00	0.34	0.17	0.79	1.30
		合计	0.25	3.79	1.96	1.32	7.32
	蓄水工程供一般工业50%地表水用水	一般工业	0.19	2.82	1.44	0.42	4.87
		生态环境	0.02	0.06	0.06	0.03	0.17
		农田灌溉、林牧渔畜	0.00	0.34	0.17	0.79	1.30
		合计	0.21	3.22	1.67	1.24	6.34
	蓄水工程供一般工业40%地表水用水	一般工业	0.16	2.26	1.15	0.34	3.91
		生态环境	0.02	0.06	0.06	0.03	0.17
		农田灌溉、林牧渔畜	0.00	0.34	0.17	0.79	1.30
		合计	0.18	2.66	1.38	1.16	5.38
	蓄水工程供一般工业30%地表水用水	一般工业	0.12	1.69	0.86	0.25	2.92
		生态环境	0.02	0.06	0.06	0.03	0.17
		农田灌溉、林牧渔畜	0.00	0.34	0.17	0.79	1.30
		合计	0.14	2.09	1.09	1.07	4.39
95%	蓄水工程供一般工业70%地表水用水	一般工业	0.27	3.95	2.02	0.59	6.83
		生态环境	0.02	0.06	0.06	0.03	0.17
		农田灌溉、林牧渔畜	0.00	0.40	0.18	0.97	1.55
		合计	0.29	4.41	2.26	1.59	8.55
	蓄水工程供一般工业60%地表水用水	一般工业	0.23	3.39	1.73	0.50	5.85
		生态环境	0.02	0.06	0.06	0.03	0.17
		农田灌溉、林牧渔畜	0.00	0.40	0.18	0.97	1.55
		合计	0.25	3.85	1.97	1.51	7.57
	蓄水工程供一般工业50%地表水用水	一般工业	0.19	2.82	1.44	0.42	4.87
		生态环境	0.02	0.06	0.06	0.03	0.17
		农田灌溉、林牧渔畜	0.00	0.40	0.18	0.97	1.55
		合计	0.21	3.28	1.68	1.42	6.59

降水频率	情景描述	用水部门	怀远县	凤台县	淮南市市辖区	颍上县	需供水量
95%	蓄水工程供一般工业40%地表水用水	一般工业	0.16	2.26	1.15	0.34	3.91
		生态环境	0.02	0.06	0.06	0.03	0.17
		农田灌溉、林牧渔畜	0.00	0.40	0.18	0.97	1.55
		合计	0.18	2.72	1.39	1.34	5.63
	蓄水工程供一般工业30%地表水用水	一般工业	0.12	1.69	0.86	0.25	2.92
		生态环境	0.02	0.06	0.06	0.03	0.17
		农田灌溉、林牧渔畜	0.00	0.40	0.18	0.97	1.55
		合计	0.14	2.15	1.10	1.25	4.64

5.4 蓄水工程特征参数设置

2030 年若将采煤沉陷洼地改造成可供兴利的平原水库，则需按照水库运行调度确定平原水库的特征水位及相应的特征库容。平原水库的特征水位包括最高允许蓄水位、正常蓄水位和死水位。由于 2030 年，采煤沉陷洼地仍按照不同汇流区呈分散状态，因此其特征水位仍分单个洼地进行考虑。确定了水库的特征水位后，根据水位-库容曲线及水位-面积曲线可确定与特征水位相关的库容及水面面积等其他参数。表 5-9 为将各沉陷洼地改造成平原水库后所具有的特征参数。

表 5-9 2030 年平原蓄水工程特征参数表

湖泊/洼地名称		沉陷洼地					天然湖泊			总计
		西淝河联合片	永幸河汇流片1	永幸河汇流片2	泥河联合片	合计	城北湖	焦岗湖	合计	
湖底	高程（m）	8.77	13.85	14.82	9.74		16.50	16.18		
死水位	水位（m）	13.28	15.85	16.82	12.51		17.50	17.18		
	对应库容（万 m³）	1 083	328	62	374	1 847	126	1 340	1 466	3 312
	对应面积（hm²）	577	240	42	341	1 200	238	2 574	2 812	4 012
正常蓄水位	水位（m）	18.00	22.53	21.38	18.00		18	18		
	对应库容（万 m³）	9 134	6 731	3 106	10 539	29 510	278	4 204	4 482	33 992
	对应面积（hm²）	3 408	2 715	1 785	5 509	13 417	349	4 052	4 401	17 819
最高允许蓄水位	水位（m）	24.50	23.73	22.58	20.60		22	21.5		
	对应库容（万 m³）	61 583	11 084	6 347	32 583	111 597	3 791	32 076	35 867	147 464
	对应面积（hm²）	13 965	4 435	3 854	11 192	33 446	1 250	10 944	12 194	45 640

以上平原蓄水工程特征参数的设置依据如下。

1) 死水位。确定死水位所需考虑的因素很多，包括供泥沙淤积、航运和渔业、发电和自流灌溉等。采煤沉陷洼地形成的平原水库无发电和自流灌溉的可能性，因此确定死水位时，只考虑泥沙淤积、航运和发电需求因素。本研究区仅西淝河为六级航道，按六级航道要求水深需为 2m；湖泊/洼地均考虑渔业养殖，一般最低水深要求为 0.5 ~ 1.5m；泥沙淤积所需库容按以下公式计算：

$$V_{淤} = \frac{1}{10}\alpha \cdot \overline{Y} \cdot F \tag{5-1}$$

式中，$\overline{Y}$ 为多年平均径流深（mm）；F 为水库承雨面积（km²）；$\frac{1}{10}$ 为换算系数；α 为计算系数，根据各地土壤侵蚀及水土流失程度而定，一般为 0.01 ~ 0.03。针对本次研究的几个洼地，其泥沙淤积库容计算所取参数见表 5-10。

表 5-10　沉陷洼地泥沙淤积所需库容计算表

汇流片区	承雨面积（km²）	径流深（mm）	α	淤积库容（万 m³）
西淝河联合片	1690	213.6	0.03	1083
泥河联合片	583	213.6	0.03	374
永幸河汇流片 1	276	213.6	0.03	177
永幸河汇流片 2	80	213.6	0.03	51

综合泥沙淤积、航运和发电需求，确定沉陷洼地死水位时，先计算泥沙淤积库容，再根据泥沙淤积库容反推死水位，若死水位对应的水深小于 2.0m，则以水深 2.0m 为标准重新核算死库容。焦岗湖和城北湖的死水位按水深 1.0m 计。

2) 正常蓄水位。在平原地区，若水库正常蓄水位设太高，水库侧渗抬高周边地下水位，则对周边农作物有盐渍害风险；若正常蓄水位设太低，则周边地下水受水库水位影响，埋深增加，有可能引起周边农作物缺水干旱风险。根据文献调查，在本研究区周边地面高程 1.5m 内基本不会引起盐渍害问题；研究区多年平均降水量可达 888mm，一般年份作物仅靠雨养即可正常生长，除非特殊干旱年份，洼地周边地下水埋深增加引起作物缺水干旱风险的可能性不大。因此在设置兴利水位时主要考虑盐渍害因素，所有洼地的兴利水位都以其周边地面高程以下 1.5m 作为控制标准，西淝河联合片、泥河联合片、焦岗湖和城北湖则参照现有正常蓄水位标准，均为 18m。

3) 最高允许蓄水位。对于最高允许蓄水位，有堤防标准的几个湖泊/洼地联合体，按其标准而定；内部尚无标准的洼地，最高允许蓄水位以洼地周边地面高程以下 0.3m 作为控制标准，主要是为了考虑汛期蓄水时的风浪爬高。

5.5　系列年份选择

本次针对平原蓄水工程可供水量的研究分平水系列和枯水系列分别开展（图 5-5）。

通过对研究区年降水频率的分析，研究区20世纪80年代（1981～1990年）为相对平水时段（图5-6），平均降水量约为860mm，与研究区多年平均降水量接近，本次采用该阶段的降水气象数据研究平水年份（50%）的蓄水工程可供水量。研究区年降水量低于500mm的特枯年份有四个，分别为1966年、1976年、1978年和2001年，年降水量分别为414mm、488mm、495mm和452mm，对应降水频率分别为100%、97%、95%和98%。其中1966年和2001年虽然是历史上两个最枯年份，但为单独特枯水年，而1976和1978年之间仅隔1年正常年份（1977年降水量为839mm），具有连枯特色，对于研究枯水年份下的蓄水工程可供水量而言更有意义，因此本研究选择70年代（1971～1980年）的降水气象数据对蓄水工程特枯典型年可供水量展开研究。在利用模型研究不同系列阶段蓄水工程可供水量过程中，淮河水位作为模拟边界条件也需要进行更替。

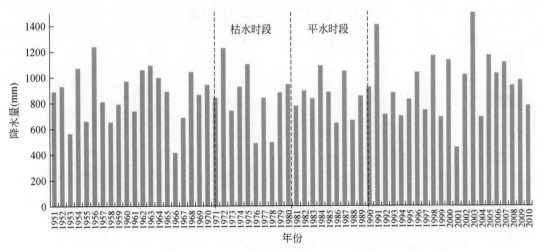

图5-5 研究区1951～2010年降水量及平水时段与枯水时段的选取

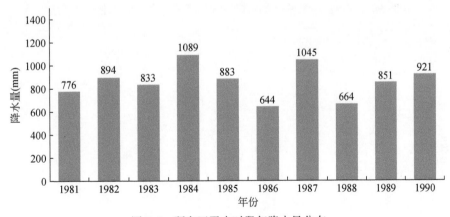

图5-6 研究区平水时段年降水量分布

5.6 平水时段沉陷洼地蓄水工程可供水量研究

5.6.1 供一般工业 50% 地表用水情景

该情景下 50% 降水频率年份下，蓄水工程供 4.88 亿 m³ 的一般工业用水、0.17 亿 m³ 的生态环境用水和 1.08 亿 m³ 的农业用水，年供水总量为 6.13 亿 m³。以图 5-7 ~ 图 5-10 为模型模拟中平水时段 10 年（1981 年 1 月 1 日至 1990 年 12 月 31 日）平原蓄水工程中四个沉陷洼地水库的水位日变化过程，可看出各沉陷洼地各年份的水位均维持在死水位之上，没有出现持续上升和持续下降的趋势，说明该供水强度下平原蓄水工程能够稳定供水。

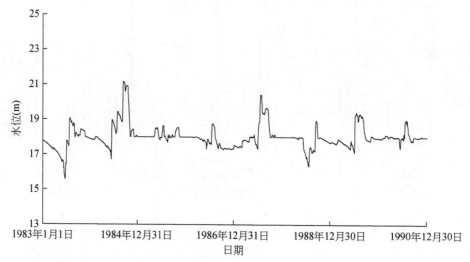

图 5-7 平水时段西淝河联合片洼地水位日变化（供一般工业 50% 用水）

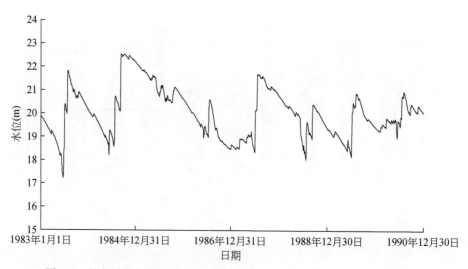

图 5-8 平水时段永幸河汇流片 1 洼地水位日变化（供一般工业 50% 用水）

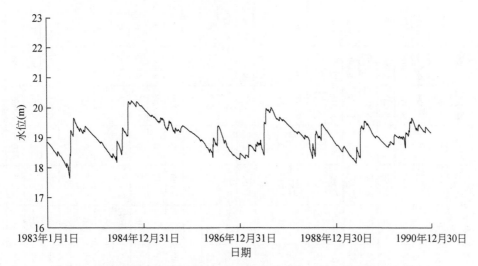

图 5-9　平水时段永幸河汇流片 2 洼地水位日变化（供一般工业 50% 用水）

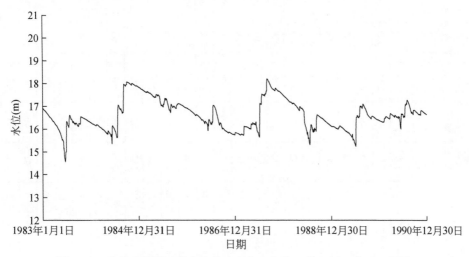

图 5-10　平水时段泥河联合片洼地水位日变化（供一般工业 50% 用水）

通过将 1983 ~ 1990 年的模拟结果按每月进行统计平均，可得表 5-11 所示的平原蓄水工程不同沉陷洼地和天然湖泊的水量平衡计算结果。从表 5-11 中可以看出该供水强度下各洼地/湖泊都没有出现供水不足的情况。该情景下沉陷洼地供水量为 5.44 亿 m³，天然湖泊供水量为 0.69 亿 m³，洼地、湖泊总供水 6.13 亿 m³。

5.6.2　供一般工业 60% 地表用水情景

该情景下 50% 降水频率年份下，蓄水工程供 5.85 亿 m³ 的一般工业用水、0.17 亿 m³ 的生态环境用水和 1.08 亿 m³ 的农业用水，年供水总量为 7.10 亿 m³。图 5-11 ~ 图 5-14 为模型模拟中平水时段 10 年（1981 年 1 月 1 日至 1990 年 12 月 31 日）平原蓄水工程中四个

表 5-11　1983～1990 年蓄水工程月平均水量平衡表–供一般工业地表需水 50%情景　（单位：万 m^3）

类型	名称	月份	来水					损失			供水						月初蓄水量	月末蓄水量	弃水
			河道来水	水面降水	未积水区产流	地下水补给	来水合计	水面蒸发	水库渗漏	损失合计	其他需水	农业需水	其他供水	农业供水	供水合计	缺水			
沉陷洼地	西淝河联合片	1	2 013	84	23	153	2 273	97	19	116	1 891	0	1 891	0	1 891	0	8 595	8 554	308
		2	2 108	128	45	126	2 407	119	19	138	1 763	0	1 763	0	1 763	0	8 554	8 642	415
		3	2 177	191	91	134	2 593	199	24	223	1 964	0	1 964	0	1 964	0	8 642	8 607	442
		4	1 703	113	28	111	1 955	279	18	297	1 926	18	1 926	18	1 944	0	8 607	8 211	111
		5	2 591	255	189	95	3 130	343	28	371	2 013	87	2 013	87	2 100	0	8 211	8 270	601
		6	3 481	309	398	137	4 325	365	66	431	1 987	1 970	1 987	1 970	3 957	0	8 270	8 046	162
		7	7 655	677	768	89	9 189	440	255	695	2 105	801	2 105	801	2 906	0	8 046	12 934	701
		8	2 748	392	282	156	3 578	480	47	527	2 046	1 402	2 046	1 402	3 448	0	12 934	10 849	1 687
		9	4 937	465	425	177	6 004	342	135	477	1 942	701	1 942	701	2 643	0	10 849	10 758	2 976
		10	2 584	237	133	178	3 132	258	38	296	1 926	20	1 926	20	1 947	0	10 758	9 513	2 134
		11	2 356	162	116	180	2 814	155	22	177	1 801	0	1 801	0	1 801	0	9 513	8 997	1 351
		12	1 957	53	8	165	2 183	111	18	129	1 859	0	1 859	0	1 859	0	8 997	8 687	504
		小计	36 310	3 066	2 506	1 701	43 583	3 188	689	3 877	23 223	4 999	23 223	4 999	28 223	0			11 392
	泥河联合片	1	894	48	15	47	1 004	88	32	120	1 222	0	1 222	0	1 222	0	5 687	5 349	0
		2	900	79	37	41	1 057	104	31	135	1 091	0	1 091	0	1 091	0	5 349	5 179	0
		3	964	145	117	39	1 265	162	38	200	1 186	0	1 186	0	1 186	0	5 179	5 059	0
		4	836	73	34	30	973	227	28	255	1 130	10	1 130	10	1 140	0	5 059	4 637	0
		5	997	184	224	22	1 427	263	39	302	1 157	50	1 157	50	1 207	0	4 637	4 556	0
		6	1 163	167	493	46	1 869	262	39	301	1 065	1 084	1 065	1 084	2 149	0	4 556	3 974	0
		7	2 531	443	980	20	3 974	314	146	460	1 064	397	1 064	397	1 461	0	3 974	6 027	0
		8	1 464	310	394	34	2 202	366	68	434	1 091	760	1 091	760	1 851	0	6 027	5 945	0
		9	1 492	267	376	32	2 167	286	85	371	1 104	419	1 104	419	1 523	0	5 945	6 219	0
		10	1 028	174	152	32	1 386	230	46	276	1 187	13	1 187	13	1 200	0	6 219	6 130	0
		11	998	151	107	35	1 291	142	40	182	1 184	0	1 184	0	1 184	0	6 130	5 965	90
		12	902	38	5	43	988	102	33	135	1 224	0	1 224	0	1 224	0	5 965	5 594	0
		小计	14 169	2 079	2 934	421	19 603	2 546	625	3 171	13 705	2 733	13 704	2 733	16 438	0			90

续表

类型	名称	月份	来水					损失			供水						月初蓄水量	月末蓄水量	弃水
			河道来水	水面降水	未积水区产流	地下水补给	来水合计	水面蒸发	水库渗漏	损失合计	其他需水	农业需水	其他供水	农业供水	供水合计	缺水			
沉陷洼地	永幸河汇流片1	1	371	19	6	18	414	31	1	32	593	0	593	0	593	0	2 963	2 753	0
		2	391	25	14	16	446	36	1	37	521	0	521	0	521	0	2 753	2 641	0
		3	433	52	38	16	539	55	3	58	560	0	560	0	560	0	2 641	2 562	0
		4	329	25	8	16	378	77	1	78	530	5	530	5	535	0	2 562	2 328	0
		5	472	63	57	12	604	88	5	93	532	22	532	22	554	0	2 328	2 286	0
		6	621	58	130	25	834	90	10	100	494	500	494	500	994	0	2 286	2 027	0
		7	1 973	174	325	10	2 482	117	79	196	537	194	537	194	731	0	2 027	3 584	0
		8	512	79	62	21	674	143	8	151	603	427	603	427	1 030	0	3 584	3 077	0
		9	1 033	109	132	16	1 290	105	39	144	576	206	576	206	782	0	3 077	3 436	6
		10	548	70	39	12	669	87	7	94	618	6	618	6	624	0	3 436	3 372	15
		11	444	54	25	14	537	55	4	59	614	0	614	0	614	0	3 372	3 236	0
		12	368	20	1	18	407	36	1	37	623	0	623	0	623	0	3 236	2 983	0
		小计	7 495	748	837	194	9 274	922	157	1 079	6 801	1 360	6 801	1 360	8 160	0			21
	永幸河汇流片2	1	35	7	6	12	60	16	0	16	108	0	108	0	108	0	567	502	0
		2	40	10	11	10	71	17	0	17	90	0	90	0	90	0	502	466	0
		3	46	26	36	9	118	25	2	27	96	0	96	0	96	0	466	461	0
		4	31	13	7	8	60	39	1	40	88	1	88	1	89	0	461	392	0
		5	50	33	54	5	142	42	3	45	87	3	87	3	90	0	392	400	0
		6	71	30	121	7	229	44	6	50	88	86	88	86	174	0	400	404	0
		7	258	118	285	5	667	77	27	104	121	40	121	40	161	0	404	806	0
		8	58	65	66	11	199	97	3	100	135	91	135	91	226	0	806	680	0
		9	132	76	118	10	335	67	10	77	129	46	129	46	175	0	680	763	0
		10	54	42	38	11	145	53	1	54	134	1	134	1	135	0	763	718	0
		11	49	31	28	11	119	33	2	35	128	0	128	0	128	0	718	675	0
		12	36	8	1	12	58	21	0	21	124	0	124	0	124	0	675	588	0
		小计	860	459	771	111	2 201	531	55	586	1 328	268	1 328	268	1 596	0			0
	合计		58 834	6 352	7 048	2 427	74 661	7 185	1 528	8 713	45 057	9 360	45 057	9 360	54 417	0			11 503

续表

类型	名称	月份	来水					损失			供水						月初蓄水量	月末蓄水量	弃水
			河道来水	水面降水	未积水区产流	地下水补给	来水合计	水面蒸发	水库渗漏	损失合计	其他需水	农业需水	其他供水	农业供水	供水合计	缺水			
天然湖泊	城北湖	1	95	8	0	13	116	10	1	11	21	0	21	0	21	0	278	278	85
		2	103	13	1	10	127	13	1	14	19	0	19	0	19	0	278	285	85
		3	122	20	2	10	154	21	1	22	22	0	22	0	22	0	285	282	113
		4	81	12	1	6	100	30	2	32	22	0	22	0	22	0	282	278	50
		5	131	27	4	4	166	38	3	41	24	0	24	0	24	0	278	302	78
		6	192	40	10	4	246	42	4	46	28	14	28	14	42	0	302	333	128
		7	643	76	19	5	743	50	20	70	47	8	47	8	55	0	333	711	240
		8	204	46	4	11	265	54	7	61	53	16	53	16	69	0	711	604	241
		9	338	44	7	20	409	36	10	46	39	8	39	8	47	0	604	468	453
		10	165	23	2	19	209	27	3	30	30	0	30	0	30	0	468	355	261
		11	136	16	3	19	174	16	1	17	23	0	23	0	23	0	355	291	199
		12	97	5	0	15	117	12	1	13	20	0	20	0	20	0	291	278	98
		小计	2 307	330	53	136	2 826	349	54	403	348	46	348	46	394	0			2 031
	焦岗湖	1	735	97	11	11	854	126	6	132	448	0	448	0	448	0	4 183	4 197	260
		2	866	162	25	11	1 064	157	5	162	418	0	418	0	418	0	4 197	4 177	504
		3	1 017	220	47	13	1 297	259	6	265	454	0	454	0	454	0	4 177	4 131	622
		4	673	155	24	10	862	365	10	375	449	5	449	5	454	0	4 131	4 050	116
		5	1 241	336	116	11	1 704	457	15	472	471	31	471	31	502	0	4 050	4 001	779
		6	1 746	578	381	20	2 725	495	30	525	483	661	483	661	1 144	0	4 001	3 983	1 075
		7	4 008	823	556	22	5 409	494	38	532	410	219	410	219	629	0	3 983	4 188	4 043
		8	1 481	450	252	16	2 199	505	18	523	354	341	354	341	695	0	4 188	4035	1 134
		9	1 935	426	213	15	2 589	359	22	381	354	169	354	169	522	0	4 035	4 083	1 636
		10	1 108	287	114	10	1 519	295	13	308	388	6	388	6	394	0	4 083	4 115	785
		11	1 097	224	95	10	1 426	192	11	203	396	0	396	0	396	0	4 115	4 187	756
		12	738	68	5	11	822	143	7	150	433	0	433	0	433	0	4 187	4 187	238
		小计	16 645	3 826	1 839	160	22 470	3 847	181	4 028	5 058	1 432	5 058	1 432	6 490	0			1 1948
	合计		18 952	4 156	1 892	296	25 296	4 196	235	4 431	5 406	1 478	5 406	1 478	6 884	0			13 979
总计			77 786	10 508	8 940	2 723	99 957	11 381	1 763	13 144	50 463	10 838	50 463	10 838	61 301	0			25 479

注:表中其他需水为一般工业需水和生态环境需水之和,下同

沉陷洼地水库的水位日变化过程，可看出各沉陷洼地各年份中除了 1983 年供水略有不足，水位短时段内（5 天左右）下探到接近死水位，其他年份均可满足供水。与 50% 供水时的水位对比，最高和最低水位均有一定程度下降。由于仅个别年份出现轻微缺水，因此认为该情景下基本能稳定供水。

同样按照前述整理该情景下的蓄水工程月平均水量平衡数据，见表 5-12，可以看出各洼地/湖泊出现轻微供水不足的情况，略缺 0.01 亿 m³。该情景下沉陷洼地供水量为 6.11 亿 m³，天然湖泊供水量为 0.99 亿 m³。

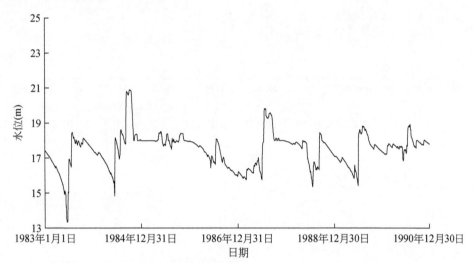

图 5-11　平水时段西淝河联合片洼地水位日变化（供一般工业 60% 用水）

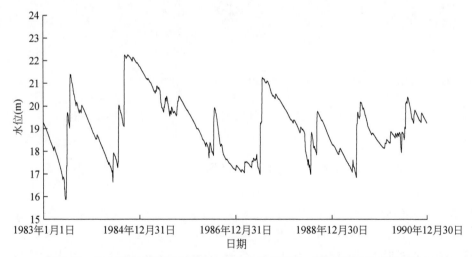

图 5-12　平水时段永幸河汇流片 1 洼地水位日变化（供一般工业 60% 用水）

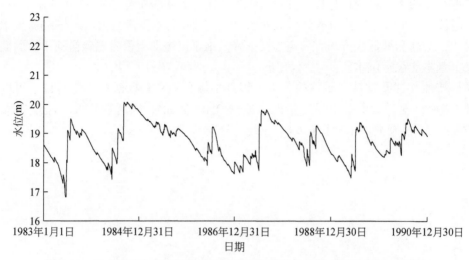

图 5-13 平水时段永幸河汇流片 2 洼地水位日变化（供一般工业 60%用水）

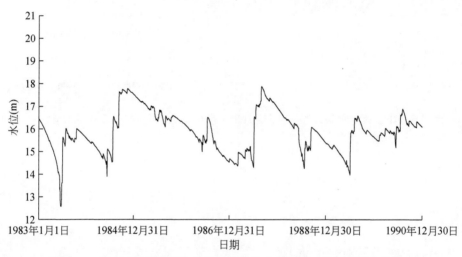

图 5-14 平水时段泥河联合片洼地水位日变化（供一般工业 60%用水）

5.6.3 供一般工业 70% 地表用水情景

该情景下 50%降水频率年份下，蓄水工程供 6.83 亿 m³的一般工业用水、0.17 亿 m³的生态环境用水和 1.08 亿 m³的农业用水，年供水总量为 8.08 亿 m³。图 5-15～图 5-18 为模型模拟中平水时段 10 年（1981 年 1 月 1 日至 1990 年 12 月 31 日）平原蓄水工程中四个沉陷洼地水库的水位日变化过程，可看出各沉陷洼地在不同年份蓄水位均有接近死水位的迹象。尽管缺水持续时间均不长，但多个年份出现缺供现象说明 8.08 亿 m³的总供水已经超过蓄水工程能够在平水时段正常运行的极限。

表 5-12　1983～1990 年蓄水工程月平均水量平衡表–供一般工业 60% 地表用水情景　（单位：万 m^3）

类型	名称	月份	来水					损失			供水						月初蓄水量	月末蓄水量	弃水
			河道来水	水面降水	未积水区产流	地下水补给	来水合计	水面蒸发	水库渗漏	损失合计	其他需水	农业需水	其他供水	农业供水	供水合计	缺水			
沉陷洼地	西淝河联合片	1	2 010	71	25	172	2 278	85	12	97	2 398	0	2 398	0	97	0	7 454	7 078	158
		2	2 105	106	47	141	2 399	103	16	119	2 222	0	2 222	0	2 222	0	7 078	7 039	98
		3	2 173	160	97	148	2 578	167	15	182	2 445	0	2 445	0	2 445	0	7 039	6 857	132
		4	1 699	92	30	128	1 949	228	9	237	2 382	18	2 382	18	2 400	0	6 857	6 165	6
		5	2 586	212	199	106	3 103	272	24	296	2 473	89	2 473	89	2 562	0	6 165	6 256	154
		6	3 466	217	435	151	4 269	283	55	338	2 408	1 966	2 393	1 955	4 348	−26	6 256	5 717	120
		7	7 644	535	831	92	9 102	361	239	600	2 520	807	2 520	807	3 327	0	5 717	10 752	140
		8	2 741	350	296	139	3 526	422	49	471	2 524	1 441	2 524	1 441	3 965	0	10 752	9 154	688
		9	4 931	416	449	139	5 935	316	148	464	2 473	749	2 473	749	3 222	0	9 154	10 317	1 086
		10	2 577	227	136	180	3 120	245	39	284	2 523	23	2 523	23	2 546	0	10 317	8 768	1 839
		11	2 351	152	118	182	2 803	144	20	164	2 330	0	2 330	0	2 330	0	8 768	8 218	858
		12	1 954	46	8	178	2 186	102	13	115	2 408	0	2 408	0	2 408	0	8 218	7 594	288
		小计	36 237	2 584	2 671	1 756	43 248	2 728	639	3 367	2 9106	5 093	29 091	5 082	34 173	−26			5 567
	泥河联合片	1	893	35	16	49	993	64	24	88	1 306	0	1 306	0	1 306	0	4 214	3 813	0
		2	898	54	39	43	1 034	74	22	96	1 160	0	1 160	0	1 160	0	3 813	3 592	0
		3	962	98	124	40	1 224	110	25	135	1 256	0	1 256	0	1 256	0	3 592	3 427	0
		4	835	49	36	31	951	154	17	171	1 201	9	1 201	9	1 210	0	3 427	2 998	0
		5	995	123	239	25	1 382	175	27	202	1 236	47	1 236	47	1 283	0	2 998	2 895	0
		6	1 157	107	514	43	1 821	174	31	205	1 104	915	1 092	904	1 996	−23	2 895	2 515	0
		7	2 526	308	1 033	20	3 887	224	136	360	1 152	348	1 152	348	1 500	0	2 515	4 542	0
		8	1 460	234	421	34	2 149	273	63	336	1 173	681	1 173	681	1 854	0	4 542	4 500	0
		9	1 488	206	396	32	2 122	224	80	304	1 170	372	1 170	372	1 542	0	4 500	4 776	0
		10	1 026	133	161	31	1 351	177	39	216	1 236	11	1 236	11	1 247	0	4 776	4 666	0
		11	997	120	114	33	1 264	107	35	142	1 254	0	1 254	0	1 254	0	4 666	4 533	0
		12	901	30	5	44	980	75	25	100	1 295	0	1 295	0	1 295	0	4 533	4 117	0
		小计	14 138	1 497	3 098	425	19 158	1 831	524	2 355	14 543	2 383	14 531	2 372	16 903	−23			0

续表

类型	名称	月份	来水					损失			供水						月初蓄水量	月末蓄水量	弃水
			河道来水	水面降水	未积水区产流	地下水补给	来水合计	水面蒸发	水库渗漏	损失合计	其他需水	农业需水	其他供水	农业供水	供水合计	缺水			
沉陷洼地	永幸河汇流片1	1	371	15	7	22	415	23	1	24	620	0	620	0	620	0	2 210	1 980	0
		2	391	20	14	19	444	27	1	28	541	0	541	0	541	0	1 980	1 855	0
		3	432	40	40	18	530	41	2	43	579	0	579	0	579	0	1 855	1 764	0
		4	329	18	9	19	375	56	1	57	547	4	547	4	551	0	1 764	1 531	0
		5	472	45	62	15	594	67	4	71	544	20	544	20	564	0	1 531	1 491	0
		6	618	47	133	25	823	69	9	78	511	419	502	408	910	−20	1491	1 326	0
		7	1 972	136	341	12	2 461	92	71	163	593	172	593	172	765	0	1 326	2 858	0
		8	511	64	66	25	666	113	6	119	672	398	672	398	1 070	0	2 858	2 335	0
		9	1 034	87	141	18	1 280	83	37	120	614	182	614	182	796	0	2 335	2 700	0
		10	547	54	43	14	658	68	6	74	644	5	644	5	649	0	2 700	2 635	0
		11	444	43	28	17	532	41	4	45	645	0	645	0	645	0	2 635	2 475	0
		12	367	16	2	21	406	28	1	29	646	0	646	0	646	0	2 475	2 207	0
		小计	7 488	585	886	225	9 184	708	143	851	7 156	1 200	7 147	1 189	8 336	−20			0
	永幸河汇流片2	1	35	5	6	11	57	11	0	11	109	0	109	0	109	0	417	354	0
		2	40	7	11	9	67	12	0	12	89	0	89	0	89	0	354	320	0
		3	46	18	37	9	110	18	1	19	97	0	97	0	97	0	320	315	0
		4	31	9	7	6	53	25	0	25	87	1	87	1	88	0	315	256	0
		5	50	23	57	4	134	27	2	29	87	2	87	2	89	0	256	271	0
		6	70	20	124	6	220	31	6	37	105	86	97	75	172	−19	271	283	0
		7	258	92	296	5	651	63	26	89	145	39	145	39	184	0	283	661	0
		8	57	54	69	11	191	76	3	79	155	87	155	87	242	0	661	531	0
		9	132	61	124	9	326	55	12	67	141	42	141	42	183	0	531	607	0
		10	54	33	40	10	137	41	2	43	140	1	140	1	141	0	607	561	0
		11	49	26	29	10	114	23	2	25	133	0	133	0	133	0	561	515	0
		12	36	6	1	11	54	15	0	15	125	0	125	0	125	0	515	430	0
		小计	858	354	801	101	2 114	397	54	451	1 413	258	1 405	247	1 652	−19			0
	合计		58 721	5 020	7 456	2 507	73 704	5 664	1 360	7 024	52 218	8 934	52 174	8 890	61 064	−88			5 567

续表

类型	名称	月份	来水					损失			供水						月初蓄水量	月末蓄水量	弃水
			河道来水	水面降水	未积水区产流	地下水补给	来水合计	水面蒸发	水库渗漏	损失合计	其他需水	农业需水	其他供水	农业供水	供水合计	缺水			
天然湖泊	城北湖	1	95	8	0	13	116	10	1	11	34	0	34	0	34	0	278	278	72
		2	102	13	1	10	126	13	1	14	33	0	33	0	33	0	278	284	72
		3	122	20	2	10	154	21	1	22	37	0	37	0	37	0	284	281	98
		4	81	12	1	6	100	30	2	32	39	0	39	0	39	0	281	274	36
		5	131	27	4	4	166	38	3	41	44	1	44	1	45	0	274	291	65
		6	190	38	11	5	244	41	4	45	55	32	55	22	77	−10	291	310	103
		7	643	76	19	5	743	49	20	69	71	10	71	10	81	0	310	684	218
		8	202	45	4	10	261	54	7	61	75	19	75	19	94	0	684	591	200
		9	332	44	7	19	402	36	10	46	55	9	55	9	64	0	591	459	424
		10	150	23	2	18	193	27	3	30	41	0	41	0	41	0	459	353	228
		11	136	16	3	19	174	16	1	17	34	0	34	0	34	0	353	290	186
		12	97	5	0	14	116	12	1	13	32	0	32	0	32	0	290	278	85
		小计	2 281	327	54	133	2 795	347	54	401	550	71	550	61	611	−10			1 787
	焦岗湖	1	733	95	11	13	852	124	6	130	643	0	643	0	643	0	3 929	3 913	94
		2	864	159	25	13	1 061	154	8	162	613	0	613	0	613	0	3 913	3 946	253
		3	1 014	216	48	15	1 293	256	10	266	697	0	697	0	697	0	3 946	3 923	353
		4	671	152	24	16	863	357	8	365	690	7	690	7	697	0	3 923	3 669	57
		5	1 238	327	118	14	1 697	442	18	460	726	41	726	41	767	0	3 669	3 622	518
		6	1 723	542	398	30	2 693	475	41	516	763	898	759	889	1 648	−13	3 622	3 653	497
		7	4 004	809	564	21	5 398	487	54	541	629	282	629	282	911	0	3 653	4 169	3 430
		8	1 479	448	252	20	2 199	501	19	520	512	414	512	414	926	0	4 169	3 905	1 018
		9	1 930	423	213	17	2 583	356	25	381	493	196	493	196	689	0	3 905	3 972	1 447
		10	1 106	285	114	12	1 517	291	13	304	527	7	527	7	534	0	3 972	3 974	677
		11	1 095	222	96	12	1 425	191	12	203	549	0	549	0	549	0	3 974	4 014	632
		12	736	66	5	13	820	141	6	147	604	0	604	0	604	0	4 014	3 950	133
		小计	16 593	3 744	1 868	196	22 401	3 775	220	3 995	7 446	1 845	7 442	1 836	9 278	−13			9 109
	合计		18 874	4 071	1 922	329	25 196	4 122	274	4 396	7 996	1 916	7 992	1 897	9 889	−23			10 896
总计			77 595	9 091	9 378	2 836	98 900	9 786	1 634	11 420	60 214	10 850	60 166	10 787	70 953	−111			16 463

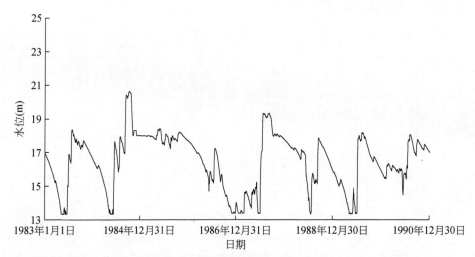

图 5-15　平水时段西淝河联合片洼地水位日变化（供一般工业 70% 用水）

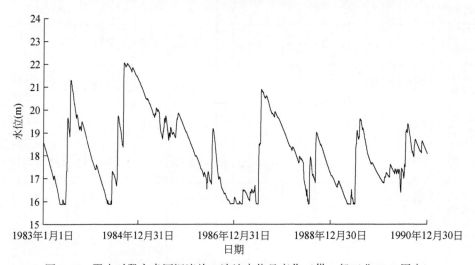

图 5-16　平水时段永幸河汇流片 1 洼地水位日变化（供一般工业 70% 用水）

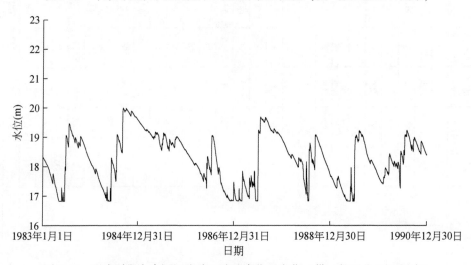

图 5-17　平水时段永幸河汇流片 2 洼地水位日变化（供一般工业 70% 用水）

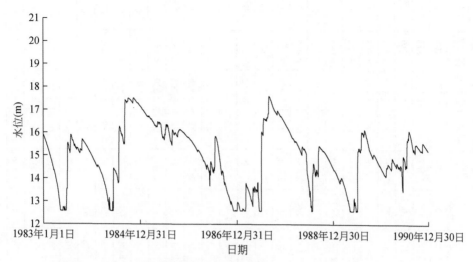

图 5-18 平水时段泥河联合片洼地水位日变化 (供一般工业 70% 用水)

表 5-13 为该情景下 1983 ~ 1990 年蓄水工程的月平均水量平衡表, 从表 5-13 中可以看出不同洼地/湖泊均出现轻微的供水不足。沉陷洼地实际供水量为 6.48 亿 m^3, 天然湖泊实际供水量为 1.31 亿 m^3, 缺供量为 0.35 亿 m^3。

5.6.4 平水时段洼地蓄水工程可供水量讨论

2030 水平年, 洼地蓄水工程的可供水量随供水对象、需供水量的不同而变化。根据当前研究, 一般年份状况下, 洼地蓄水工程可供水量规模应该为供一般工业 60% 地表用水情景时的可供量, 即 6.11 亿 m^3, 此时处于缺供的临界状态, 仅个别年份出现约五天的缺水时段, 缺水量也仅为 0.01 亿 m^3。需供水量再提高时, 如供一般工业 70% 地表用水情景, 尽管从缺水量来看仅缺水 3%, 但会出现多个年份均缺供的现象, 能够提高的可供水量也比较有限, 仅比 60% 供水情景可多供 0.37 亿 m^3。另外环境因素也是一个问题, 70% 供水情景下, 洼地蓄水工程弃水仅为 0.27 亿 m^3, 比 60% 供水情景少 0.28 亿 m^3, 可见 70% 供水情景下增供的水量是以减少下泄为代价的。若洼地下泄量太少, 将不利于其承雨面积区域内的物质循环更新, 污染物和泥沙可能会形成积累效应。

5.6.5 平水时段研究区水分循环转化分析

以 60% 供水情景为例, 以下给出其在平水时段后八年模拟期间研究区的水循环转化收支平衡表 (表 5-14)。表 5-14 中数据为平水时段后八年水循环转化的年平均值。为排除模型预热期的影响, 平水时段前两年的循环量未考虑到平衡分析内。从表 5-14 中土壤水、地表水、地下水各系统平衡及相互转化量来看, 各方面均水量守恒。

表 5-13　1983～1990 年蓄水工程月平均水量平衡表–供一般工业 70% 地表用水情景　（单位：万 m^3）

类型	名称	月份	来水					损失			供水						月初蓄水量	月末蓄水量	弃水
			河道来水	水面降水	未积水区产流	地下水补给	来水合计	水面蒸发	水库渗漏	损失合计	其他需水	农业需水	其他供水	农业供水	供水合计	缺水			
沉陷洼地	西淝河联合片	1	2 006	49	27	196	2 278	67	6	73	2 821	0	2 784	0	2 784	-37	5 774	5 107	88
		2	2 101	70	52	162	2 385	78	7	85	2 582	0	2 527	0	2 527	-55	5 107	4 852	28
		3	2 167	113	106	166	2 552	118	7	125	2 794	0	2 779	0	2 779	-15	4 852	4 439	62
		4	1 696	60	34	143	1 933	154	3	157	2 703	17	2 703	17	2 720	0	4 439	3 494	0
		5	2 579	150	213	101	3 043	169	17	186	2 712	61	2 498	30	2 528	-245	3 494	3 801	22
		6	3 436	136	461	135	4 168	183	52	235	2 683	1 756	2 529	1 531	4 060	-379	3 801	3 623	51
		7	7 595	397	892	86	8 970	279	230	509	2 794	745	2 747	693	3 440	-99	3 623	8 643	0
		8	2 731	305	313	129	3 478	361	47	408	2 907	1 419	2 907	1 419	4 326	0	8 643	7 387	0
		9	4 920	352	476	135	5 883	273	149	422	2 897	749	2 897	749	3 646	0	7 387	8 955	247
		10	2 570	208	140	178	3 096	214	36	250	3 019	22	3 019	22	3 041	0	8 955	7 356	1 403
		11	2 345	132	122	190	2 789	122	15	137	2 767	0	2 767	0	2 767	0	7 356	6 653	588
		12	1 950	37	9	194	2 190	83	8	91	2 867	0	2 779	0	2 779	-88	6 653	5 784	187
		小计	36 096	2 009	2 845	1 815	42 765	2 101	577	2 678	33 546	4 769	32 936	4 461	37 397	-918			2 676
	泥河联合片	1	892	23	17	53	985	45	14	59	1413	0	1 395	0	1 395	-18	2 996	2 526	0
		2	898	33	40	47	1 018	50	14	64	1 249	0	1 218	0	1 218	-31	2 526	2 263	0
		3	961	65	130	44	1 200	73	16	89	1 353	0	1 341	0	1 341	-12	2 263	2 032	0
		4	835	31	37	33	936	97	8	105	1 299	8	1 299	8	1 307	0	2 032	1 556	0
		5	994	79	250	21	1 344	103	18	121	1 384	46	1 212	14	1 226	-204	1 556	1 553	0
		6	1 149	64	527	31	1 771	106	27	133	1 209	853	1 086	631	1 717	-345	1 553	1 475	0
		7	2 516	218	1 067	18	3 819	160	130	290	1 288	336	1 252	284	1 536	-88	1 475	3 467	0
		8	1 457	176	442	33	2 108	206	55	261	1 266	625	1 266	625	1 891	0	3 467	3 424	0
		9	1 484	159	412	32	2 087	176	73	249	1 262	347	1 262	347	1 609	0	3 424	3 654	0
		10	1 027	108	166	33	1 334	136	32	168	1 302	10	1 302	10	1 312	0	3 654	3 508	0
		11	996	95	119	35	1 245	82	28	110	1 330	0	1 330	0	1 330	0	3 508	3 313	0
		12	900	23	5	46	974	56	18	74	1 387	0	1 346	0	1 346	-41	3 313	2 866	0
		小计	14 109	1 074	3 212	426	18 821	1 290	433	1 723	15 742	2 225	15 309	1 919	17 228	-739			0

续表

类型	名称	月份	来水					损失			供水						月初蓄水量	月末蓄水量	弃水
			河道来水	水面降水	未积水区产流	地下水补给	来水合计	水面蒸发	水库渗漏	损失合计	其他需水	农业需水	其他供水	农业供水	供水合计	缺水			
沉陷洼地	永幸河汇流片1	1	371	12	7	25	415	18	0	18	657	0	650	0	650	-7	1 620	1 366	0
		2	391	15	15	21	442	21	1	22	574	0	556	0	556	-18	1 366	1 230	0
		3	432	31	42	22	527	33	2	35	616	0	606	0	606	-10	1 230	1 115	0
		4	328	15	9	22	374	45	0	45	568	3	568	3	571	0	1 115	874	0
		5	471	34	64	14	583	49	4	53	643	38	506	6	512	-169	874	893	0
		6	615	38	136	21	810	53	10	63	595	505	497	287	784	-316	893	855	0
		7	1 965	111	351	11	2 438	73	69	142	680	197	652	145	797	-80	855	2 354	0
		8	511	48	70	28	657	90	5	95	747	377	747	377	1 124	0	2 354	1 792	0
		9	1 033	73	147	20	1 273	68	34	102	660	167	660	167	827	0	1 792	2 135	0
		10	547	44	45	16	652	56	5	61	675	5	675	5	680	0	2 135	2 046	0
		11	443	36	29	19	527	34	3	37	675	0	675	0	675	0	2 046	1 862	0
		12	367	12	2	24	405	22	0	22	677	0	660	0	660	-17	1 862	1 584	0
		小计	7 474	469	917	243	9 103	562	133	695	7 767	1 292	7 452	990	8 442	-617			0
	永幸河汇流片2	1	35	4	6	10	55	8	1	9	110	0	109	0	109	-1	305	243	0
		2	40	4	11	9	64	8	1	9	98	0	86	0	86	-12	243	212	0
		3	46	13	38	8	105	11	2	13	111	0	101	0	101	-10	212	203	0
		4	31	5	7	5	48	16	0	16	83	0	83	0	83	0	203	153	0
		5	50	16	58	4	128	17	3	20	205	33	88	1	89	-149	153	171	0
		6	67	13	126	5	211	18	6	24	188	278	104	62	166	-300	171	192	0
		7	255	65	306	4	630	46	25	71	197	88	173	37	210	-75	192	540	0
		8	57	47	71	10	185	59	3	62	174	83	174	83	257	0	540	407	0
		9	132	46	129	8	315	39	11	50	153	38	153	38	191	0	407	481	0
		10	54	24	41	9	128	29	1	30	143	1	143	1	144	0	481	435	0
		11	49	20	30	9	108	17	1	18	136	0	136	0	136	0	435	388	0
		12	36	5	1	10	52	11	0	11	126	0	123	0	123	-3	388	307	0
		小计	852	262	824	91	2 029	279	54	333	1 724	521	1473	222	1 695	-550			0
	合计		58 531	3 814	7 798	2 575	72 718	4 232	1 197	5 429	58 779	8 807	57 170	7 592	64 762	-2 824			2 676

续表

类型	名称	月份	来水					损失			供水						月初蓄水量	月末蓄水量	弃水
			河道来水	水面降水	未积水区产流	地下水补给	来水合计	水面蒸发	水库渗漏	损失合计	其他需水	农业需水	其他供水	农业供水	供水合计	缺水			
天然湖泊	城北湖	1	95	8	1	13	117	10	1	11	66	0	66	0	66	0	260	258	41
		2	102	12	1	10	125	12	1	13	63	0	63	0	63	0	258	263	44
		3	122	19	3	10	154	21	1	22	76	0	76	0	76	0	263	260	57
		4	80	11	1	7	99	28	1	29	91	0	91	0	91	0	260	221	19
		5	131	25	5	5	166	34	2	36	81	3	80	1	81	−3	221	238	31
		6	188	34	13	5	240	37	4	41	87	84	86	32	118	−53	238	251	67
		7	653	72	21	5	751	47	22	69	116	38	115	16	131	−23	251	667	134
		8	204	45	4	10	263	53	6	59	107	23	107	23	130	0	667	578	162
		9	332	44	7	19	402	36	10	46	82	12	82	12	94	0	578	452	387
		10	149	23	2	18	192	26	3	29	66	0	66	0	66	0	452	341	207
		11	135	16	3	19	173	16	1	17	60	0	60	0	60	0	341	273	165
		12	96	5	0	15	116	11	0	11	54	0	54	0	54	0	273	260	63
		小计	2 287	314	61	136	2 798	331	52	383	949	160	946	84	1 030	−79			1 377
	焦岗湖	1	730	86	12	19	847	116	4	120	871	0	854	0	854	−17	3 387	3 215	45
		2	862	144	26	16	1 048	143	10	153	845	0	814	0	814	−31	3 215	3 255	42
		3	1 011	198	51	21	1 281	235	12	247	988	0	978	0	978	−10	3 255	3 137	174
		4	669	138	25	23	855	322	5	327	1 003	9	1 003	9	1 012	0	3 137	2 641	12
		5	1 234	293	126	13	1 666	382	21	403	913	47	874	19	893	−67	2 641	2 657	354
		6	1 690	485	419	32	2 626	421	58	479	985	1 242	954	871	1 825	−402	2 657	2 869	110
		7	3 965	760	590	16	5 331	462	92	554	862	371	849	322	1 171	−62	2 869	4 129	2 348
		8	1 470	443	254	26	2 193	495	19	514	737	514	737	514	1 251	0	4 129	3 645	913
		9	1 926	417	215	20	2 578	349	31	380	693	240	693	240	933	0	3 645	3 757	1 153
		10	1 101	283	114	15	1 513	284	12	296	732	8	732	8	740	0	3 757	3 661	574
		11	1 091	215	97	15	1 418	184	11	195	779	0	779	0	779	0	3 661	3 591	514
		12	733	61	5	17	816	134	5	139	827	0	785	0	785	−42	3 591	3 412	71
		小计	16 482	3 523	1 934	233	22 172	3 527	280	3 807	10 235	2 431	10 052	1 983	12 035	−631			6 310
	合计		18 769	3 837	1 995	369	24 970	3 858	332	4 190	11 184	2 591	10 998	2 067	13 065	−710			7 687
总计			77 300	7 651	9 793	2 944	97 688	8 090	1 529	9 619	69 963	11 398	68 168	9 659	77 827	−3 534			10 363

表 5-14　60%供水情景平水时段 1983～1990 年水循环转化收支平衡表

（单位：亿 m³）

水循环系统	补给		排泄		蓄变	
土壤水	降水	33.84	冠层截留蒸发	0.96	土壤水蓄变	0.55
	本地地表引水灌溉	1.15	积雪升华	0.01	植被截留蓄变	0.00
	地下水开采灌溉	0.00	地表积水蒸发	2.23	地表积雪蓄变	0.00
	区外引水灌溉	6.05	土表蒸发	13.16	地表积水蓄变	0.00
	潜水蒸发	3.11	植被蒸腾	11.44		
			地表超渗产流	5.30		
			壤中流	0.12		
			土壤深层渗漏	7.94		
			灌溉渗漏补给地下水	0.73		
			灌溉系统蒸发损失	1.71		
	合计	44.15	合计	43.60	合计	0.55
地表水（本地）	降水	0.91	湖泊水面蒸发	0.98	河道总蓄变	0.20
	产流汇入	7.75	河道水面蒸发	0.21	湖泊/洼地总蓄变	0.09
	工业生活退水	4.42	灌溉引水	1.15		
	地下水补给湖泊/洼地	0.28	工业/生活/生态引水	6.17		
			河道出境	4.40		
			河道渗漏	0.00		
			洼地渗漏	0.16		
	合计	13.36	合计	13.07	合计	0.29
地下水	地表漫流损失入渗	0.03	基流排泄	2.37	浅层蓄变	0.08
	土壤深层渗漏	7.94	潜水蒸发	3.11	深层蓄变	0.02
	河道渗漏量	0.00	浅层边界流出	0.31		
	灌溉渗漏补给地下水	0.73	深层边界流出	0.00		
	洼地渗漏	0.16	浅层农业灌溉开采	0.00		
	浅层边界流入	0.55	浅层工业/生活/生态开采	2.02		
	深层边界流入	0.00	深层农业灌溉开采	0.00		
			深层工业/生活/生态开采	1.22		
			地下水补给洼地	0.28		
	合计	9.41	合计	9.31	合计	0.10

水循环系统	补给		排泄		蓄变	
全区	降水量（土壤）	33.84	冠层截留蒸发	0.96	土壤水总蓄变	0.55
	降水量（地表水体）	0.91	积雪升华	0.01	地表水总蓄变	0.29
	浅层边界流入	0.55	地表积水蒸发	2.23	地下水总蓄变	0.11
	深层边界流入	0.00	土表蒸发	13.16		
	区外引水灌溉	6.05	植被蒸腾	11.44		
	区外引水供工业等	8.52	地表水体水面蒸发	1.19		
			其他（工业/生活/生态）消耗	11.65		
			灌溉系统蒸发损失	1.71		
			地下水边界流出	0.31		
			河道出境量	4.40		
			电厂直退淮河	1.86		
	合计	49.87		48.92		0.95

从表 5-14 中可以看出，平水时段后八年，研究区土表总降水量为 33.84 亿 m³，年均降水量为 866mm，产流汇入地表水的径流量为 7.75 亿 m³，折合成降水径流系数为 0.23，与乔丛林等[60]给出的淮北地区多年平均 0.24 的径流系数相近。研究区土壤降水入渗量（表中为土壤深层渗漏）年均为 7.94 亿 m³，与年平均降水相比，折合成降水入渗补给系数为 0.24，在于玲等[62]给出的淮北地区 0.22~0.24 的降水入渗补给系数范围之内。

表 5-15 给出模拟过程中平水时段后八年降水径流系数和降水入渗补给系数的变化过程。

表 5-15　研究区平水时段后八年降水径流系数和降水入渗补给系数变化（60%供水情景）

年份	1983 年	1984 年	1985 年	1986 年	1987 年	1988 年	1989 年	1990 年	平均
降水量（mm）	833	1089	883	644	1045	664	851	921	866
降水径流量（mm）	170	289	184	143	261	165	171	203	198
降水入渗量（mm）	160	203	249	178	239	180	192	225	203
降水径流系数	0.20	0.27	0.21	0.22	0.25	0.25	0.20	0.22	0.23
降水入渗补给系数	0.19	0.19	0.28	0.28	0.23	0.27	0.23	0.24	0.24

5.6.6　平水时段沉陷洼地水资源组成分析

将以上三个情景整理成表 5-16 进行对比和规律分析。通过比较，可得到以下结论。

表 5-16　平水时段不同供水情景沉陷洼地蓄水工程可供水量计算结果对比表

（单位：亿 m^3）

情景	来水					损失			供水						弃水
	河道来水	水面降水	未积水区产流	地下水补给	来水合计	水面蒸发	水库渗漏	损失合计	其他需水	农业需水	其他供水	农业供水	供水合计	缺水	
50%供水	5.88	0.64	0.71	0.24	7.47	0.72	0.15	0.87	4.51	0.94	4.51	0.94	5.44	0.00	1.15
60%供水	5.87	0.50	0.75	0.25	7.37	0.57	0.14	0.70	5.22	0.89	5.22	0.89	6.11	-0.01	0.56
70%供水	5.85	0.38	0.78	0.26	7.27	0.42	0.12	0.54	5.88	0.88	5.72	0.76	6.48	-0.28	0.27

注：2030 年沉陷洼地的河道来水中含 2.46 亿 m^3 城镇退水量

1）2030 水平年沉陷洼地水资源总量。从 2030 年平水时段沉陷洼地的来水来看，三个情景的来水量在 7.27 亿～7.47 亿 m^3，河道来水量中含有一定的城镇退水量，根据分析，沉陷洼地接收的退水量约为 2.46 亿 m^3，因此沉陷洼地来水扣除汇入的退水后，本地自然产水进入沉陷洼地的水量为 4.81 亿～5.01 亿 m^3，此即为沉陷洼地平水年份的平均水资源量。

2）不同情景沉陷洼地来水总量的相对变化。随着需供水量增大，来水量越小，但变化不大，差异在 0.2 亿 m^3 以内。其原因是供水增大，相应沉陷洼地的平均蓄水量减少，引起周边地下水位变化，虽然沉陷洼地未积水区降水产流和地下水补给有所增加，但不足以抵消沉陷洼地水面降水和河道来水的减少量。

3）沉陷洼地来水资源比例。2030 年沉陷洼地来水资源比例如图 5-19 所示。沉陷洼地来水中，河道来水为主要构成，水面降水次之，然后是沉陷区未积水区产流，最后是地下水补给。随着平原水库供水增大，沉陷洼地来水资源比例构成仅发生些微变化，主要是沉陷区水位下降，水面降水比例减少和沉陷区未积水区产流增加，地下水补给比例稍有增大。

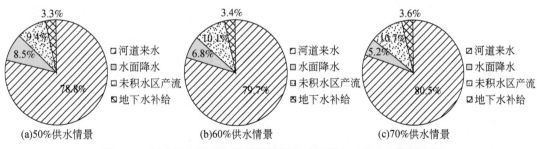

(a)50%供水情景　(b)60%供水情景　(c)70%供水情景

图 5-19　平水段不同供水情景下的沉陷洼地蓄水工程来水资源比例

4）洼地地表水和地下水之间的通量。虽然 2030 年沉陷洼地面积扩大，但地下水补给洼地的量占洼地来水量的比例仍然较小，为 3%～4%，总量为 0.24 亿～0.26 亿 m^3，说明地下水补给在沉陷洼地来水中是次要的。在平原水库蓄/用过程和年内降水季节变化中，洼地水位的波动也将导致湖泊地表水和周边地下水的双向交换，即洼地地表水接受地下水补给，也向地下水渗漏。随着沉陷洼地需供水量增大，水库水位降低，相应地下水补给略有增加，同时渗漏量略减少。

5.7 枯水时段沉陷洼地蓄水工程可供水量研究

上节对平水时段蓄水工程的可供水量进行了研究，认为蓄水工程在平水段可满足2030年一般工业60%地表用水情景，这仅能代表一般年份情况下蓄水工程的供水能力。枯水年份蓄水工程大概能满足多大规模供水，还需要结合不利年份进行分析。本节将利用研究区1971~1980年共计10年的枯水时段水文气象数据继续开展研究，该时段的特点是在1976年和1978年分布有两个95%降水频率的枯水年，期间仅相差一年，对于蓄水工程可供水量研究而言，这种连枯的最不利情况尤其需要重视。本节将研究以下两个问题：一是连续枯水年出现时，仅满足头一个枯水年的有效供水时，蓄水工程的供水规模定多少比较合适；二是满足连续枯水年的有效供水时，蓄水工程的供水规模定多少比较合适。

5.7.1 供一般工业30%地表用水情景

按照蓄水工程需供水量情景，95%降水频率年份下，蓄水工程供2.93亿 m^3 的一般工业用水、0.17亿 m^3 的生态环境用水和1.55亿 m^3 的农业用水，年供水总量为4.65亿 m^3。图5-20~图5-23为模型模拟中枯水段中连续枯水期四年（1976年1月1日至1979年12月31日）平原蓄水工程中四个沉陷洼地水库的水位日变化过程，可看出在1976年和1978年这两个枯水年份各沉陷洼地水位虽有一定程度下降，但均未下探到死水位，说明该供水情景下平原蓄水工程能够应对极端不利年份的供水要求。

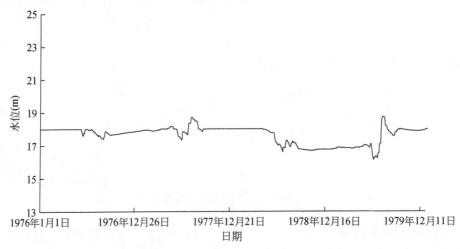

图 5-20 枯水时段西淝河联合片洼地水位日变化（供一般工业30%用水）

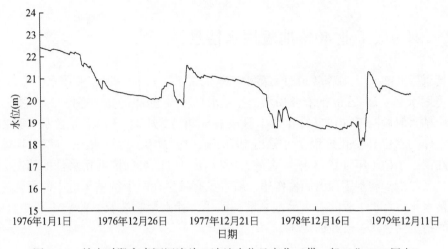

图 5-21　枯水时段永幸河汇流片 1 洼地水位日变化（供一般工业 30% 用水）

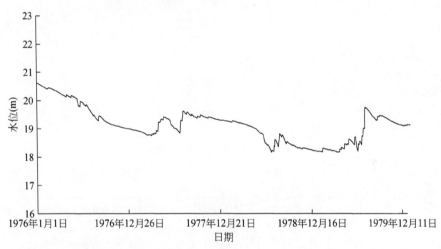

图 5-22　枯水时段永幸河汇流片 2 洼地水位日变化（供一般工业 30% 用水）

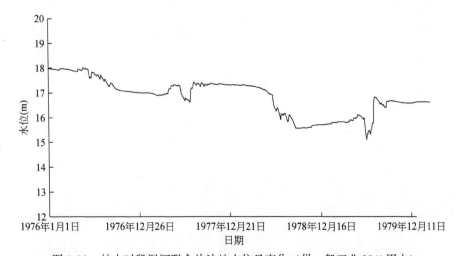

图 5-23　枯水时段泥河联合片洼地水位日变化（供一般工业 30% 用水）

5.7.2 供一般工业40%地表用水情景

该情景下95%降水频率年份时，蓄水工程供3.9亿 m³的一般工业用水、0.17亿 m³的生态环境用水和1.55亿 m³的农业用水，年供水总量为5.62亿 m³。图5-24～图5-27为模型模拟中枯水时段四年（1971年1月1日至1980年12月31日）平原蓄水工程中四个沉陷洼地水库的水位日变化过程，可看出1976年、1977年、1978年三个年度均能顺利供水。但在第二个枯水年（1978年）之后，1979年中出现水位接近死水位的情况。说明本情景下，虽然由于蓄水工程的调蓄作用，缺水没有发生在两个特枯年份中的任何一个，但第二个枯水年后蓄水工程的蓄水量基本消耗殆尽，受其影响波及，使来年不能有效供水，该情景的稳定供水状态已经被破坏。

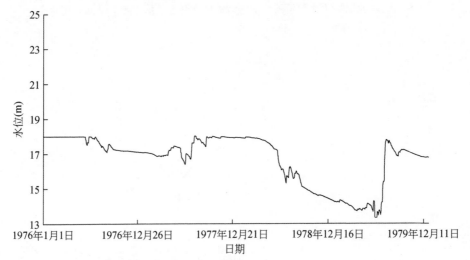

图5-24 枯水时段西淝河联合片洼地水位日变化（供一般工业40%用水）

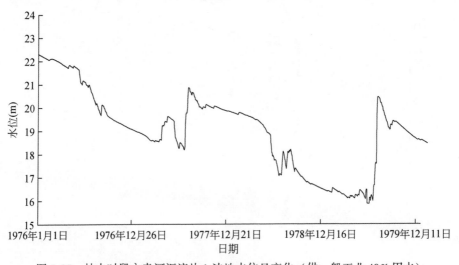

图5-25 枯水时段永幸河汇流片1洼地水位日变化（供一般工业40%用水）

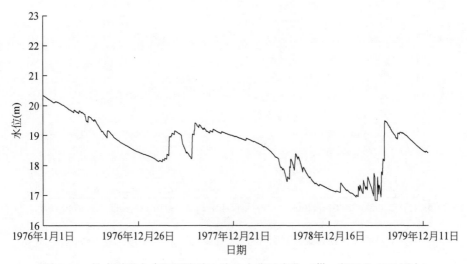

图 5-26　枯水时段永幸河汇流片 2 洼地水位日变化（供一般工业 40% 用水）

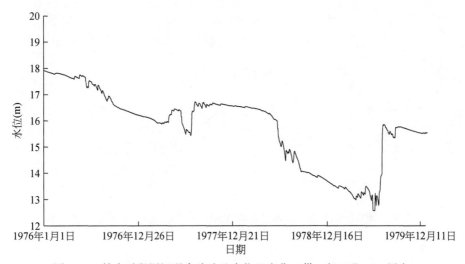

图 5-27　枯水时段泥河联合片洼地水位日变化（供一般工业 40% 用水）

5.7.3　供一般工业 50% 地表用水情景

该情景下 95% 降水频率年份时，蓄水工程供 4.88 亿 m³ 的一般工业用水、0.17 亿 m³ 的生态环境用水和 1.55 亿 m³ 的农业用水，总供水量为 6.60 亿 m³。图 5-28 ~ 图 5-31 为模型模拟中枯水时段四年（1971 年 1 月 1 日至 1980 年 12 月 31 日）平原蓄水工程中四个沉陷洼地水库的水位日变化过程，可看出 1976 枯水年和 1977 年均能顺利供水，但 1978 枯水年和 1979 年各沉陷洼地水库的水位均出现长时段维持在死水位的情况，缺水十分严重，供水情景完全不可行。

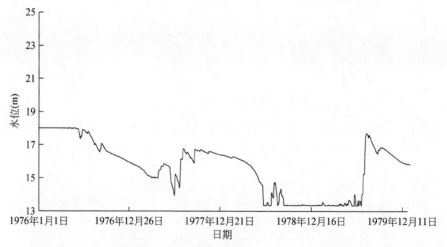

图 5-28　枯水时段西淝河联合片洼地水位日变化（供一般工业 50% 用水）

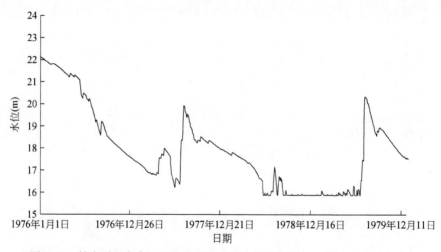

图 5-29　枯水时段永幸河汇流片 1 洼地水位日变化（供一般工业 50% 用水）

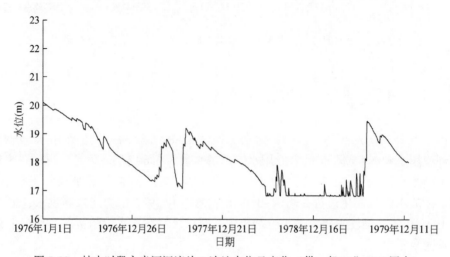

图 5-30　枯水时段永幸河汇流片 2 洼地水位日变化（供一般工业 50% 用水）

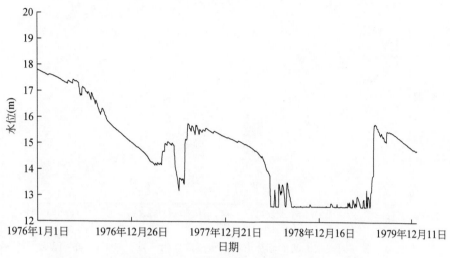

图 5-31　枯水时段泥河联合片洼地水位日变化（供一般工业 50% 用水）

5.7.4　供一般工业 60% 地表用水情景

该情景下 95% 降水频率年份时，蓄水工程供 5.85 亿 m³ 的一般工业用水、0.17 亿 m³ 的生态环境用水和 1.55 亿 m³ 的农业用水，年供水总量为 7.57 亿 m³。图 5-32 ~ 图 5-35 为模型模拟中连续枯水时段三年（1976 年 1 月 1 日至 1978 年 12 月 31 日）平原蓄水工程中四个沉陷洼地水库的水位日变化过程，可看出在该供水情景下，依靠水库的调蓄作用，1976 特枯水年尚能满足供水，但在 1977 年初将出现供水不足的现象，正常供水中断。

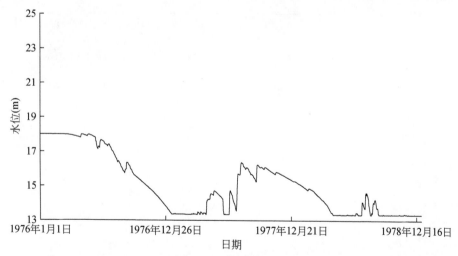

图 5-32　枯水时段西淝河联合片洼地水位日变化（供一般工业 60% 用水）

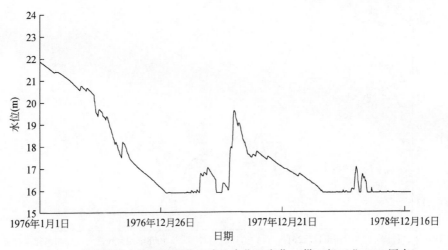

图 5-33　枯水时段永幸河汇流片 1 洼地水位日变化（供一般工业 60% 用水）

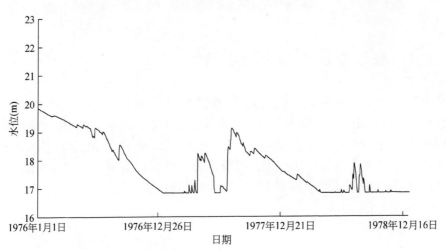

图 5-34　枯水时段永幸河汇流片 2 洼地水位日变化（供一般工业 60% 用水）

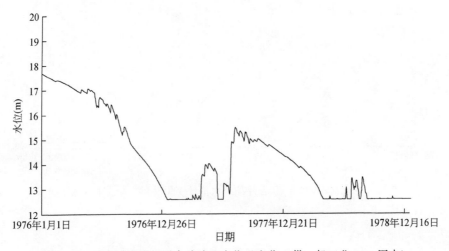

图 5-35　枯水时段泥河联合片洼地水位日变化（供一般工业 60% 用水）

5.7.5 单独枯水年份可供水量研究

从以上模拟分析规律可以看出，枯水年份不仅影响本身的供水，还会影响来年的供水，因此对于单独枯水年供水规模的确定，需要结合当年和来年的供水情况进行综合分析，只有当年和来年供水都正常的情况下，供水规模才能可行。

以上枯水段共分析了四个供水情景，其中50%供水情景可满足1976枯水年正常供水及1977年的正常供水，但1978枯水年及1979年发生供水不足；60%供水情景勉强满足1976枯水年的供水，但1977年初就发生供水不足，因此蓄水工程保障单独枯水年供水的可供水量规模应该处于这两个供水情景之间。由于缺供发生在60%供水情景的1977年，为确定较为准确的供水规模，可对50%供水情景、60%供水情景在1977年的供水状况进行进一步数据分析，见表5-17和表5-18。

数据分析表明，50%供水情景时，沉陷洼地蓄水工程在1977年需供4.94亿 m^3 水量，实供4.94亿 m^3 水量，没有缺水发生；60%供水情景时，1977年沉陷洼地蓄水工程需供5.65亿 m^3 水量，实供4.81亿 m^3 水量，缺供0.84亿 m^3 水量。由于两个情景需供水量和缺水量相差较大，不利于进一步比较以确定较准确的供水规模，故单独设置一个55%的供水情景进行调算，过程从略，仅给出调算结果表（表5-19），结果如下。

该调算结果表明，55%供水情景下沉陷洼地蓄水工程仍未能在1977年满足供水。该情景下沉陷洼地蓄水工程需供5.25亿 m^3 ，实际供水4.91亿 m^3 ，仍缺供0.34亿 m^3 ，缺水率为6%。注意到55%供水情景下，沉陷洼地蓄水工程的实际供水量几乎与50%供水情景下的供水量相等，同时两个情景沉陷洼地都已经没有下泄量，说明其实50%供水情景已经比较接近供水的极限，偏安全考虑，可将50%供水情景定为保障单独特枯年份供水的合理规模。

表5-20为50%供水情景下蓄水工程在1976枯水年时的供水状况。该情景下，沉陷洼地蓄水工程供水量为5.82亿 m^3 ，其中其他供水（一般工业和生态环境用水）量为4.49亿 m^3 ，农业灌溉供水量为1.33亿 m^3 。结合该情景在1977年的供水数据，沉陷洼地蓄水工程总供水量为4.94亿 m^3 ，其中其他供水（一般工业和生态环境用水）量为4.1亿 m^3 ，农业灌溉供水量为0.84亿 m^3 。平均起来，若要保障单独遭遇95%降水频率特枯年份的供水，沉陷洼地蓄水工程平均每年的供水不能超过5.38亿 m^3 ［注：(5.82+4.94)/2=5.38］。

5.7.6 连续枯水年份可供水量研究

从不同供水情景的效果来看，30%供水情景是能够顺利通过连续枯水年检验的，40%供水情景则会在1979年遭遇一定缺水，50%供水情景则会在1978年和1979年两年都遭遇严重缺水。因此要保障连续枯水年份的供水，蓄水工程供水规模不能超过40%供水情景。为研究缺水深度，计算了40%供水情景下蓄水工程在1979年的水平衡，见表5-21。

分析结果表明，40%供水情景下，沉陷洼地蓄水工程需供4.31亿 m^3 水量，实供3.99亿 m^3 水量，缺供0.32亿 m^3 水量，缺水率为8%。可再进一步分析35%供水情景下的结果，见表5-22。

表 5-17　1977 年蓄水工程月平均水量平衡表(供一般工业 50% 地表用水情景)　　(单位:万 m^3)

类型	名称	月份	来水					损失			供水						月初蓄水量	月末蓄水量	弃水
			河道来水	水面降水	未积水区产流	地下水补给	来水合计	水面蒸发	水库渗漏	损失合计	其他需水	农业需水	其他供水	农业供水	供水合计	缺水			
沉陷洼地	西淝河联合片	1	1 362	15	0	143	1 520	47	3	50	1 842	0	1 842	0	1 842	0	4 788	4 415	0
		2	1 152	1	0	110	1 263	89	3	92	1 665	0	1 665	0	1 665	0	4 415	3 920	0
		3	1 314	73	80	109	1 576	108	1	109	1 834	62	1 834	62	1 896	0	3 920	3 490	0
		4	1 690	189	409	101	2 389	99	12	111	1 669	0	1 669	0	1 669	0	3 490	4 099	0
		5	1 606	145	250	115	2 116	141	9	150	1 585	0	1 585	0	1 585	0	4 099	4 479	0
		6	1 992	82	686	134	2 894	174	27	201	1 626	1 821	1 626	1 821	3 447	0	4 479	3 724	0
		7	4 176	296	939	83	5 494	178	98	276	1 878	597	1 878	597	2 475	0	3 724	6 468	0
		8	1 416	125	102	110	1 753	249	23	272	1 598	1 012	1 598	1 012	2 610	0	6 468	5 339	0
		9	2 226	258	745	108	3 337	178	54	232	1 651	590	1 651	590	2 241	0	5 339	6 203	0
		10	1 404	93	112	121	1 730	170	14	184	1 823	0	1 823	0	1 823	0	6 203	5 926	0
		11	1 540	87	96	126	1 849	104	11	115	1 769	0	1 769	0	1 769	0	5 926	5 889	0
		12	1 503	45	6	144	1 698	61	10	71	1 855	0	1 855	0	1 855	0	5 889	5 661	0
		小计	21 381	1 409	3 425	1 404	27 619	1 598	265	1 863	20 795	4 082	20 795	4 082	24 877	0			0
	泥河联合片	1	892	10	0	36	938	33	8	41	1 176	0	1 176	0	1 176	0	2 506	2 227	0
		2	766	1	0	31	798	65	7	72	1 045	0	1 045	0	1 045	0	2 227	1 907	0
		3	878	47	71	27	1 023	80	6	86	1 155	39	1 155	39	1 194	0	1 907	1 650	0
		4	1 111	134	421	20	1 686	76	23	99	1 096	0	1 096	0	1 096	0	1 650	2 141	0
		5	1 117	106	350	30	1 603	109	23	132	1 111	0	1 111	0	1 111	0	2 141	2 501	0
		6	876	25	241	60	1 202	126	9	135	1 074	1 265	1 074	1 265	2 339	0	2 501	1 230	0
		7	2 728	137	775	9	3 649	111	96	207	904	236	904	236	1 140	0	1 230	3 533	0
		8	1 508	88	294	25	1 915	179	50	229	1 073	673	1 073	673	1 746	0	3 533	3 473	0
		9	1 186	76	170	24	1 456	130	27	157	1 119	462	1 119	462	1 581	0	3 473	3 191	0
		10	1 019	33	53	20	1 125	113	22	135	1 096	0	1 096	0	1 096	0	3 191	3 084	0
		11	954	32	34	21	1 041	71	20	91	1 052	0	1 052	0	1 052	0	3 084	2 983	0
		12	914	19	3	29	965	42	19	61	1 079	0	1 079	0	1 079	0	2 983	2 809	0
		小计	13 949	708	2 412	332	17 401	1 135	310	1 445	12 980	2 675	12 980	2 675	15 655	0			0

续表

类型	名称	月份	来水					损失			供水						月初蓄水量	月末蓄水量	弃水
			河道来水	水面降水	未积水区产流	地下水补给	来水合计	水面蒸发	水库渗漏	损失合计	其他需水	农业需水	其他供水	农业供水	供水合计	缺水			
沉陷洼地	永幸河汇流片1	1	338	4	0	18	360	14	1	15	467	0	467	0	467	0	1 258	1 136	0
		2	285	0	0	18	303	29	1	30	409	0	409	0	409	0	1 136	1 000	0
		3	338	24	19	17	398	40	0	40	442	15	442	15	457	0	1 000	901	0
		4	562	72	204	11	849	38	10	48	448	0	448	0	448	0	901	1 253	0
		5	518	51	106	14	689	46	6	52	534	0	534	0	534	0	1 253	1 356	0
		6	430	14	24	36	504	65	2	67	458	545	458	545	1 003	0	1 356	790	0
		7	2 097	123	360	9	2 589	61	60	121	454	107	454	107	561	0	790	2 696	0
		8	528	30	51	28	637	89	17	106	754	478	754	478	1 232	0	2 696	1 996	0
		9	394	36	54	23	507	51	1	52	543	234	543	234	777	0	1 996	1 675	0
		10	431	28	44	14	517	44	3	47	511	0	511	0	511	0	1 675	1 635	0
		11	397	21	23	14	455	28	1	29	487	0	487	0	487	0	1 635	1 575	0
		12	348	10	1	18	377	16	0	16	482	0	482	0	482	0	1 575	1 454	0
		小计	6 666	413	886	220	8 185	521	102	623	5 989	1 379	5 989	1 379	7 368	0			0
	永幸河汇流片2	1	31	1	0	4	36	3	1	4	53	0	53	0	53	0	211	190	0
		2	26	0	0	3	29	5	1	6	42	0	42	0	42	0	190	170	0
		3	31	4	17	1	53	7	1	8	43	1	43	1	44	0	170	171	0
		4	76	31	198	2	307	10	9	19	96	0	96	0	96	0	171	364	0
		5	67	24	92	7	190	23	2	25	168	0	168	0	168	0	364	360	0
		6	33	1	8	9	51	22	1	23	106	130	106	130	236	0	360	154	0
		7	316	38	274	1	629	22	24	46	81	10	81	10	91	0	154	647	0
		8	49	28	49	8	134	65	9	74	166	104	166	104	270	0	647	439	0
		9	46	21	62	7	136	24	1	25	120	52	120	52	172	0	439	378	0
		10	52	10	36	6	104	20	1	21	112	0	112	0	112	0	378	349	0
		11	43	7	18	6	74	12	1	13	95	0	95	0	95	0	349	315	0
		12	35	5	1	7	48	7	0	7	82	0	82	0	82	0	315	274	0
		小计	805	170	755	61	1 791	220	51	271	1 164	297	1 164	297	1 461	0			0
	合计		42 801	2 700	7 478	2 017	54 996	3 474	728	4 202	40 928	8 433	40 928	8 433	49 361	0			0

续表

类型	名称	月份	来水					损失			供水						月初蓄水量	月末蓄水量	弃水
			河道来水	水面降水	未积水区产流	地下水补给	来水合计	水面蒸发	水库渗漏	损失合计	其他需水	农业需水	其他供水	农业供水	供水合计	缺水			
天然湖泊	城北湖	1	83	2	0	7	92	9	2	11	54	0	54	0	54	0	278	278	27
		2	66	0	0	5	71	20	2	22	56	0	56	0	56	0	278	267	4
		3	83	19	1	4	107	27	4	31	75	0	75	0	75	0	267	268	0
		4	219	45	7	4	275	26	4	30	76	0	76	0	76	0	268	278	161
		5	157	31	4	6	198	31	5	36	57	0	57	0	57	0	278	278	106
		6	67	4	0	4	75	45	4	49	72	38	72	38	110	0	278	192	1
		7	413	63	13	1	490	41	17	58	56	9	56	9	65	0	192	547	12
		8	133	29	4	12	178	50	6	56	68	20	68	20	88	0	547	277	303
		9	198	43	13	7	261	29	3	32	34	7	34	7	41	0	277	278	186
		10	124	16	2	7	149	26	3	29	34	0	34	0	34	0	278	278	87
		11	106	13	2	9	130	17	2	19	34	0	34	0	34	0	278	278	78
		12	92	7	0	12	111	10	1	11	38	0	38	0	38	0	278	278	62
		小计	1 741	272	46	78	2 137	331	53	384	654	74	654	74	728	0			1 027
	焦岗湖	1	631	46	0	11	688	106	8	114	694	0	694	0	694	0	4 001	3 881	0
		2	529	3	0	15	547	216	7	223	654	0	654	0	654	0	3 881	3 551	0
		3	655	220	42	12	929	290	12	302	736	42	736	42	778	0	3 551	3 400	0
		4	1 203	418	127	5	1 753	281	37	318	763	0	763	0	763	0	3 400	4 071	0
		5	996	450	158	11	1615	348	32	380	830	0	830	0	830	0	4 071	4 475	0
		6	1 104	205	102	61	1 472	509	11	520	811	1 404	811	1 404	2 215	0	4 475	3 211	0
		7	3 174	761	470	10	4 415	462	118	580	912	440	912	440	1 352	0	3 211	5 110	583
		8	1 057	359	125	22	1 563	487	19	506	627	572	627	572	1 199	0	5 110	4 738	231
		9	4 136	593	378	30	5 137	359	57	416	679	364	679	364	1 043	0	4 738	5 083	3 332
		10	944	219	77	14	1 254	321	9	330	709	0	709	0	709	0	5 083	4 895	404
		11	829	162	54	11	1 056	206	15	221	710	0	710	0	710	0	4 895	4 955	65
		12	691	122	9	13	835	124	8	132	750	0	750	0	750	0	4 955	4 906	0
		小计	15 949	3 558	1 542	215	21 264	3 709	333	4 042	8 875	2 822	8 875	2 822	11 697	0			4 615
	合计		17 690	3 830	1 588	293	23 401	4 040	386	4 426	9 529	2 896	9 529	2 896	12 425	0			5 642
总计			60 491	6 530	9 066	2 310	78 397	7 514	1 114	8 628	50 457	11 329	50 457	11 329	61 786	0			5 642

表 5-18　1977 年蓄水工程月平均水量平衡表（供一般工业 60% 地表用水情景）　　（单位：万 m^3）

类型	名称	月份	来水					损失			供水						月初蓄水量	月末蓄水量	弃水
			河道来水	水面降水	未积水区产流	地下水补给	来水合计	水面蒸发	水库渗漏	损失合计	其他需水	农业需水	其他供水	农业供水	供水合计	缺水			
沉陷洼地	西淝河联合片	1	1 360	6	0	157	1 523	17	0	17	2 131	0	1 708	0	1 708	−423	2 935	2 733	0
		2	1 150	0	0	93	1 243	36	0	36	1 736	0	1 215	0	1 215	−521	2 733	2 725	0
		3	1 311	34	84	83	1 512	50	0	50	1 966	63	1 411	0	1 411	−618	2 725	2 777	0
		4	1 685	104	427	102	2 318	52	11	63	1 770	0	1 659	0	1 659	−111	2 777	3 372	0
		5	1 602	88	263	120	2 073	88	4	92	1 790	0	1 790	0	1 790	0	3 372	3 563	0
		6	1 927	66	693	85	2 771	107	28	135	1 994	1 853	1 630	714	2 344	−1 503	3 563	3 855	0
		7	4 156	247	958	84	5 445	144	96	240	2 142	608	2 142	539	2 681	−69	3 855	6 378	0
		8	1 409	105	105	113	1 732	214	18	232	1 806	1 030	1 806	952	2 758	−78	6 378	5 120	0
		9	2 215	208	766	114	3 303	146	45	191	1 907	601	1 907	553	2 460	−48	5 120	5 772	0
		10	1 399	72	117	134	1 722	137	6	143	2 087	0	2 087	0	2 087	0	5 772	5 263	0
		11	1 536	66	101	139	1 842	79	6	85	2 015	0	2 015	0	2 015	0	5 263	5 005	0
		12	1 500	32	6	163	1 701	44	3	47	2 120	0	2 120	0	2 120	0	5 005	4 538	0
		小计	21 250	1 028	3 520	1 387	27 185	1 114	217	1 331	23 464	4 155	21 490	2 758	24 248	−3 371			0
	泥河联合片	1	891	3	0	33	927	10	1	11	1 299	0	1 040	0	1 040	−259	1 426	1 302	0
		2	766	0	0	15	781	21	3	24	1195	0	760	0	760	−435	1 302	1 299	0
		3	877	18	73	10	978	30	5	35	1 363	40	912	0	912	−491	1 299	1 330	0
		4	1 109	61	436	16	1 622	33	21	54	1 235	0	1 141	0	1 141	−94	1 330	1 757	0
		5	1 116	60	361	30	1 567	61	19	80	1 288	0	1 288	0	1 288	0	1 757	1 956	0
		6	875	17	244	27	1 163	68	12	80	1 300	1 288	985	477	1 462	−1 126	1 956	1 579	0
		7	2 803	115	781	9	3 708	94	97	191	1 133	240	1 133	227	1 360	−13	1 579	3 735	0
		8	1 519	80	296	30	1 925	165	44	209	1 279	685	1 279	667	1 946	−18	3 735	3 506	0
		9	1 184	65	170	31	1 450	113	19	132	1 314	470	1 314	464	1 778	−6	3 506	3 047	0
		10	1 018	27	54	27	1 126	93	14	107	1 236	0	1 236	0	1 236	0	3 047	2 830	0
		11	954	25	34	28	1 041	56	13	69	1 186	0	1 186	0	1 186	0	2 830	2 617	0
		12	913	14	3	38	968	31	10	41	1 218	0	1 218	0	1 218	0	2 617	2 326	0
		小计	14 025	485	2 452	294	17 256	775	258	1 033	15 046	2 723	13 492	1 835	15 327	−2 442			0

续表

类型	名称	月份	来水					损失			供水						月初蓄水量	月末蓄水量	弃水
			河道来水	水面降水	未积水区产流	地下水补给	来水合计	水面蒸发	水库渗漏	损失合计	其他需水	农业需水	其他供水	农业供水	供水合计	缺水			
沉陷洼地	永幸河汇流片1	1	338	2	0	17	357	7	1	8	495	0	396	0	396	−99	762	714	0
		2	285	0	0	10	295	15	1	16	632	0	282	0	282	−350	714	712	0
		3	338	13	20	9	380	21	1	22	681	15	342	0	342	−354	712	727	0
		4	561	52	210	9	832	23	11	34	610	0	533	0	533	−77	727	992	0
		5	518	45	108	19	690	41	3	44	652	0	652	0	652	0	992	986	0
		6	397	9	25	19	450	45	3	48	615	555	365	180	545	−625	986	844	0
		7	2 003	112	364	8	2 487	52	57	109	521	109	521	91	612	−18	844	2 609	0
		8	527	25	53	33	638	76	14	90	898	486	898	475	1 373	−11	2 609	1 785	0
		9	394	33	54	25	506	46	1	47	582	238	582	215	797	−23	1 785	1 446	0
		10	431	26	45	17	519	40	2	42	542	0	542	0	542	0	1 446	1 381	0
		11	397	19	23	18	457	25	1	26	525	0	525	0	525	0	1 381	1 287	0
		12	348	10	1	22	381	15	1	16	516	0	516	0	516	0	1 287	1 137	0
		小计	6 537	346	903	206	7 992	406	96	502	7 269	1 403	6 154	961	7 115	−1 557			0
	永幸河汇流片2	1	31	0	0	3	34	1	2	3	45	0	36	0	36	−9	121	117	0
		2	26	0	0	3	29	3	2	5	328	0	24	0	24	−304	117	117	0
		3	31	2	17	3	53	4	2	6	324	1	45	0	45	−280	117	119	0
		4	76	21	201	3	301	6	8	14	241	0	174	0	174	−67	119	232	0
		5	67	16	93	8	184	14	1	15	214	0	214	0	214	0	232	187	0
		6	33	1	8	5	47	8	2	10	276	132	58	35	93	−315	187	130	0
		7	289	30	277	1	597	19	22	41	100	10	100	7	107	−3	130	579	0
		8	49	19	52	9	129	47	6	53	200	106	200	104	304	−2	579	350	0
		9	46	19	63	8	136	21	1	22	132	53	132	50	182	−3	350	283	0
		10	52	9	36	7	104	18	1	19	120	0	120	0	120	0	283	248	0
		11	43	6	18	5	72	9	0	9	97	0	97	0	97	0	248	213	0
		12	35	2	1	6	44	3	1	4	77	0	77	0	77	0	213	176	0
		小计	778	125	766	61	1730	153	48	201	2154	302	1 277	196	1 473	−983			0
	合计		42 590	1 984	7 641	1 948	54 163	2 448	619	3 067	47 933	8 583	42 413	5 750	48 163	−8 353			0

续表

类型	名称	月份	来水					损失			供水						月初蓄水量	月末蓄水量	弃水
			河道来水	水面降水	未积水区产流	地下水补给	来水合计	水面蒸发	水库渗漏	损失合计	其他需水	农业需水	其他供水	农业供水	供水合计	缺水			
天然湖泊	城北湖	1	83	2	0	9	94	7	1	8	124	0	124	0	124	0	278	239	0
		2	66	0	0	5	71	14	1	15	59	0	58	0	58	−1	239	237	0
		3	83	14	1	3	101	20	2	22	72	0	69	0	69	−3	237	247	0
		4	219	36	9	3	267	20	7	27	134	0	134	0	134	0	247	353	0
		5	157	30	4	5	196	29	5	34	138	0	138	0	138	0	353	373	3
		6	67	3	0	5	75	38	3	41	110	60	108	58	166	−4	373	241	0
		7	414	58	14	1	487	37	18	55	56	10	56	4	60	−6	241	614	0
		8	133	29	4	10	176	50	6	56	91	23	91	23	114	0	614	388	231
		9	198	42	13	6	259	29	3	32	53	10	53	10	63	0	388	388	165
		10	124	16	2	7	149	26	3	29	53	0	53	0	53	0	388	388	67
		11	106	13	2	9	130	17	2	19	59	0	59	0	59	0	388	388	53
		12	92	7	0	12	111	10	1	11	76	0	76	0	76	0	388	388	24
		小计	1 742	250	49	75	2116	297	52	349	1 025	103	1 019	95	1 114	−14			543
	焦岗湖	1	630	33	0	12	675	78	3	81	1 020	0	805	0	805	−215	3 122	2 911	0
		2	529	2	0	3	534	158	7	165	668	0	381	0	381	−287	2 911	2 899	0
		3	654	176	46	2	878	223	19	242	707	42	537	0	537	−212	2 899	2 998	0
		4	1 200	341	139	5	1 685	226	42	268	959	0	894	0	894	−65	2 998	3 520	0
		5	994	388	172	13	1567	298	28	326	1 033	0	1 033	0	1 033	0	3 520	3 729	0
		6	1 077	177	108	29	1 391	420	20	440	654	1 429	568	637	1 205	−878	3 729	3 475	0
		7	3 075	707	490	14	4 286	434	130	564	1 162	516	1 162	516	1 678	0	3 475	5 519	0
		8	1 054	351	127	25	1 557	481	38	519	840	646	840	646	1 486	0	5 519	5 071	0
		9	4 133	582	384	31	5 130	351	70	421	961	414	961	415	1 376	1	5 071	5 648	2 755
		10	941	218	77	21	1 257	319	11	330	1 076	0	1 076	0	1 076	0	5 648	5 288	211
		11	827	157	54	20	1 058	200	11	211	1 067	0	1 067	0	1 067	0	5 288	5 069	0
		12	689	112	9	25	835	117	3	120	1 108	0	1 108	0	1 108	0	5 069	4 675	0
		小计	15 803	3 244	1 606	200	20 853	3 305	382	3 687	11 255	3 047	10 432	2 214	12 646	−1 656			2 966
	合计		17 545	3 494	1 655	275	22 969	3 602	434	4 036	12 280	3 150	11 451	2 309	13 760	−1 670			3 509
总计			60 135	5 478	9 296	2 223	77 132	6 050	1 053	7 103	60 213	11 733	53 864	8 059	61 923	−10 023			3 509

表 5-19　1977 年蓄水工程月平均水量平衡表(供一般工业 55% 地表用水情景)　　(单位:万 m^3)

类型	名称	月份	来水					损失			供水						月初蓄水量	月末蓄水量	弃水
			河道来水	水面降水	未积水区产流	地下水补给	来水合计	水面蒸发	水库渗漏	损失合计	其他需水	农业需水	其他供水	农业供水	供水合计	缺水			
沉陷洼地	西淝河联合片	1	1 361	10	0	158	1 529	31	0	31	1 983	0	1 983	0	1 983	0	3 708	3 223	0
		2	1 151	0	0	116	1 267	53	0	53	1 774	0	1 774	0	1 774	0	3 223	2 663	0
		3	1 313	35	84	107	1 539	56	0	56	1 869	63	1 786	59	1 845	-87	2 663	2 300	0
		4	1 688	105	427	106	2 326	53	10	63	1 679	0	1 643	0	1 643	-36	2 300	2 919	0
		5	1 604	91	262	118	2 075	91	4	95	1 652	0	1 652	0	1 652	0	2 919	3 247	0
		6	1 935	66	693	93	2 787	112	28	140	1 845	1 837	1 577	928	2 505	-1 177	3 247	3 388	0
		7	4 173	252	956	82	5 463	148	98	246	1 993	603	1 993	555	2 548	-48	3 388	6 056	0
		8	1 412	110	104	110	1 736	223	20	243	1 676	1 021	1 676	964	2 640	-57	6 056	4 909	0
		9	2 214	227	757	110	3 308	154	49	203	1 764	596	1 764	560	2 324	-36	4 909	5 689	0
		10	1 401	77	116	126	1 720	146	9	155	1 950	0	1 950	0	1 950	0	5 689	5 304	0
		11	1 538	75	99	133	1 845	90	8	98	1 888	0	1 888	0	1 888	0	5 304	5 163	0
		12	1 502	38	6	154	1 700	52	6	58	1 985	0	1 985	0	1 985	0	5 163	4 819	0
		小计	21 292	1 086	3 504	1 413	27 295	1 209	232	1 441	22 058	4 120	21 671	3 066	24 737	-1 441			0
	泥河联合片	1	891	6	0	39	936	22	3	25	1 230	0	1 230	0	1 230	0	1 876	1 558	0
		2	766	0	0	27	793	34	2	36	1 094	0	1 094	0	1 094	0	1 558	1 222	0
		3	877	19	73	20	989	34	2	36	1 217	39	1 145	38	1 183	-73	1 222	993	0
		4	1 110	62	436	18	1 626	34	20	54	1 147	0	1 125	0	1 125	-22	993	1 440	0
		5	1 116	64	360	30	1 570	68	19	87	1 191	0	1 191	0	1 191	0	1 440	1 733	0
		6	875	17	244	32	1 168	71	12	83	1 193	1 276	955	628	1 583	-886	1 733	1 236	0
		7	2 803	119	780	8	3 710	97	100	197	1 027	238	1 027	229	1 256	-9	1 236	3 493	0
		8	1 521	84	295	28	1 928	169	49	218	1 179	679	1 179	671	1 850	-8	3 493	3 353	0
		9	1 184	70	170	28	1 452	121	23	144	1 221	466	1 221	464	1 685	-2	3 353	2 977	0
		10	1 019	30	53	25	1 127	104	17	121	1 168	0	1 168	0	1 168	0	2 977	2 814	0
		11	953	29	34	26	1 042	63	14	77	1 119	0	1 119	0	1 119	0	2 814	2 660	0
		12	913	16	3	34	966	35	13	48	1 149	0	1 149	0	1 149	0	2 660	2 429	0
		小计	14 028	516	2 448	315	17 307	852	274	1 126	13 935	2 698	13 603	2 030	15 633	-1 000			0

续表

类型	名称	月份	来水					损失			供水						月初蓄水量	月末蓄水量	弃水
			河道来水	水面降水	末积水区产流	地下水补给	来水合计	水面蒸发	水库渗漏	损失合计	其他需水	农业需水	其他供水	农业供水	供水合计	缺水			
沉陷洼地	永幸河汇流片1	1	338	4	0	20	362	13	0	13	477	0	477	0	477	0	960	832	0
		2	285	0	0	17	302	22	0	22	416	0	416	0	416	0	832	696	0
		3	338	13	20	14	385	24	0	24	487	15	427	14	441	−61	696	616	0
		4	561	52	210	9	832	24	11	35	528	0	520	0	520	−8	616	895	0
		5	518	46	108	18	690	42	3	45	605	0	605	0	605	0	895	934	0
		6	402	10	25	21	458	47	3	50	565	550	362	246	608	−507	934	734	0
		7	2 032	115	363	7	2 517	53	59	112	483	108	483	94	577	−14	734	2 562	0
		8	528	28	52	31	639	80	15	95	828	482	828	477	1 305	−5	2 562	1 799	0
		9	394	34	54	25	507	48	2	50	560	236	560	222	782	−14	1 799	1 474	0
		10	431	26	45	16	518	41	3	44	523	0	523	0	523	0	1 474	1 426	0
		11	397	19	23	16	455	26	2	28	502	0	502	0	502	0	1 426	1 353	0
		12	348	10	1	20	379	15	0	15	496	0	496	0	496	0	1 353	1 220	0
		小计	6 572	357	901	214	8 044	435	98	533	6 470	1 391	6 199	1 053	7 252	−609			0
	永幸河汇流片2	1	31	1	0	2	34	2	0	2	48	0	48	0	48	0	156	139	0
		2	26	0	0	2	28	3	0	3	38	0	38	0	38	0	139	125	0
		3	31	2	17	3	53	4	2	6	106	1	52	1	53	−54	125	120	0
		4	76	22	201	3	302	7	7	14	168	0	168	0	168	0	120	240	0
		5	67	18	93	8	186	17	1	18	202	0	202	0	202	0	240	206	0
		6	33	1	8	5	47	9	2	11	245	131	61	52	113	−263	206	130	0
		7	298	31	277	1	607	19	22	41	91	10	91	8	99	−2	130	596	0
		8	49	20	51	8	128	51	7	58	184	105	184	105	289	0	596	378	0
		9	46	19	63	8	136	22	1	23	126	53	126	51	177	−2	378	314	0
		10	52	9	36	7	104	19	2	21	116	0	116	0	116	0	314	283	0
		11	43	7	18	6	74	11	0	11	96	0	96	0	96	0	283	249	0
		12	35	2	1	6	44	5	0	5	79	0	79	0	79	0	249	210	0
		小计	787	132	765	59	1 743	169	44	213	1 499	300	1261	217	1 478	−321			0
	合计		42 679	2 091	7 618	2 001	54 389	2 665	648	3 313	43 962	8 509	42 734	6 366	49 100	−3 371			0

续表

类型	名称	月份	来水					损失			供水						月初蓄水量	月末蓄水量	弃水
			河道来水	水面降水	未积水区产流	地下水补给	来水合计	水面蒸发	水库渗漏	损失合计	其他需水	农业需水	其他供水	农业供水	供水合计	缺水			
天然湖泊	城北湖	1	84	2	0	8	94	9	2	11	103	0	103	0	103	0	278	257	0
		2	66	0	0	6	72	18	2	20	110	0	110	0	110	0	257	199	0
		3	83	15	1	5	104	21	2	23	133	0	133	0	133	0	199	147	0
		4	219	36	9	3	267	20	6	26	130	0	130	0	130	0	147	258	0
		5	157	31	4	5	197	30	5	35	122	0	122	0	122	0	258	277	20
		6	67	3	0	6	76	39	3	42	87	84	86	85	171	0	277	140	0
		7	408	58	14	0	480	37	18	55	48	10	48	4	52	−6	140	514	0
		8	133	29	4	10	176	50	6	56	79	22	79	22	101	0	514	287	246
		9	198	43	13	6	260	29	3	32	44	9	44	9	53	0	287	287	174
		10	124	16	2	7	149	26	3	29	44	0	44	0	44	0	287	287	77
		11	106	13	2	9	130	17	2	19	46	0	46	0	46	0	287	287	66
		12	92	7	0	12	111	10	1	11	54	0	54	0	54	0	287	287	46
		小计	1 737	253	49	77	2 116	306	53	359	1 000	125	999	120	1 119	−6			629
	焦岗湖	1	630	42	0	15	687	96	5	101	859	0	859	0	859	0	3 574	3 301	0
		2	529	3	0	17	549	188	3	191	813	0	813	0	813	0	3 301	2 846	0
		3	655	185	45	13	898	239	11	250	887	42	849	49	898	−31	2 846	2 597	0
		4	1 202	342	139	6	1 689	230	38	268	896	0	886	0	886	−10	2 597	3 133	0
		5	995	391	171	12	1 569	301	29	330	928	0	928	0	928	0	3 133	3 444	0
		6	1 097	178	108	33	1 416	424	19	443	613	1 416	545	788	1 333	−696	3 444	3 083	0
		7	3 093	717	487	13	4 310	440	134	574	1 058	502	1 058	502	1 560	0	3 083	5 258	0
		8	1 056	354	127	23	1 560	484	35	519	753	629	753	629	1 382	0	5 258	4 795	121
		9	4 133	589	380	30	5 132	355	65	420	833	397	833	397	1 230	0	4 795	5 303	2 974
		10	943	218	77	18	1 256	320	10	330	900	0	900	0	900	0	5 303	5 001	328
		11	828	160	54	15	1 057	204	14	218	897	0	897	0	897	0	5 001	4 944	0
		12	690	117	9	19	835	121	5	126	937	0	937	0	937	0	4 944	4 716	0
		小计	15 851	3 296	1 597	214	20 958	3 402	368	3 770	10 374	2 986	10 258	2 365	12 623	−737			3 423
	合计		17 588	3 549	1 646	291	23 074	3 708	421	4 129	11 374	3 111	11 257	2 485	13 742	−743			4 052
总计			60 267	5 640	9 264	2 292	77 463	6 373	1 069	7 442	55 336	11 620	53 991	8 851	62 842	−4 114			4 052

表 5-20 1976 年蓄水工程月平均水量平衡表(供一般工业 50% 地表用水情景) (单位:万 m^3)

类型	名称	月份	来水					损失			供水						月初蓄水量	月末蓄水量	弃水
			河道来水	水面降水	未积水区产流	地下水补给	来水合计	水面蒸发	水库渗漏	损失合计	其他需水	农业需水	其他供水	农业供水	供水合计	缺水			
沉陷洼地	西淝河联合片	1	1 913	2	0	138	2 053	166	21	187	1 377	0	1 377	0	1 377	0	9 134	9 134	490
		2	2 270	247	53	142	2 712	134	19	153	1 302	0	1 302	0	1 302	0	9 134	9 134	1 257
		3	1 876	42	0	132	2 050	201	22	223	1 495	0	1 495	0	1 495	0	9 134	9 134	332
		4	2 454	198	133	91	2 876	312	24	336	1 537	7	1 537	7	1 544	0	9 134	9 135	995
		5	1 896	204	111	87	2 298	426	26	452	1 598	26	1 598	26	1 624	0	9 135	9 016	340
		6	2 377	350	683	123	3 533	392	48	440	1 604	1 813	1 604	1 813	3 417	0	9 016	8 693	0
		7	1 724	147	93	135	2 099	417	17	434	1 740	1 454	1 740	1 454	3 194	0	8 693	7 162	0
		8	1 426	78	56	159	1 719	341	4	345	1 663	1 724	1 663	1 724	3 387	0	7 162	5 150	0
		9	1 966	211	537	120	2 834	239	25	264	1 674	842	1 674	842	2 516	0	5 150	5 204	0
		10	1 360	28	1	114	1 503	181	3	184	1 788	0	1 788	0	1 788	0	5 204	4 734	0
		11	1 315	26	2	125	1 468	94	4	98	1 755	0	1 755	0	1 755	0	4 734	4 348	0
		12	1 337	13	0	132	1 482	77	3	80	1 835	0	1 835	0	1 835	0	4 348	3 915	0
		小计	21 914	1 546	1 669	1 498	26 627	2 980	216	3 196	19 368	5 866	19 368	5 866	25 234	0			3 414
	泥河联合片	1	949	0	0	64	1 013	245	36	281	1 498	0	1 498	0	1 498	0	9 515	8 749	0
		2	898	297	35	54	1 284	185	36	221	1 328	0	1 328	0	1 328	0	8 749	8 484	0
		3	922	57	0	63	1 042	266	34	300	1 444	0	1 444	0	1 444	0	8 484	7 781	0
		4	1 077	288	190	39	1 594	381	43	424	1 353	6	1 353	6	1 359	0	7 781	7 591	0
		5	1 344	317	243	30	1 934	524	58	582	1 415	23	1 415	23	1 438	0	7 591	7 506	0
		6	1 386	354	632	66	2 438	440	57	497	1 367	1 580	1 367	1 580	2 947	0	7 506	6 500	0
		7	1 215	285	649	49	2 198	416	43	459	1 378	1 153	1 378	1 153	2 531	0	6 500	5 708	0
		8	996	144	289	71	1 500	345	20	365	1 465	1 518	1 465	1 518	2 983	0	5 708	3 859	0
		9	1 112	131	336	40	1 619	201	22	223	1 269	629	1 269	629	1 898	0	3 859	3 357	0
		10	905	17	4	27	953	135	8	143	1 263	0	1 263	0	1 263	0	3 357	2 902	0
		11	867	17	5	28	917	71	9	80	1 193	0	1 193	0	1 193	0	2 902	2 546	0
		12	877	15	0	32	924	58	8	66	1 202	0	1 202	0	1 202	0	2 546	2 203	0
		小计	12 548	1 922	2 383	563	17 416	3 267	374	3 641	16 175	4 909	16 175	4 909	21 084	0			0

续表

类型	名称	月份	来水					损失			供水						月初蓄水量	月末蓄水量	弃水
			河道来水	水面降水	未积水区产流	地下水补给	来水合计	水面蒸发	水库渗漏	损失合计	其他需水	农业需水	其他供水	农业供水	供水合计	缺水			
沉陷洼地	永幸河汇流片1	1	377	0	0	24	401	108	0	108	870	0	870	0	870	0	5 700	5 123	0
		2	488	135	13	14	650	80	1	81	755	0	755	0	755	0	5 123	4 936	0
		3	378	22	0	23	423	106	0	106	812	0	812	0	812	0	4 936	4 442	0
		4	514	86	38	18	656	149	4	153	742	3	742	3	745	0	4 442	4 200	0
		5	523	98	58	11	690	199	8	207	748	12	748	12	760	0	4 200	3 923	0
		6	469	71	109	39	688	148	6	154	657	789	657	789	1 446	0	3 923	3 013	0
		7	433	47	37	30	547	131	2	133	595	494	595	494	1 089	0	3 013	2 337	0
		8	395	18	23	34	470	91	0	91	540	561	540	561	1 101	0	2 337	1 615	0
		9	631	45	116	20	812	62	11	73	526	261	526	261	787	0	1 615	1 567	0
		10	353	5	0	16	374	50	1	51	523	0	523	0	523	0	1 567	1 367	0
		11	334	9	0	16	359	27	1	28	488	0	488	0	488	0	1 367	1 212	0
		12	337	5	0	17	359	22	1	23	486	0	486	0	486	0	1 212	1 062	0
		小计	5 232	541	394	262	6 429	1 173	35	1 208	7 742	2 120	7 742	2 120	9 862	0			0
	永幸河汇流片2	1	37	0	0	17	54	53	0	53	217	0	217	0	217	0	1 438	1 222	0
		2	41	71	13	14	139	41	0	41	180	0	180	0	180	0	1 222	1 141	0
		3	35	11	0	19	65	59	1	60	184	0	184	0	184	0	1 141	962	0
		4	47	55	42	13	157	86	2	88	156	1	156	1	157	0	962	874	0
		5	58	64	59	10	191	113	2	115	152	2	152	2	154	0	874	796	0
		6	71	75	123	13	282	99	6	105	136	154	136	154	290	0	796	684	0
		7	46	24	28	12	110	98	1	99	130	107	130	107	237	0	684	459	0
		8	43	3	10	8	64	42	0	42	99	103	99	103	202	0	459	278	0
		9	85	16	88	6	195	29	5	34	103	51	103	51	154	0	278	284	0
		10	36	2	0	5	43	21	1	22	86	0	86	0	86	0	284	219	0
		11	33	3	0	4	40	10	0	10	70	0	70	0	70	0	219	179	0
		12	32	1	0	3	36	6	0	6	61	0	61	0	61	0	179	148	0
		小计	564	325	363	124	1 376	657	18	675	1 574	418	1 574	418	1 992	0			0
	合计		40 258	4 334	4 809	2 447	51 848	8 077	643	8 720	44 859	13 313	44 859	13 313	58 172	0			3 414

续表

类型	名称	月份	来水					损失			供水						月初蓄水量	月末蓄水量	弃水
			河道来水	水面降水	未积水区产流	地下水补给	来水合计	水面蒸发	水库渗漏	损失合计	其他需水	农业需水	其他供水	农业供水	供水合计	缺水			
天然湖泊	城北湖	1	95	0	0	10	105	17	1	18	14	0	14	0	14	0	278	278	74
		2	110	20	0	10	140	13	1	14	13	0	13	0	13	0	278	278	113
		3	90	3	0	8	101	20	2	22	15	0	15	0	15	0	278	278	65
		4	130	17	2	5	154	31	2	33	16	0	16	0	16	0	278	278	104
		5	145	26	5	4	180	43	3	46	16	0	16	0	16	0	278	278	119
		6	280	29	10	3	322	42	3	45	18	10	18	10	28	0	278	278	249
		7	104	15	2	3	124	46	3	49	20	9	20	9	29	0	278	273	51
		8	113	17	7	2	139	45	4	49	26	12	26	12	38	0	273	277	47
		9	156	22	4	4	186	34	3	37	29	6	29	6	35	0	277	278	114
		10	88	6	0	4	98	29	3	32	36	0	36	0	36	0	278	278	30
		11	84	5	0	6	95	17	2	19	40	0	40	0	40	0	278	278	36
		12	82	2	0	6	90	14	2	16	47	0	47	0	47	0	278	278	26
		小计	1 477	162	30	65	1 734	351	29	380	290	37	290	37	327	0			1 028
	焦岗湖	1	752	12	0	10	774	206	7	213	310	0	310	0	310	0	4 204	4 204	251
		2	854	262	16	10	1 142	166	6	172	292	0	292	0	292	0	4 204	4 204	677
		3	724	91	1	10	826	248	6	254	335	0	335	0	335	0	4 204	4 202	240
		4	845	260	87	7	1 199	388	12	400	343	2	343	2	345	0	4 202	4 205	451
		5	1 274	386	256	7	1 923	529	16	545	356	9	356	9	365	0	4 205	4 180	1 037
		6	3 155	383	224	22	3 784	518	37	555	365	585	365	585	950	0	4 180	4 204	2 253
		7	1 014	311	92	17	1 434	573	17	590	423	492	423	492	915	0	4 204	3 771	361
		8	877	394	392	28	1 691	549	40	589	492	717	492	717	1 209	0	3 771	3 580	84
		9	890	295	160	19	1 364	411	31	442	547	387	547	387	934	0	3 580	3 568	0
		10	642	100	5	10	757	347	15	362	588	0	588	0	588	0	3 568	3 373	0
		11	624	63	1	9	697	194	11	205	603	0	603	0	603	0	3 373	3 261	0
		12	624	27	0	11	662	163	10	173	655	0	655	0	655	0	3 261	3 095	0
		小计	12 275	2 584	1 234	160	16 253	4 292	208	4 500	5 309	2 192	5 309	2 192	7 501	0			5 354
	合计		13 752	2 746	1 264	225	17 987	4 643	237	4 880	5 599	2 229	5 599	2 229	7 828	0			6 382
总计			54 010	7 080	6 073	2 672	69 835	12 720	880	13 600	50 458	15 542	50 458	15 542	66 000	0			9 796

表 5-21　1979 年蓄水工程月平均水量平衡表（供一般工业 40% 地表用水情景）　（单位：万 m^3）

类型	名称	月份	来水					损失			供水						月初蓄水量	月末蓄水量	弃水
			河道来水	水面降水	未积水区产流	地下水补给	来水合计	水面蒸发	水库渗漏	损失合计	其他需水	农业需水	其他供水	农业供水	供水合计	缺水			
沉陷洼地	西淝河联合片	1	1 266	32	87	119	1 504	29	1	30	1 465	0	1 465	0	1 465	0	8 903	8 912	0
		2	1 015	14	11	99	1 139	36	1	37	1 297	0	1 297	0	1 297	0	8 912	8 717	0
		3	1 093	27	18	93	1 231	56	1	57	1 440	19	1 440	18	1 458	−1	8 717	8 433	0
		4	1 125	60	161	77	1 423	62	1	63	1 289	0	1 289	0	1 289	0	8 433	8 505	0
		5	1 156	51	171	73	1 451	107	2	109	1 298	105	1 298	94	1 392	−11	8 505	8 455	0
		6	1 373	81	648	58	2 160	110	14	124	1 342	2 199	1 231	959	2 190	−1 351	8 455	8 301	0
		7	6 778	586	1 967	30	9 361	266	304	570	1 431	491	1 431	396	1 827	−95	8 301	15 264	0
		8	1 229	103	43	98	1 473	345	32	377	1 637	1 626	1 637	1 778	3 415	152	15 264	12 945	0
		9	1 789	327	422	75	2 613	187	43	230	1 495	94	1 495	95	1 590	1	12 945	13 739	0
		10	1 176	0	0	83	1 259	248	25	273	1 555	0	1 555	0	1 555	0	13 739	13 169	0
		11	1 159	22	0	75	1 256	163	24	187	1 503	0	1 503	0	1 503	0	13 169	12 734	0
		12	1 407	104	38	92	1 641	65	25	90	1 556	0	1 556	0	1 556	0	12 734	12 730	0
		小计	20 566	1 407	3 566	972	26 511	1 674	473	2 147	17 308	4 534	17 197	3 340	20 537	−1 305			0
	泥河联合片	1	828	17	37	24	906	19	7	26	927	0	927	0	927	0	4 940	4 892	0
		2	721	11	33	18	783	23	7	30	815	0	815	0	815	0	4 892	4 830	0
		3	780	13	11	18	822	36	6	42	963	12	963	12	975	0	4 830	4 636	0
		4	838	37	217	11	1103	41	12	53	952	0	952	0	952	0	4 636	4 735	0
		5	811	35	174	16	1036	70	11	81	955	71	955	68	1 023	−3	4 735	4 667	0
		6	866	36	457	15	1374	69	16	85	960	1374	858	538	1 396	−938	4 667	4 560	0
		7	2 363	187	1 293	6	3 849	143	166	309	642	262	642	178	820	−84	4 560	7 279	0
		8	997	55	104	19	1 175	185	30	215	715	971	715	768	1 483	−203	7 279	6 755	0
		9	1 010	150	373	10	1 543	112	53	165	771	59	771	47	818	−12	6 755	7 314	0
		10	831	0	0	12	843	148	31	179	820	0	820	0	820	0	7 314	7 158	0
		11	800	10	0	11	821	101	30	131	829	0	829	0	829	0	7 158	7 020	0
		12	829	50	22	15	916	41	32	73	873	0	873	0	873	0	7 020	6 989	0
		小计	11 674	601	2 721	175	15 171	988	401	1 389	10 222	2 749	10 120	1 611	11 731	−1 240			0

续表

类型	名称	月份	来水					损失			供水						月初蓄水量	月末蓄水量	弃水
			河道来水	水面降水	未积水区产流	地下水补给	来水合计	水面蒸发	水库渗漏	损失合计	其他需水	农业需水	其他供水	农业供水	供水合计	缺水			
沉陷洼地	永幸河汇流片1	1	350	18	35	15	418	12	1	13	371	0	371	0	371	0	2 482	2 517	0
		2	273	7	4	16	300	15	0	15	360	0	360	0	360	0	2 517	2 441	0
		3	295	14	7	16	332	24	0	24	374	5	374	5	379	0	2 441	2 370	0
		4	327	25	68	12	432	28	1	29	372	0	372	0	372	0	2 370	2 401	0
		5	333	24	56	14	427	46	1	47	386	31	386	26	412	−5	2 401	2 369	0
		6	476	40	170	13	699	50	7	57	462	656	373	301	674	−444	2 369	2 338	0
		7	2 557	161	578	7	3 303	92	109	201	533	167	533	144	677	−23	2 338	4 762	0
		8	312	34	8	34	388	102	0	102	556	664	556	604	1 160	−60	4 762	3 888	0
		9	521	88	113	9	731	50	6	56	481	37	481	31	512	−6	3 888	4 052	0
		10	327	0	0	15	342	65	0	65	486	0	486	0	486	0	4 052	3 843	0
		11	311	5	0	13	329	40	1	41	459	0	459	0	459	0	3 843	3 672	0
		12	332	25	17	15	389	16	2	18	455	0	455	0	455	0	3 672	3 588	0
		小计	6 414	441	1 056	179	8 090	540	128	668	5 295	1 560	5 206	1 111	6 317	−538			0
	永幸河汇流片2	1	34	3	24	2	63	2	1	3	39	0	39	0	39	0	436	457	0
		2	25	1	1	2	29	3	0	3	49	0	49	0	49	0	457	435	0
		3	26	1	2	2	31	4	0	4	36	1	36	0	36	−1	435	426	0
		4	32	6	77	2	117	5	2	7	84	0	84	0	84	0	426	451	0
		5	34	5	45	3	87	10	1	11	91	5	91	5	96	0	451	431	0
		6	56	9	142	3	210	10	5	15	183	116	101	97	198	−101	431	428	0
		7	399	64	441	4	908	66	43	109	138	41	138	37	175	−4	428	1 052	0
		8	29	26	8	12	75	80	1	81	131	158	131	144	275	−14	1 052	771	0
		9	67	64	97	7	235	44	5	49	117	8	117	7	124	−1	771	834	0
		10	33	0	0	7	40	36	1	37	106	0	106	0	106	0	834	730	0
		11	31	2	0	5	38	19	0	19	86	0	86	0	86	0	730	662	0
		12	32	12	19	6	69	7	1	8	77	0	77	0	77	0	662	646	0
		小计	798	193	856	55	1 902	286	60	346	1 137	329	1 055	290	1 345	−121			0
	合计		39 452	2 642	8 199	1 381	51 674	3 488	1 062	4 550	33 962	9 172	33 578	6 352	39 930	−3 204			0

续表

类型	名称	月份	来水					损失			供水						月初蓄水量	月末蓄水量	弃水
			河道来水	水面降水	未积水区产流	地下水补给	来水合计	水面蒸发	水库渗漏	损失合计	其他需水	农业需水	其他供水	农业供水	供水合计	缺水			
天然湖泊	城北湖	1	75	10	1	5	91	9	3	12	80	0	80	0	80	0	278	277	0
		2	56	4	0	4	64	12	3	15	71	0	71	0	71	0	277	255	0
		3	57	11	1	4	73	19	3	22	79	0	79	0	79	0	255	227	0
		4	90	20	4	2	116	22	4	26	78	0	78	0	78	0	227	240	0
		5	69	17	4	2	92	35	5	40	67	0	67	1	68	1	240	223	0
		6	106	23	9	1	139	40	7	47	79	17	79	21	100	4	223	216	0
		7	769	130	56	10	965	50	38	88	71	6	71	10	81	4	216	395	617
		8	78	15	1	9	103	43	4	47	24	8	24	11	35	3	395	346	70
		9	157	43	7	3	210	28	10	38	35	1	35	1	36	0	346	473	10
		10	73	0	0	7	80	35	4	39	31	0	31	0	31	0	473	342	141
		11	70	3	0	3	76	22	4	26	25	0	25	0	25	0	342	342	26
		12	77	15	1	6	99	9	3	12	27	0	27	0	27	0	342	343	58
		小计	1 677	291	84	56	2 108	324	88	412	667	32	667	44	711	12			922
	焦岗湖	1	599	108	32	5	744	100	11	111	575	0	575	0	575	0	4 205	4 262	0
		2	458	40	1	7	506	127	6	133	532	0	532	0	532	0	4 262	4 104	0
		3	477	138	24	9	648	206	9	215	566	12	566	12	578	0	4 104	3 958	0
		4	551	221	77	4	853	242	15	257	571	0	571	0	571	0	3 958	3 983	0
		5	669	242	165	11	1 087	396	25	421	660	70	660	70	730	0	3 983	3 920	0
		6	653	214	151	10	1 028	448	31	479	320	901	295	337	632	−589	3 920	3 838	0
		7	5 523	956	815	11	7 305	479	162	641	643	141	643	141	784	0	3 838	6 445	3 271
		8	534	179	22	21	756	502	12	514	394	595	394	595	989	0	6 445	5 699	0
		9	1 190	472	284	5	1 951	295	47	342	447	30	447	30	477	0	5 699	6 488	344
		10	507	0	0	13	520	393	13	406	460	0	460	0	460	0	6 488	6 142	0
		11	499	43	0	8	550	270	13	283	443	0	443	0	443	0	6 142	5 966	0
		12	526	184	15	5	730	111	14	125	471	0	471	0	471	0	5 966	6 100	0
		小计	12 186	2 797	1 586	109	16 678	3 569	358	3 927	6 082	1 749	6 057	1 185	7 242	−589			3 615
	合计		13 863	3 088	1 670	165	18 786	3 893	446	4 339	6 749	1 781	6 724	1 229	7 953	−577			4 537
总计			53 315	5 730	9 869	1 546	70 460	7 381	1 508	8 889	40 711	10 953	40 302	7 581	47 883	−3 781			4 537

表 5-22 1979 年蓄水工程月平均水量平衡表(供一般工业 35% 地表用水情景)　（单位:万 m^3）

类型	名称	月份	来水					损失			供水						月初蓄水量	月末蓄水量	弃水
			河道来水	水面降水	未积水区产流	地下水补给	来水合计	水面蒸发	水库渗漏	损失合计	其他需水	农业需水	其他供水	农业供水	供水合计	缺水			
沉陷洼地	西淝河联合片	1	1 268	63	81	99	1511	54	7	61	1 322	0	1 322	0	1 322	0	9 134	9 262	0
		2	1 017	28	10	87	1142	72	6	78	1 186	0	1 186	0	1 186	0	9 262	9 139	0
		3	1 095	55	16	82	1 248	113	7	120	1 308	19	1 308	19	1 327	0	9 139	8 942	0
		4	1 127	129	150	69	1 475	132	8	140	1 236	0	1 236	0	1 236	0	8 942	9 042	0
		5	1 158	105	159	73	1 495	219	10	229	1 229	98	1 229	98	1 327	0	9 042	8 982	0
		6	1 370	151	617	107	2 245	212	16	228	1 214	2 125	1 214	2 125	3 339	0	8 982	7 661	0
		7	6 864	724	1 890	30	9 508	313	309	622	1 282	475	1 282	475	1 757	0	7 661	14 789	0
		8	1 233	116	41	93	1 483	389	38	427	1 451	1 797	1 451	1 797	3 248	0	14 789	12 598	0
		9	1 794	375	408	71	2 648	213	51	264	1 349	102	1 349	102	1 451	0	12 598	13 530	0
		10	1 179	0	0	76	1 255	287	32	319	1 407	0	1 407	0	1 407	0	13 530	13 059	0
		11	1 162	25	0	68	1 255	191	29	220	1 364	0	1 364	0	1 364	0	13 059	12 731	0
		12	1 411	126	36	81	1 654	78	32	110	1 410	0	1 410	0	1 410	0	12 731	12 866	0
		小计	20 678	1 897	3 408	936	26 919	2 273	545	2 818	15 758	4 616	15 758	4 616	20 374	0			0
	泥河联合片	1	829	34	36	20	919	38	19	57	834	0	834	0	834	0	6 172	6 200	0
		2	722	24	31	18	795	49	18	67	741	0	741	0	741	0	6 200	6 187	0
		3	780	29	11	20	840	81	18	99	841	12	841	12	853	0	6 187	6 077	0
		4	839	89	209	13	1150	97	25	122	825	0	825	0	825	0	6 077	6 280	0
		5	811	85	166	19	1081	168	24	192	862	69	862	69	931	0	6 280	6 239	0
		6	867	74	446	45	1432	156	19	175	818	1 307	818	1 307	2 125	0	6 239	5 371	0
		7	2 403	259	1 266	10	3 938	200	165	365	659	246	659	246	905	0	5 371	8 037	0
		8	997	65	103	18	1 183	226	33	259	662	813	662	813	1 475	0	8 037	7 485	0
		9	1 010	188	366	11	1 575	146	68	214	696	51	696	51	747	0	7 485	8 099	0
		10	832	0	0	14	846	199	44	243	733	0	733	0	733	0	8 099	7 968	0
		11	801	14	0	11	826	135	42	177	732	0	732	0	732	0	7 968	7 885	0
		12	830	67	22	13	932	54	44	98	768	0	768	0	768	0	7 885	7 950	0
		小计	11 721	928	2 656	212	15 517	1 549	519	2 068	9 171	2 498	9 171	2 498	11 669	0			0

续表

类型	名称	月份	来水					损失			供水						月初蓄水量	月末蓄水量	弃水
			河道来水	水面降水	未积水区产流	地下水补给	来水合计	水面蒸发	水库渗漏	损失合计	其他需水	农业需水	其他供水	农业供水	供水合计	缺水			
沉陷洼地	永幸河汇流片1	1	350	25	34	14	423	17	1	18	370	0	370	0	370	0	3 084	3 119	0
		2	273	9	4	13	299	21	1	22	334	0	334	0	334	0	3 119	3 062	0
		3	295	21	7	15	338	35	0	35	359	5	359	5	364	0	3 062	2 999	0
		4	327	38	65	10	440	42	1	43	345	0	345	0	345	0	2 999	3 053	0
		5	334	35	53	12	434	67	2	69	354	28	354	28	382	0	3 053	3 036	0
		6	476	59	163	27	725	78	5	83	360	616	360	616	976	0	3 036	2 702	0
		7	2 552	178	571	6	3 307	103	110	213	456	167	456	167	623	0	2 702	5 174	0
		8	312	40	8	30	390	120	1	121	489	605	489	605	1 094	0	5 174	4 351	0
		9	523	110	109	7	749	63	7	70	435	33	435	33	468	0	4 351	4 561	0
		10	327	0	0	13	340	83	1	84	443	0	443	0	443	0	4 561	4 374	0
		11	311	7	0	10	328	52	1	53	421	0	421	0	421	0	4 374	4 228	0
		12	332	32	16	10	390	20	0	20	420	0	420	0	420	0	4 228	4 178	0
		小计	6 412	554	1 030	167	8 163	701	130	831	4 786	1 454	4 786	1 454	6 240	0			0
	永幸河汇流片2	1	34	4	24	4	66	3	2	5	40	0	40	0	40	0	554	574	0
		2	25	1	1	2	29	5	0	5	41	0	41	0	41	0	574	558	0
		3	26	2	2	3	33	7	1	8	40	1	40	1	41	0	558	544	0
		4	32	13	75	1	121	11	4	15	48	0	48	0	48	0	544	602	0
		5	34	12	43	4	93	28	2	30	65	5	65	5	70	0	602	596	0
		6	56	20	139	5	220	27	6	33	84	128	84	128	212	0	596	570	0
		7	414	112	412	3	941	76	46	122	124	44	124	44	168	0	570	1 222	0
		8	29	34	7	13	83	97	0	97	119	149	119	149	268	0	1 222	940	0
		9	68	84	90	7	249	52	3	55	108	8	108	8	116	0	940	1 018	0
		10	33	0	0	10	43	67	0	67	99	0	99	0	99	0	1 018	894	0
		11	31	3	0	5	39	30	2	32	81	0	81	0	81	0	894	821	0
		12	32	16	18	5	71	9	1	10	74	0	74	0	74	0	821	808	0
		小计	814	301	811	62	1 988	412	67	479	923	335	923	335	1 258	0			0
	合计		39 625	3 680	7 905	1 377	52 587	4 935	1 261	6 196	30 638	8 903	30 638	8 903	39 541	0			0

续表

类型	名称	月份	来水					损失			供水						月初蓄水量	月末蓄水量	弃水
			河道来水	水面降水	未积水区产流	地下水补给	来水合计	水面蒸发	水库渗漏	损失合计	其他需水	农业需水	其他供水	农业供水	供水合计	缺水			
天然湖泊	城北湖	1	75	12	1	5	93	11	3	14	38	0	38	0	38	0	278	278	41
		2	56	4	0	4	64	14	3	17	33	0	33	0	33	0	278	277	14
		3	58	14	1	3	76	23	4	27	38	0	38	0	38	0	277	278	9
		4	90	26	3	2	121	27	5	32	37	0	37	0	37	0	278	278	52
		5	69	21	3	2	95	42	5	47	33	0	33	0	33	0	278	253	38
		6	107	30	7	1	145	52	8	60	49	33	49	33	82	0	253	257	0
		7	718	136	53	10	917	51	31	82	50	9	50	9	59	0	257	331	703
		8	77	15	1	9	102	43	3	46	18	9	18	9	27	0	331	284	75
		9	156	43	7	3	209	28	10	38	26	1	26	1	27	0	284	415	14
		10	73	0	0	8	81	35	4	39	22	0	22	0	22	0	415	278	157
		11	70	3	0	3	76	22	3	25	17	0	17	0	17	0	278	278	34
		12	77	15	1	6	99	9	3	12	18	0	18	0	18	0	278	278	68
		小计	1 626	319	77	56	2 078	357	82	439	379	52	379	52	431	0			1 205
	焦岗湖	1	599	128	29	5	761	118	15	133	439	0	439	0	439	0	4 205	4 393	0
		2	459	49	1	7	516	152	9	161	413	0	413	0	413	0	4 393	4 334	0
		3	477	169	22	10	678	254	13	267	457	11	457	11	468	0	4 334	4 277	0
		4	552	276	69	6	903	302	18	320	454	0	454	0	454	0	4 277	4 404	0
		5	670	300	148	12	1 130	492	28	520	500	62	500	62	562	0	4 404	4 453	0
		6	654	254	142	40	1 090	550	20	570	421	1 055	421	1 055	1 476	0	4 453	3 497	0
		7	5 752	1 012	787	18	7 569	494	126	620	472	153	472	153	625	0	3 497	5 526	4 295
		8	538	181	21	18	758	506	13	519	304	521	304	521	825	0	5 526	4 940	0
		9	1 196	481	279	4	1 960	296	39	335	331	26	331	26	357	0	4 940	5 559	648
		10	510	0	0	10	520	395	14	409	339	0	339	0	339	0	5 559	5 331	0
		11	501	44	0	5	550	277	15	292	330	0	330	0	330	0	5 331	5 259	0
		12	528	190	15	3	736	115	18	133	354	0	354	0	354	0	5 259	5 508	0
		小计	12 436	3 084	1 513	138	17 171	3 951	328	4 279	4 814	1 828	4 814	1 828	6 642	0			4 943
	合计		14 062	3 403	1 590	194	19 249	4 308	410	4 718	5 193	1 880	5 193	1 880	7 073	0			6 148
总计			53 687	7 083	9 495	1 571	71 836	9 243	1 671	10 914	35 831	10 783	35 831	10 783	46 614	0			6 148

35%供水情景下，沉陷洼地蓄水工程在1979年情况下需供3.95亿m^3水量，实供3.95亿m^3水量，没有缺水。考虑到40%供水情景下，沉陷洼地蓄水工程需供4.39亿m^3水量，实供3.99亿m^3水量，实供水量与35%供水情景非常接近，说明35%供水情景应该是保障连续枯水年有效供水的情景上限。

35%供水情景下1976～1979年沉陷洼地蓄水工程的水平衡统计见表5-23。

表5-23　35%供水情景下沉陷洼地蓄水工程连续枯水年水平衡表　（单位：亿m^3）

年份	来水					损失			供水						弃水
	河道来水	水面降水	未积水区产流	地下水补给	来水合计	水面蒸发	水库渗漏	损失合计	其他需水	农业需水	其他供水	农业供水	供水合计	缺水	
1976	4.03	0.55	0.45	0.21	5.24	1.04	0.09	1.13	3.27	1.38	3.27	1.38	4.65	0.00	0.67
1977	4.29	0.59	0.66	0.17	5.71	0.73	0.13	0.87	3.20	0.98	3.20	0.98	4.18	0.00	0.31
1978	3.32	0.22	0.26	0.18	3.97	0.60	0.06	0.66	3.15	1.28	3.15	1.28	4.43	0.00	0.07
1979	3.96	0.37	0.79	0.14	5.26	0.49	0.13	0.62	3.06	0.89	3.06	0.89	3.95	0.00	0.00

从表5-23中可以看出，在连续枯水时段四年中，沉陷洼地蓄水工程的来水量为3.97亿～5.71亿m^3，扣除汇入沉陷洼地2.46亿m^3的处理后退水，本地自然产水汇入沉陷洼地的水量为1.51亿～3.25亿m^3，此即沉陷洼地的自然水资源量，其中1978年来水最少，1977年来水最大。沉陷洼地来水量中仍然以河道来水为主，地下水补给比例的不高。

在1976～1979年，沉陷洼地的总供水量为3.95亿～4.65亿m^3，平均每年供水量为4.30亿m^3。意味着若要保障在极不利连续枯水年的供水安全，沉陷洼地蓄水工程每年的供水量不能超过4.30亿m^3。

6 采煤沉陷区水环境安全保障研究

本章将在水资源开发利用潜力评估的基础上进行水环境安全保障研究，并进行采煤沉陷区对淮河干流生态环境影响的评估。

6.1 研究区水功能区划及现状水质评价

6.1.1 研究区水功能区划

根据《淮南市水功能区划》和《2010 年阜阳市水资源公报》，研究区内部水域均被划为保留区，河流均为开发利用区。保留区水资源目前开发利用程度不高，但为今后开发利用和保护水资源预留的水域。该水域应维持现状水质不遭破坏，并按照河道管理权限，未经相应的水行政主管部门批准，不得在保留区内进行大规模的水资源开发利用活动。

在水功能一级区划的基础上进一步分为水功能二级区划，其中，各相关河段均被划为开发利用一级区的农业用水二级区，部分沉陷区被划为渔业用水二级区。

根据国务院批准的淮河流域水污染防治"十一五"、"十二五"计划、安徽省有关水污染防治规划及淮南市有关水污染防治规划的目标要求，水功能区的主导功能、水质现状、污染物排入状况、技术和经济等条件，按近期水平年（2015 年）、中期水平年（2020年）和远期水平年（2030 年），在相应的水量保证率条件下分别确定其水质管理目标：①各水域水资源利用程度不高，开发利用空间巨大，被划为保留区，近、中、远期水质管理目标均为Ⅲ类；②西淝河（下段）、港河、永幸河和架河近、中、远期水质管理目标均为Ⅲ类，泥河和济河水质管理目标近期为Ⅳ类，中、远期为Ⅲ类。

6.1.2 水功能区现状水质评价

本书根据 2010 年水质调查数据进行水质评价。关于研究区的水质数据较为丰富，历次水质监测及评价成果见表 6-1。

表 6-1 2010 年历次水质监测及评价成果

数据来源	淮南矿业集团监测数据	潘谢矿区沉陷水域水质评价及治理利用研究	淮南中段治理与采煤沉陷区综合治理关系研究	潘谢矿区沉陷水域水质评价及治理利用研究
监测时间	未提供	2010 年 10 月至2011 年 11 月	2010 年 6~8 月	2010 年

数据来源	淮南矿业集团监测数据	潘谢矿区沉陷水域水质评价及治理利用研究	淮南中段治理与采煤沉陷区综合治理关系研究	潘谢矿区沉陷水域水质评价及治理利用研究		
监测指标	COD、NH$_3$-N、TN、高锰酸钾指数等	14个物理指标、11个化学指标及7个重金属指标	COD、高锰酸盐指数、TN、氟化物等	COD	TN	TP
采样点数据	没有原始数据	有原始数据	部分原始数据	部分原始数据		
潘一矿	高锰酸钾指数、COD、总氮三项指标超过Ⅳ类标准	Ⅳ~Ⅴ类	Ⅴ类，污染因子主要是COD、高锰酸盐指数、TN	Ⅳ类	劣Ⅴ类	Ⅲ类
潘二矿				Ⅲ类	劣Ⅴ类	Ⅱ类
潘三矿	达到Ⅳ类标准要求		Ⅳ类，污染因子主要是COD、高锰酸盐指数、TN	Ⅲ类	劣Ⅴ类	Ⅱ类
丁集矿		Ⅱ~Ⅳ类				
顾桥矿		Ⅲ~Ⅳ类		Ⅳ类	Ⅳ类	Ⅱ类
张集矿	沉陷区水域达到Ⅳ类标准要求	Ⅰ~Ⅲ类	北沉陷水域Ⅳ类，污染因子为氟化物；南沉陷水域劣Ⅴ类，污染因子为TN	Ⅱ类	Ⅲ类	Ⅱ类
谢桥矿	NH$_3$-N、TN两项指标超过Ⅳ标准	Ⅱ~Ⅲ类	东沉陷水域为Ⅲ类，东沉陷水域为劣Ⅴ类，污染因子主要是TN	Ⅳ类	劣Ⅴ类	Ⅱ类

注：COD为化学需氧量（chemical oxygen demand）；TN指总氮；TP指总磷。下同

表6-1中水质评价以营养物为主，为了体现重金属对水质的影响，对张集和顾北顾桥沉陷区进行水质评价（数据来源于《淮河凤台蓄滞洪区塌陷水域水质评价及治理利用研究》），见表6-2。

表6-2 张集和顾北顾桥沉陷区重金属指标浓度及其评价类别

检测时间	沉陷区	项目	六价铬	Cu	Zn	Pb	Cd	Hg	As
冬季	张集	浓度（μg/L）	3.60	71.50	65.90	21.00	0.18	—	—
		类别	Ⅰ	Ⅱ	Ⅱ	Ⅲ	Ⅰ	—	—
	顾北顾桥	浓度（μg/L）	1.25	232.75	47.50	9.25	0.10	—	—
		类别	Ⅰ	Ⅱ	Ⅰ	Ⅰ	Ⅰ	—	—
春季	张集	浓度（μg/L）	7.45	59.18	11.27	29.18	2.55	0.09	31.06
		类别	Ⅰ	Ⅱ	Ⅰ	Ⅲ	Ⅱ	Ⅲ	Ⅰ
	顾北顾桥	浓度（μg/L）	10.63	98.50	17.13	20.25	1.71	0.09	26.65
		类别	Ⅱ	Ⅱ	Ⅰ	Ⅲ	Ⅱ	Ⅲ	Ⅰ

续表

检测时间	沉陷区	项目	六价铬	Cu	Zn	Pb	Cd	Hg	As
夏季	张集	浓度（μg/L）	15.45	15.45	42.82	22.82	4.11	0.09	2.35
		类别	Ⅱ	Ⅱ	Ⅰ	Ⅲ	Ⅱ	Ⅲ	Ⅰ
	顾北顾桥	浓度（μg/L）	46.13	7.38	4.50	13.63	0.03	0.06	2.56
		类别	Ⅱ	Ⅰ	Ⅰ	Ⅲ	Ⅰ	Ⅲ	Ⅰ
秋季	张集	浓度（μg/L）	12.27	1.45	95.64	26.09	4.00	0.31	6.53
		类别	Ⅱ	Ⅰ	Ⅱ	Ⅲ	Ⅱ	Ⅳ	Ⅰ
	顾北顾桥	浓度（μg/L）	10.13	2.88	87.88	19.25	0.15	0.22	7.40
		类别	Ⅱ	Ⅰ	Ⅱ	Ⅲ	Ⅰ	Ⅳ	Ⅰ

与沉陷区有水力联系的河流也需要进行水质评价，河流入沉陷区断面水质评价结果见表6-3（2013年实测数据评价）。

表6-3　相关河段水功能区达标情况判断

指标名称	泥河	架河/幸福沟	永幸河/苍沟	西淝河/港河	济河/谢展河
COD	Ⅲ	Ⅲ	Ⅱ	Ⅱ	Ⅱ
高锰酸盐指数	Ⅳ	Ⅱ	Ⅲ	Ⅲ	Ⅲ
NH_3-N	Ⅴ	Ⅲ	Ⅲ	Ⅲ	Ⅳ
TP	Ⅳ	Ⅱ	Ⅰ	Ⅰ	Ⅱ
TN	劣Ⅴ	Ⅱ	Ⅰ	Ⅲ	Ⅲ
单因子评价结果	劣Ⅴ	Ⅲ	Ⅲ	Ⅲ	Ⅳ

对比表6-1～表6-3的水质评价结果和水功能区划的水质管理目标可以看出，现状年沉陷区水质均有不同程度的超标，超标污染物以营养物为主，主要包括TN、TP、COD、NH_3-N等；重金属浓度大部分在水功能区水质管理目标浓度以内，但Pb和Hg的浓度略高，可能影响水质；沉陷区相关河段除了泥河水质超过了水功能区水质管理目标，其他河段均未超标，泥河水质超标污染物以TN、TP、NH_3-N等为主。

通过上述现状水质类别与水功能区划水质管理目标的对比，认为影响沉陷区水环境质量的污染物以TN、TP、COD、NH_3-N、Pb、Hg等为主，因此，在纳污能力计算、污染负荷与水质模拟、污染负荷控制与削减方案制订时以TN、TP、COD和NH_3-N作为营养物的代表，以Pb和Hg作为重金属的代表。

6.2　水域纳污能力计算

以上一节研究区水功能区划为基础，计算2010年和规划水平年（2030年）不同来水条件的水域纳污能力。根据水功能区划水质管理目标，沉陷区水域近、中和远期的水质管理目标均为Ⅲ类水。

6.2.1　2010年水域纳污能力计算

2010年水域包括九片，其中封闭式沉陷区洼地（与河道无水力联系）三片，分别为丁集东、丁集西和顾北顾桥；开放式沉陷区洼地（与河道存在水力联系，具有上游汇流区）六片，分别为谢桥西、谢桥中、谢桥东、张集、潘一、潘三和潘北。开放式沉陷区洼地中张集与花家湖和姬沟湖两座天然湖泊产生水力联系，合称西淝河片；潘一、潘三区与泥河湖产生水力联系，合称泥河片。各沉陷区洼地的纳污能力见表6-4。

表6-4　2010年各沉陷区洼地的纳污能力

洼地	Hg（kg）	Pb（t）	TN（t）	TP（t）	COD（t）	NH_3-N（t）
潘北	0.86	0.39	8.58	0.43	85.76	8.15
泥河片	19.93	8.97	199.33	9.97	1993.34	189.37
谢桥西	0.90	0.41	9.00	0.45	90.05	8.55
谢桥中	10.79	4.86	107.92	5.40	1079.22	102.53
谢桥东	11.20	5.04	111.95	5.60	1119.54	106.36
西淝河片	33.04	14.87	330.38	16.52	3303.76	313.86
丁集东	0.00	0.00	0.01	0.00	0.12	0.01
丁集西	0.02	0.01	0.18	0.01	3.55	0.17
顾北顾桥	0.34	0.15	3.38	0.17	67.68	3.21

从表6-4中可以看出，封闭式沉陷区洼地的纳污能力明显小于开放式沉陷区洼地的纳污能力，原因在于封闭式沉陷区洼地无产流汇入，仅有未积水区的部分降水和水面降水作为主要补给，对沉陷区洼地的纳污能力提升有限，仅依靠自净作用的纳污能力远低于开放式沉陷区洼地。

6.2.2　2030年沉陷区纳污能力计算

2030年沉陷区洼地继续扩展，部分沉陷区洼地合并，其中，谢桥、张集与花家湖、姬沟湖合为一体，顾北顾桥继续扩大，丁集东西两片合为一片，潘北、潘一、潘三和泥河湖形成整体，分别称为西淝河联合片、永幸河汇流片1、永幸河汇流片2和泥河联合片。四片洼地均为开放式（联合）沉陷区洼地。

水功能区纳污能力是指满足水功能区水质目标要求的污染物最大允许负荷量。保护区和保留区的水质目标原则上是维持现状水质不变。在设计流量（水量）不变的情况下，保护区和保留区的纳污能力与其现状污染负荷相同，可直接采用现状入河（湖）污染物量代替其纳污能力[65]。然而，沉陷区洼地是逐年扩大的，受其影响，水系结构发生变化，洼地库容逐渐增大，从而导致纳污能力发生重大变化，使现状年的纳污能力失去了参考意义，规划年纳污能力需重新计算。

本书引入动态纳污能力的计算思路，即认为纳污能力随来水条件和蓄水容积在时间上是变化的，并在水功能区水质管理目标的约束下计算沉陷区洼地的纳污能力。

规划水平年沉陷区（联合）洼地水域纳污能力分平水时段和枯水时段两种情景。其中，平水时段为 1981~1990 年系列，计算平水时段年均水域纳污能力；枯水时段为 1971~1980 年系列，水域纳污能力按典型年计算，选择其中的 1976~1979 年连枯时段的四个年份进行计算。

（1）平水时段洼地水域纳污能力计算

平水时段各洼地水域年均纳污能力见表6-5。

表6-5 平水时段洼地水域年均纳污能力

洼地	Hg（kg）	Pb（t）	TN（t）	TP（t）	COD（t）	NH$_3$-N（t）
西淝河联合片	80.09	37.54	834.32	50.06	4004.73	450.53
永幸河汇流片1	17.12	8.02	178.33	10.70	855.98	96.30
永幸河汇流片2	1.92	0.90	19.99	1.20	95.95	10.79
泥河联合片	34.02	15.95	354.36	21.26	1700.91	191.35

（2）枯水时段洼地水域纳污能力计算

枯水时段各洼地连续四个典型年份为 1976 年、1977 年、1978 年和 1979 年，其纳污能力见表6-6。枯水年径流和蓄水均有不同程度的减少，沉陷区的纳污能力相应减小。

表6-6 枯水时段各洼地不同年份的纳污能力

年份	洼地	Hg（kg）	Pb（t）	TN（t）	TP（t）	COD（t）	NH$_3$-N（t）
1976	西淝河联合片	52.75	24.73	549.49	32.97	2637.55	296.72
	永幸河汇流片1	12.57	5.89	130.91	7.85	628.39	70.69
	永幸河汇流片2	1.36	0.64	14.17	0.85	68.03	7.65
	泥河联合片	30.23	14.17	314.85	18.89	1511.26	170.02
1977	西淝河联合片	51.59	24.19	537.45	32.25	2579.75	290.22
	永幸河汇流片1	16.04	7.52	167.10	10.03	802.07	90.23
	永幸河汇流片2	1.95	0.91	20.31	1.22	97.49	10.97
	泥河联合片	33.65	15.77	350.48	21.03	1682.33	189.26
1978	西淝河联合片	41.10	19.26	428.10	25.69	2054.86	231.17
	永幸河汇流片1	11.88	5.57	123.74	7.42	593.96	66.82
	永幸河汇流片2	1.14	0.53	11.83	0.71	56.81	6.39
	泥河联合片	25.68	12.04	267.47	16.05	1283.86	144.43

年份	洼地	Hg（kg）	Pb（t）	TN（t）	TP（t）	COD（t）	NH₃-N（t）
1979	西淝河联合片	49.72	23.31	517.92	31.08	2486.03	279.68
	永幸河汇流片1	15.41	7.22	160.52	9.63	770.49	86.68
	永幸河汇流片2	1.96	0.92	20.41	1.22	97.98	11.02
	泥河联合片	28.19	13.21	293.63	17.62	1409.44	158.56

6.3 2030年污染负荷与水质模拟预测

6.3.1 污染负荷与水质模型

（1）总体框架

水体污染物来源广泛，入项包括河道入流携带、大气干湿沉降、水体底部释放、地下水渗出通量、人工水体排入等；出项包括河道出流、挥发、水体沉降、地下水渗入通量、人工引水等；污染物在水体中的蓄量变化除了出、入项的差异外，还包括污染物的生物、化学、物理转化与降解。污染物在水体中的出入项如图6-1和图6-2所示。

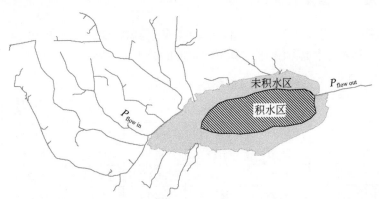

图6-1 水体的汇流系统及其积水、未积水区示意图

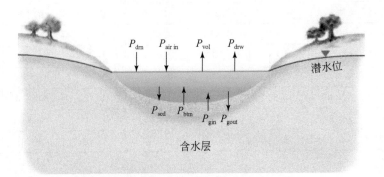

图6-2 水体除入流、出流外的其他污染物通量

　　水体污染物的入项、出项和变化量必须符合物质守恒定律，存在如下平衡关系：

$$\Delta P = P_{in} - P_{out} \tag{6-1}$$

其中，

$$P_{in} = P_{flow\ in} + P_{air\ in} + P_{btm} + P_{gin} + P_{drn} \tag{6-2}$$

$$P_{out} = P_{flow\ out} + P_{vol} + P_{sed} + P_{gout} + P_{chng} + P_{drw} \tag{6-3}$$

式中，ΔP 为水体污染物的变化量；P_{in} 和 P_{out} 分别为水体污染物的进入量和输出量，其中输出量包括污染物的降解、转化量；$P_{flow\ in}$ 为河道入流携带量；$P_{air\ in}$ 为大气干湿沉降量；P_{btm} 为水体底部释放量；P_{gin} 为地下水渗出进入水体的污染物量；$P_{flow\ out}$ 为水体出流携带量；P_{vol} 为污染物挥发量；P_{sed} 为水体中污染物的沉降量；P_{gout} 为水体向地下水入渗时通过底泥进入地下水的污染物量；P_{chng} 为水体污染物的转化量；P_{drn} 和 P_{drw} 分别为人工排水和引水产生的水体污染物通量。

　　不同地区不同水体的污染特点不尽相同，沉陷区除了常规污染负荷外，还有由于采煤引起的污染物扩散，即大气干湿沉降。沉陷积水区污染负荷及水质模拟的总体框架如图6-3所示。该框架包括五部分：污染物的上游坡面–河道运移、大气干湿沉降、水体底部污染物释放与水体污染物的沉积、人工引水与排水的污染物通量和水体水质评价与变化趋势分析。前四部分为水体污染负荷总量模拟与水质评价分析的基础与前提，各部分的污染物通量模拟计算直接决定着积水区水质评价的合理性与预测的精度。

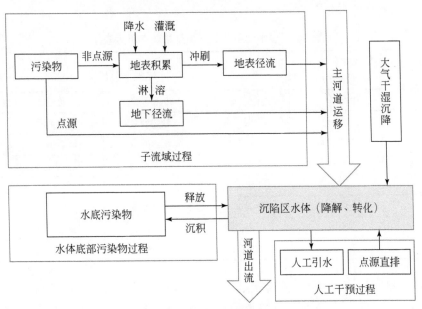

图6-3　积水区污染负荷及水质模拟总体框架

　　污染负荷与水质模型基于 MODCYCLE 开发。由于 MODCYCLE 是基于 C++语言的完整模型体系，污染负荷与水质模型没有与水循环模型实现完全的耦合，仅是完成了由水循环模型向污染负荷模型单方向信息传输的松散耦合。首先对水循环模型进行校验，然后将模拟结果传输给污染负荷模型，之后才进行污染负荷模型的校验，且校验过程水量输入项保持不变。

（2）陆面污染负荷模拟

陆面污染负荷模型包括污染物的坡面产污模块和河道运移模块。前者主要进行子流域非点源污染的产污量计算，计算完成后与本子流域的点源污染负荷一同进入相应主河道，并调用河道运移模块，进行污染物的河道运移过程模拟。

1）坡面产污模拟。坡面污染负荷包括点源污染和非点源污染。前者完全由于人类活动产生，经过污水处理厂处理后排放或者未经任何处理直接排放；后者以人类活动影响为主，也包括自然污染负荷，如林地腐殖质产污，但一般计入自然水质本底中。

坡面产污模型的点源污染负荷计算考虑了两类：①城镇点源污染负荷，即工业/生活退水污染负荷，经过或者未经过处理排入河道，计算时考虑污水处理率；②农村点源污染负荷，即农村居民生活退水。随着农村居民生活水平的提高，用水量增加，排水设施逐渐完善，产生了部分退水，该部分退水未经处理直接排入河道。

坡面产污模型的非点源污染负荷按土地利用类型计算，采用考虑坡面污染物综合削减的输出系数法。土地利用与覆被类型分为农田、农村居民区、城镇用地、林地、草地、滩地、水域及其他类型。由于遥感影像解译的农田面积远大于实际农田面积，多出的部分按其他类型进行单独模拟；水域包括子流域内部池塘、湿地等水体。各种土地利用与覆被类型的非点源污染源见表6-7。

表6-7 土地利用与覆被类型的非点源污染源

编号	土地利用与覆被类型	非点源污染源			
1	农田	干湿沉降	植物残余	化肥	污水灌溉
2	农村居民区	干湿沉降	植物残余	人类生活	畜禽养殖
3	城镇用地	干湿沉降	植物残余	地表积累	
4	林地	干湿沉降	植物残余		
5	草地	干湿沉降	植物残余		
6	滩地	干湿沉降	植物残余		
7	水域	干湿沉降	藻类代谢	渔业养殖	
8	其他类型	干湿沉降	植物残余		

坡面产污模拟以子流域为模拟单元，每个子流域都可能含有上述土地利用与覆被类型的一种或多种，不同土地利用与覆被类型具有不同的模拟方法，由于内容较多且篇幅所限，此处从略。

2）河网运移模拟。MODCYCLE的河网系统包括主河道和水库。子流域与主河道一一对应，具有相同的编号；根据水库所在子流域安插水库，并重新编号。主河道和水库均作为节点根据空间拓扑关系从上游向下游进行物质传递。

MODCYCLE的河道水循环模拟基于水量平衡原理，同理，污染物的河道运移模拟也基于质量守恒原理，即河道某一时段的污染物变化量等于污染物的输入量与输出量之差。

输入项包括：上游河道/水库流入、本子流域汇入、点源排放、水面沉降、底泥释放等。输出项包括：向下游河道/水库流出、人工取水、降解沉淀。河道物质平衡示意图如图 6-4 所示。

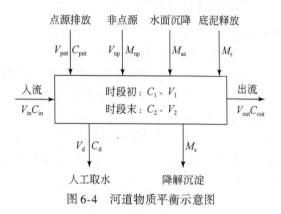

图 6-4   河道物质平衡示意图

河道的物质平衡包括水量平衡和污染物质量平衡，如式（6-4）~式（6-7）所示。

$$V_2 - V_1 = V_{in} + V_{pnt} + V_{np} + V_p - V_{evap} - V_{leak} - V_d - V_{out} \tag{6-4}$$

$$V_2 \cdot C_2 - V_1 \cdot C_1 = M_{in} - M_{out} - 1000 \cdot M_s \tag{6-5}$$

其中

$$M_{in} = V_{in} \cdot C_{in} + V_{pnt} \cdot C_{pnt} + 1000 \cdot (M_{np} + M_{sa} + M_r) \tag{6-6}$$

$$M_{out} = V_d \cdot C_d + V_{out} \cdot C_{out} \tag{6-7}$$

式中，V_1、V_2 分别为时段初、末时刻河道的蓄水量（m^3）；C_1、C_2 分别为时段初、末时刻河道的污染物浓度（mg/L）；M_{in}、M_{out} 分别为时段内河道的污染物输入总量和输出总量（g）；V_{in}、V_{pnt}、V_{np} 和 V_p 均为河道的水量入项，分别表示时段内上游河道/水库的流入量、点源排水量、本子流域汇流量和水面降水量（m^3）；V_{evap}、V_{leak}、V_d 和 V_{out} 均为河道的水量出项，分别表示时段内河道的水面蒸发量、渗漏量、人工取水量和下泄量（m^3）；C_{in} 为上游河道/水库入流的污染物浓度（mg/L）；C_{pnt} 为点源排水的污染物平均浓度（mg/L）；M_{np} 为非点源污染物汇入量（kg）；M_{sa} 为污染物水面沉降量（kg）；M_r 为污染物底泥释放量（kg）；C_{out} 为河道出流的污染物浓度（mg/L）；C_d 为人工取水的污染物浓度（mg/L），取水对河道蓄水的污染物浓度无影响；M_s 为河道污染物的综合削减量（kg），包括污染物的降解、转化、沉淀、再悬浮等作用的综合效果。

根据质量守恒原理，在某一时段内，河段内物质有进有出，先进行物质进出计算，确定初始浓度（不同于河道时段初浓度），再进行物质降解计算，降解后污染物浓度为时段末河段污染物浓度。初始浓度计算如式（6-8）所示：

$$C_{str} = \frac{M_{in} + C_1 \cdot V_1 - C_{out} \cdot V_{out} - C_d \cdot V_d}{V_{in} + V_{pnt} + V_{np} + V_p + V_1 - V_{leak} - V_{evap} - V_{out} - V_d} \tag{6-8}$$

式中，C_{str} 为计算河道的初始浓度（mg/L）；其他符号意义同前。其中，等号右侧分子第一项为污染物输入量，第二项为河道存蓄量，第三、第四项为河道污染物输出量。输出量中人工取水浓度与出流浓度均为 $C_{to} = (C_1 + C_2) / 2$，两者输出总水量为 $V_{to} = V_{out} + V_d$；分母

前四项为河道输入水量，第五项为河道存蓄水量，后四项为河道输出水量。根据式 (6-4)，式 (6-8) 可表示为

$$C_{str} = \frac{M_{in} + C_1 \cdot V_1 - (C_1 + C_2) \cdot V_{to}/2}{V_2} \tag{6-9}$$

河道时段末的污染物浓度为

$$C_2 = C_{str} \cdot [1 - \exp(-\beta \cdot TT)] \tag{6-10}$$

式中，β 为河道污染物综合削减系数 (1/d)；TT 为水流在河段中的运行时间 (d)。

联立式 (6-9) 和式 (6-10) 得时段末河道污染物浓度：

$$C_2 = \frac{(2M_{in} + 2C_1 \cdot V_1 - C_1 \cdot V_{to})[1 - \exp(-\beta \cdot TT)]}{2V_2 + V_{to} \cdot [1 - \exp(-\beta \cdot TT)]} \tag{6-11}$$

式中，V_{to} 为河道下泄量与人工引水量之和 (m³)；其他符号意义同前。

河道的下泄浓度为

$$C_{to} = (C_1 + C_2)/2 \tag{6-12}$$

式中，C_{to} 为河道的下泄污染物浓度，也是人工取水的浓度 (mg/L)；其他符号意义同前。

上述一系列公式是针对河道的污染物运移模拟，积水区作为河网的节点模拟时采用相同的方法，但是需要考虑两个方面的区别：①积水区无直接非点源汇入，非点源污染物都是通过河道间接流入积水区；②积水区水面一般比河道开阔，蓄水量多于河道，污染物的综合削减系数与河道的不同，可按下式计算：

$$\beta_s = \beta + \frac{V_{to}}{V_2} \tag{6-13}$$

式中，V_{to} 为积水区的下泄量与人工引水量之和 (m³)；V_2 为积水区时段末的蓄水量 (m³)；β 为河道污染物综合削减系数 (1/d)；β_s 为积水区污染物综合消减系数 (1/d)。式中参数与河道污染物运移中的参数是一致的，两者在河网污染物运移模拟中是密切联系不可分割的。

(3) 大气干湿沉降与坡面积累-冲刷模拟

垃圾场、矿山等污染源受降水淋洗作用和风蚀作用，产生的污染物向周围区域扩散。通常，在气候相对干燥、降水相对较少的地区，降水在污染源污染物的扩散过程中所起的作用要小于风对污染物的吹散作用，而且由于地面形势复杂，降水携带污染物在面上的扩散受到了限制。另外，一般垃圾场和重污染企业都对污染物的降水淋洗做了重点防护，有效防止了降水的侵蚀作用。

一般而言，一年中风速为 0 的时间远小于降水为 0 的时间，导致污染源污染物极易在面上发生大范围扩散，而且，不管是垃圾场还是采矿点，对风的吹散作用的防护往往效果不佳。因此，风在污染物的面上传播扩散上起着主导作用，这也是污染物大气干湿沉降的主要原因。

由于研究区域重工业发达，以煤炭开采业为主，周边地区受采煤影响，与煤炭有关的污染物积累较为突出，大气干湿沉降是其主导因素。大气干湿沉降污染物可直接沉降到沉陷积水区，也可沉降到坡面，并随降水产流、坡面漫流及河道汇流间接进入沉陷积水区。从污染物在风的作用下离开污染源，到扩散至周边区域，以及沉降到各种土地利用与土地覆盖变

化类型的坡面上,通过产汇流进入沉陷积水区的整个过程,将大气干湿沉降与水循环有机结合起来,实现了污染物从起源到归趋的完整刻画。

a.大气干湿沉降模拟

大气干湿沉降模型可模拟多个污染源扩散点的污染物扩散与沉降,各扩散点受风蚀作用,使污染物随风扩散至其他区域。同一地点,受风速、风向、大气湿度和降水等气象因素的影响,不同时段内的沉降量不同;相同的气象条件下,不同地点的沉降量分布也存在差异。

大气干湿沉降的模拟考虑以下影响因素。

1)气象因素:风速、风向、大气相对湿度、降水。

2)空间因素:干湿沉降点相对污染源的距离、方位,风向与沉降点–污染源连线的夹角。

3)时间因素:气象因素随时间的变化。

输出结果包括:逐日沉降量、年沉降量、多年平均沉降量、土壤多年积累量。

首先是气象因素。在其他条件相同的情况下,风速越大污染物分散越多,随风飘移距离越远;污染源所处沉降点的方向与风向越接近,沉降量越大;空气湿度越大,污染物越不易扩散;降水则对大气中悬浮的污染物具有冲刷作用。

其次是空间因素。在其他条件相同的情况下,沉降点距离污染源越近,接受的污染物越多,如图 6-5 所示,沉降点相对污染源的方向与风吹去的方向越接近,接受的污染物沉降量越多。如图 6-6 所示,沉降点 P 相对污染源 P_s 的方位与风向存在一个夹角 θ,对于某一弧形 AB 存在剖视图 AB,沉降点 P 的沉降量,即剖视图阴影部分 P 所在位置,从图 6-6 中可以看出夹角 θ 越小,对应的沉降量越大。当 $\theta=0$ 时,即沉降点处于污染源的正下风向,也即射线 P_sO 的方向,以此射线剖开俯视图,就得到图 6-5 所示的沿风向的污染物沉降量分布。

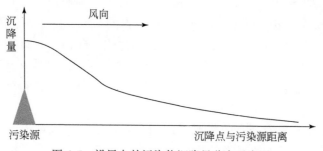

图 6-5 沿风向的污染物沉降量分布示意图

根据上述分析,并参考类似事物发展的规律,认为图 6-5 所示的沉降量随距离变化的曲线具有与正态分布相似的形态。因此,沿着风吹去的方向污染物的沉降量曲线用式(6-14)表示:

$$f(x)=\frac{k_e \cdot W}{\sigma \cdot R} \cdot \exp\left(-\frac{x^2}{\sigma^2}\right) \tag{6-14}$$

式中,$f(x)$ 为当天某种污染物在污染源正下风向 $x(\mathrm{m})$ 距离处的单位面积沉降量($\mathrm{kg/hm^2}$);k_e 为污染物沉降系数($\mathrm{kg \cdot s/hm^2}$),是可调参数,随污染物种类的不同有所差异,取值也受降水因素的影响;W 为当天主导风向的风速($\mathrm{m/s}$);σ 为污染物沉降量纵向分布调节参数(m),

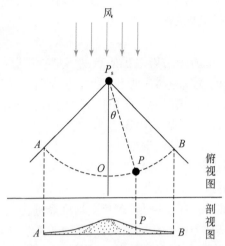

图 6-6　风向对污染物沉降量的影响示意图

与污染物性质有关；R 为当天的空气相对湿度，为 0～1。

式(6-14)刻画的为污染源正下风向(图 6-6 中的射线 P_sO)污染物随距离的沉降量分布，但是污染物沉降区域绝大部分面积不处于下风向，甚至处于上风向，因此，为了能够计算所有沉降点的沉降量，对式(6-14)根据图 6-6 的示意做了风向因素影响的改进，如式(6-15)所示。

$$f(x,\theta)=\frac{k_e \cdot W}{\sigma \cdot R} \cdot \exp\left(-\frac{x^2}{\sigma^2}\right) \cdot \exp\left(-\frac{\theta^2}{\gamma}\right) \tag{6-15}$$

式中，$f(x,\theta)$ 为距离污染源 x（m），相对污染源的方向与风向夹角为 θ 的沉降点的污染物沉降量（kg/hm^2）；θ 为沉降点相对污染源的方向与风向的夹角，取值为 0～π；γ 为污染物沉降量横向展布系数（0～0.2）。这样，通过式（6-15）可计算单个污染源周边任意风向下任意沉降点的沉降量。对于具有多个污染源的区域，可分别计算各个污染源下所有沉降点的沉降量，然后再对所有污染源的计算结果进行叠加，即得到区域内任何地点的单位面积沉降量。

上述公式仅能在不考虑降水的情况下使用，而实际上降水对污染物沉降具有重要影响。当考虑降水时，公式中的沉降系数 k_e 取值存在以下规定：①模拟当天的前一天有大于 2mm 的降水时，k_e 取 0；②模拟当天的前一天没有大于 2mm 的降水，但是模拟当天有降水，k_e 取 1；③模拟当天的前一天没有大于 2mm 的降水，模拟当天也没有降水，k_e 取值区间为（0，1），可调。

说明：①大气中的污染物颗粒作为形成降水的重要因素——凝结核，在经历一场较大降水后（模型设置为 2mm 以上），会大幅度减少，再经过雨雪的冲刷与携带，大气得到有效净化，而且降水造成的潮湿地面或者积雪覆盖，有效防止了污染物的随风浮起，对于煤炭开采矿区，这一效果一直持续到第二天结束，因此，第二天模拟的污染物沉降系数设置为 0，即沉降量为 0；②如果没有大于 2mm 的较大降水，大气中的污染物仍然较多，第二天如果有降水，那么污染物沉降量必然比无降水时大幅度增加，因此，k_e 值设置为 1；③

如果没有大于2mm的较大降水,且第二天无降水,那么第二天污染物沉降模拟的沉降系数 k_e 为可调整的系数,取值区间为(0,1)。

　　b. 坡面重金属积累与冲刷

　　陆面污染负荷模型介绍的是营养物的降解、转化、运移模拟,本小节则在大气干湿沉降模拟原理的基础上,概述重金属污染物的坡面积累与冲刷模拟原理。

　　重金属不同于营养物,运移过程可不考虑污染物的降解、转化。通过干湿沉降到达地表,受自然或人类活动的影响,或被降水产流向河道冲刷,或随降水/灌溉入渗进入土壤深层,任何地表扰动都会影响污染物在土壤层的分布形势,不可能完全实现污染物所有过程的模拟,仅能对污染物在坡面的积累和冲刷进行合理估算。

　　污染物沉降到地表后,逐渐积累,遇到降水/灌溉产流后,部分污染物会随径流进入河道。由于下垫面情况复杂,不同土地利用与覆被类型对污染物的阻滞作用不同,因此进入河道的污染物量有所差异。地表径流的洪峰流量也影响污染物的冲刷强度。为此,模型引入了 SWMM 的地表污染物冲刷指数方程。该方程用于城市不透水区污染物的冲刷过程模拟,其他土地利用类型时,可通过调整冲刷系数改变污染物的流失率,可以看作一种改进的重金属污染物输出系数模型。该模型仅对地表径流的重金属流失进行模拟。

　　以子流域为模拟单元,各种土地利用与覆被类型的重金属流失量和积累量及子流域总的入河量分别用下述公式计算。

$$M_{\text{lost}}(t)_i = \left[M_{\text{acc}}(t-1)_i + M_{\text{sed}}(t)_i \right] \cdot \left[1 - \exp(-k_i \cdot q_i) \right] \tag{6-16}$$

$$M_{\text{acc}}(t)_i = \left[M_{\text{acc}}(t-1)_i + M_{\text{sed}}(t)_i \right] \cdot \exp(-k_i \cdot q_i) \tag{6-17}$$

$$M_{\text{lost}}(t) = \sum_{i=1}^{8} M_{\text{lost}}(t)_i \tag{6-18}$$

式中, $M_{\text{lost}}(t)_i$、$M_{\text{acc}}(t)_i$ 和 $M_{\text{lost}}(t)$ 分别为第 t 天第 i 种土地利用与覆被类型某种重金属的入河量、积累量和子流域总入河量,其中 $i = 1 \sim 8$,分别表示农田、农村居民区、城镇用地、林地、草地、滩地、水域和其他类型(kg); $M_{\text{sed}}(t)_i$ 为第 t 天第 i 种土地利用与覆被类型某种重金属的大气干湿沉降量(kg); k_i 为第 i 种土地利用与覆被类型某种重金属的冲刷系数(1/mm); q_i 为当天第 i 种土地利用与覆被类型的产流量(mm)。

　　上述重金属的积累与冲刷模拟只考虑了干湿沉降负荷,实际上重金属来源广泛,还包括化肥、农药、污水灌溉的重金属负荷,居工地人类生产生活中产生的重金属污染。农业及居工地的非点源重金属污染负荷不像营养物负荷那样有明确的污染物驱动因素(施肥量、人口、禽畜数量等),估算难度较大。考虑到研究区域以采煤业为主,由于煤炭开采造成的重金属污染占据主导位置,陆面非点源重金属污染负荷只考虑煤矿气象驱动下的干湿沉降积累及其径流冲刷是基本合理的。

　　地表接受的干湿沉降重金属污染物属于非点源污染,通过坡面冲刷进入主河道,与点源退水中的重金属污染物一同参与污染物的河道运移。与营养物在河网系统中的运移过程类似,存在污染物的削减,只是不像营养物那样存在复杂的物理、化学、生物作用,但是仍然可以通过调整综合削减系数来直接应用营养物的河网运移模型模拟之。

6.3.2 模型构建

（1）模型输入数据

模型所需输入数据较多，主要有两类：陆面污染负荷模拟输入数据和大气干湿沉降模拟输入数据。

　　a. 陆面污染负荷模拟输入数据

　　1）土地利用与覆被类型面积。根据 2005 年的遥感影像解译数据和各县（区）的统计年鉴数据，各种土地利用与覆被类型的面积见表 6-8。

表 6-8　研究区内部土地利用与覆被类型及面积　　　　　（单位：hm²）

土地利用与 覆被类型	凤台县	淮南市 市辖区	怀远县	颍上县	阜阳市 市辖区	利辛县	总计
农田	59 006	34 136	26 416	47 126	41 567	24 150	232 401
农村居民区	11 870	5 960	4 560	15 890	10 420	5 580	54 280
城镇用地	670	780	90	310	1 840	90	3 780
林地	10	0	300	20	300	0	630
草地	20	0	0	150	10	0	180
滩地	470	80	0	280	0	0	830
水域	6 450	2 870	1 930	2 360	990	560	15 160
其他类型	26 268	12 857	11 334	19 500	15 837	8 230	94 026
合计	104 764	56 683	44 630	85 636	70 964	38 610	401 287

　　注：其他类型表示遥感解译为农田，实际并不是农田的土地利用与覆被类型。因为遥感解译的农田面积远大于统计年鉴的农田面积，故在县（区）水平上将其分出

　　2）农田化肥施用量。农田面积及其化肥施用量数据来自研究区所涉及的各县（区）所在地市的统计年鉴。不同行政区的农田面积不同，化肥施用量也有所差异，因此，分行政区计算各自的单位面积农田化肥施用量，以体现农田污染物在空间分布上的差异性。2010 年研究区涉及行政分区单位农田面积化肥施用量（折纯）计算及氮素、磷素折纯率见表 6-9。由于 COD 数据缺乏，按照氮素的 0.6 倍计算。

表 6-9　2010 年各行政分区化肥施用量（折纯）及氮素、磷素折纯率

行政分区	阜阳市 市辖区	颍上县	淮南市 市辖区	凤台县	利辛县	怀远县
耕地面积（hm²）	105 521	103 273	58 434	55 979	118 892	127 083

续表

行政分区		阜阳市市辖区	颍上县	淮南市市辖区	凤台县	利辛县	怀远县
施肥量（t）	氮肥	21 012	15 959	26 166	26 164	9 456	50 837
	磷肥	9 305	4 053	19 908	3 688	1 932	18 329
	复合肥	56 057	28 526	20 260	24 118	47 416	36 436
单位面积耕地施肥量（t/hm²）	氮肥	0.20	0.15	0.45	0.47	0.08	0.40
	磷肥	0.09	0.04	0.34	0.07	0.02	0.14
	复合肥	0.53	0.28	0.35	0.43	0.40	0.29
氮素折纯率	氮肥	1	1	1	1	1	1
	磷肥	0	0	0	0	0	0
	复合肥	0.33	0.33	0.33	0.33	0.33	0.33
磷素折纯率	氮肥	0	0	0	0	0	0
	磷肥	0.44	0.44	0.44	0.44	0.44	0.44
	复合肥	0.15	0.15	0.15	0.15	0.15	0.15

注：表中耕地面积和施肥量均为完整行政区数据

3）农村社会经济。根据模型污染负荷计算原理，农村居民区非点源污染负荷计算需要人口和畜禽数量数据，这些数据均来自各县（区）的统计年鉴。2010 年农村人口及禽畜数量统计见表 6-10。

表 6-10　2010 年各行政分区农村人口及禽畜数量统计

行政分区	农村居民区面积（hm²）	农村人口（万人）	大牲畜（头）	猪（头）	羊（只）	家禽（万只）
凤台县	12 078.38	61.20	29 321	147 379	72 523	257.9
阜阳市市辖区	27 649.50	156.18	40 029	539 156	313 628	430.3
怀远县	27 603.67	115.95	81 037	304 071	241 725	393.0
淮南市市辖区	5 959.76	29.18	11 246	56 060	24 838	175.0
利辛县	31 282.24	143.72	46 808	422 762	285 344	403.5
颍上县	29 965.69	150.14	68 064	408 685	158 343	268.0

注：表中农村居民区面积和人口、禽畜数量均为完整行政区数据，其中猪和羊按小牲畜计算

4）污废水处理率与污水综合排放标准。工业、生活污废水排放前是否经过处理，对于排水水质影响较大，未经处理即排放的污废水污染物浓度一般大于处理后排放的污废水污染物浓度，为此，模型需要将工业、生活点源排水分为处理与未处理两类，按各行政区水资源规划提供的污废水处理率分割，各县（区）用水户 2010 年的工业废水达标排放率和生活污水集中处理率见表 6-11。

表 6-11　2010 年污废水达标排放率与集中处理率　　　　（单位:%）

行政分区	废水达标排放率		污水集中处理率		
	一般工业	火电工业	城镇公共	城镇居民生活	农村居民生活
淮南市市辖区	90	100	70	70	0
凤台县	90	100	70	70	0
阜阳市市辖区	81	100	50	50	0
颍上县	81	100	50	50	0
利辛县	70	100	20	20	0
怀远县	70	100	20	20	0

根据最新《污水综合排放标准》，城镇污水处理厂水污染物排放基本控制项目，执行表 6-12 和表 6-13 的规定。

表 6-12　基本控制项目最高允许排放浓度（日均值）

序号	基本控制项目		一级标准		二级标准	三级标准
			A 标准	B 标准		
1	化学需氧量（COD）（mg/L）		50	60	100	120
2	生化需氧量（BOD5）（mg/L）		10	20	30	60
3	悬浮物（SS）（mg/L）		10	20	30	50
4	动植物油（mg/L）		1	3	5	20
5	石油类（mg/L）		1	3	5	15
6	阴离子表面活性剂（mg/L）		0.5	1	2	5
7	TN（以 N 计）（mg/L）		15	20	—	
8	NH_3-N（以 N 计）（mg/L）		5（8）	8（15）	25（30）	—
9	TP（以 P 计）（mg/L）	2005 年 12 月 31 日前	1	1.5	3	5
		2006 年 1 月 1 日后	0.5	1	3	5
10	色度（稀释倍数）		30/50	30/50	40/80	50
11	pH		6~9			
12	粪大肠菌群数（个/L）		103	104	104	—

表 6-13　部分一类污染物最高允许排放浓度（日均值）　　（单位：mg/L）

序号	项目	标准值
1	总汞	0.001
2	烷基汞	不得检出
3	总镉	0.01
4	总铬	0.1

续表

序号	项目	标准值
5	六价铬	0.05
6	总砷	0.1
7	总铅	0.1

5）产污参数及污染物排放浓度参数。产污参数为非点源污染负荷计算的基础数据，为坡面产污模拟提供初始参数。根据模型的参数设置，产污参数包括人类、牲畜、家禽等的产污系数；污染物排放浓度主要指工业、生活用水的点源排放污染物浓度。各种产污参数及污染物排放浓度参数参考了《第一次全国污染源普查畜禽养殖业源产排污系数手册》《第一次全国污染源普查城镇生活源产排污系数手册》《城镇污水处理厂污染物排放标准》（GB18918—2002）等调查数据和标准。

b. 大气干湿沉降模拟输入数据

1）污染源。受煤炭开采、洗选、运输及煤矸石堆积的影响，矿区附近及周边区域煤灰散布广泛。研究发现，煤炭是重金属重要的污染源，而煤灰受气象因素的驱动四处飘散，造成周边地区的重金属污染。根据研究区的特点，结合污染源调查，确定了 11 个主要污染源，各污染源的名称及中心点经纬度见表6-14。

表6-14　大气干湿沉降污染源及其位置坐标

污染源名称	经度（°）	纬度（°）	横坐标（m）	纵坐标（m）
张集矿	116.51	32.76	1 059 250	3 543 250
谢桥矿	116.38	32.78	1 047 250	3 544 250
张北矿	116.49	32.78	1 056 750	3 545 750
刘庄矿	116.29	32.81	1 037 750	3 546 750
顾桥矿	116.57	32.81	1 063 750	3 550 250
顾北矿	116.54	32.83	1 061 250	3 551 250
潘一矿	116.82	32.80	1 086 750	3 551 750
潘三矿	116.75	32.83	1 079 750	3 553 750
潘北矿	116.84	32.83	1 087 750	3 555 250
朱集矿	116.84	32.85	1 088 250	3 556 750
丁集矿	116.63	32.87	1 068 750	3 557 750

注：表中横纵坐标为 Krasovsky_1940_Albers 投影坐标系下的坐标

尽管煤炭开采矿区也占据一定的面积，但是相对于整个研究区，面积仍然有限，因此每个矿区作为一个点状污染源基本符合模拟需要。

2）驱动因素。矿区煤灰的飘散及其沉降受多种气象因素的影响，包括风速、风向、空气相对湿度、降水等。气象数据来自研究区内部及周边的多个气象站。

某一地点的风速与风向是随机变化的，一天内可能存在多个风向，风速也不是一成不变的，但是一天内仍然存在一个主导风向，即持续时间最长的风向。以主导风向作为当天的风向，以该风向的平均风速作为当天的风速，整理风速风向数据，具有一定的合理性。2001～2010年逐年的风向频数见表6-15，绘制风向玫瑰图如图6-7所示。可见，研究区盛行东南风，与当地的气候特性相符。

表6-15　2001～2010年逐年风向频数统计

风向	2001年	2002年	2003年	2004年	2005年	2006年	2007年	2008年	2009年	2010年	合计
20	29	25	26	30	42	31	36	32	29	37	317
40	11	13	17	13	13	16	12	12	7	21	135
70	28	11	18	17	13	9	11	11	16	32	166
90	58	43	29	27	29	31	39	27	29	24	336
110	60	71	67	50	50	49	56	40	48	30	521
140	17	21	38	68	43	41	50	42	41	38	399
160	10	16	12	9	15	16	12	16	22	26	154
180	8	10	10	10	10	15	15	14	9	21	122
200	16	11	7	10	9	13	12	13	9	21	121
220	15	22	15	22	27	18	12	17	20	18	186
250	13	16	9	10	8	19	10	10	9	7	111
270	4	13	5	4	9	7	9	7	8	6	72
290	21	19	14	16	16	9	16	10	7	7	135
320	20	20	15	26	17	14	23	28	20	15	198
340	14	10	23	22	16	10	12	14	8	25	154
360	32	28	41	22	21	26	21	22	25	30	268
静风	9	16	19	10	27	41	19	51	58	7	257
合计	365	365	365	366	365	365	365	366	365	365	3652

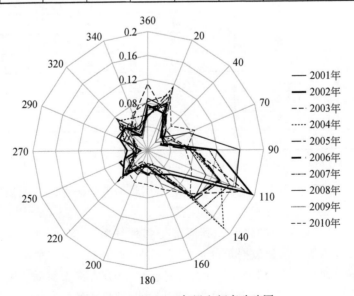

图6-7　2001～2010年风向频率玫瑰图

从图 6-8 的月平均风速可以看出，一年中 2 ~ 4 月风速相对较大，8 ~ 10 月风速相对较小。

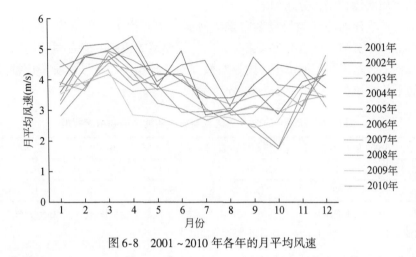

图 6-8　2001 ~ 2010 年各年的月平均风速

空气相对湿度对污染物的扩散具有重要影响，其他条件相同的情况下，湿度越大污染物越不易扩散。2001 ~ 2010 年各年的月平均相对湿度如图 6-9 所示。从图 6-9 中可以看出，汛期（6 ~ 9 月）的空气湿度相对较大，其他月份的空气湿度相对较小，与实际情况相符。

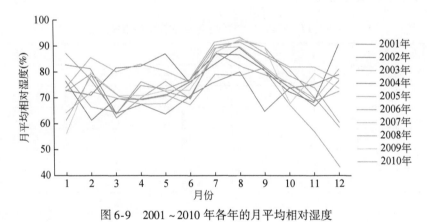

图 6-9　2001 ~ 2010 年各年的月平均相对湿度

（2）模型校验

与水循环模型一样，在用于未来水平年的污染负荷模拟与水质预测之前应先对所建模型进行合理性与可靠性检验。由于篇幅所限，模型校验部分仅展示营养物中的 TN 和重金属中的 Pb 两种污染物的校验成果，其他污染物的模型校验与之相似。本书收集了研究区内两个河道断面和两片沉陷区洼地的水质实测数据，一部分实测数据进行模型校准，另一部分实测数据进行模型检验。

a. 实测数据

模型校验首先在河道上进行，为此，收集了研究区内两条主要河道——西淝河和泥河若干断面的水质实测数据，分述如下。

淮河的大型支流西淝河为研究区内重要河流，水质优劣不仅影响研究区内水环境健康，而且对淮河干流的水质也有重要影响，因此，模型的适用性应在西淝河水质的模拟中有所体现。本书收集了西淝河田小庄附近断面（对应模型中767号河段）连续五次、每次多个水样的平均水质检测数据，如表6-16所示。

表6-16　2009～2010年西淝河某断面实测污染物浓度数据

检测时间	2009年12月21日	2010年4月16日	2010年7月26日	2010年9月27日	2010年10月30日
TN浓度（mg/L）	0.27	0.40	1.49	2.18	0.43
Pb浓度（μg/L）	10.33	41.67	36.0	16.00	127.76

资料来源：淮南矿业（集团）有限责任公司，煤矿生态环境保护国家工程实验室，安徽理工大学.“淮河凤台蓄滞洪区塌陷水域水质评价及治理利用研究”项目研究报告.2010年12月

泥河从上游到下游1#～6#六个断面2007年春季、夏季和秋季三个季度的实测TN浓度数据（均值）见表6-17。各季度的污染物浓度数据为单次多样本测量平均值。从表6-17中数据可以看出，夏季污染物浓度相对较高，夏季正是研究区域的汛期，此时污染物浓度高说明降水产流引起的非点源污染对当地地表水质具有重要影响。重金属Pb的浓度为三个季度的平均值，见表6-17。

表6-17　2007年泥河六个断面的实测污染物浓度

模型中对应河段编号	泥河断面	TN浓度（mg/L）			Pb浓度（μg/L）
		春季	夏季	秋季	3～11月
454	1#	1.24	1.96	1.42	119.02
553	2#	1.64	2.16	1.73	131.29
634	3#	1.72	2.06	1.82	132.08
1212	4#	1.94	2.16	2.02	138.62
660	5#	1.34	1.66	1.52	140.02
697	6#	1.92	2.23	2.07	155.23

为了检验模型在沉陷区这一特殊水体水质模拟的适用性，本书收集了两片主要沉陷区——张集矿沉陷区和潘一矿沉陷区的实测水质数据。由于模型采用均衡模式模拟沉陷区水体，因此各沉陷积水区的水质数据为每次检测的多个水样的平均值。

张集矿沉陷区位于西淝河干流，上游径流汇入沉陷区后，其中的污染物对沉陷积水区水环境产生重要影响，而沉陷区水环境的变化也会波及下游河道及湖泊的水环境，因此，张集矿沉陷积水区作为模型水质模拟质量检验的对象之一是具有一定代表性的。张集矿沉陷积水区2007年四个季度的实测污染物浓度数据如表6-18所示。表6-18中数据为每个季节随机选择一天采集多个样本的平均值。

表 6-18 2007 年张集矿沉陷积水区实测污染物浓度数据

季度	春季	夏季	秋季	冬季
TN 浓度（mg/L）	2.99	3.63	2.57	3.74
Pb 浓度（μg/L）	19.24	14.62	13.27	14.55

潘一、潘三沉陷区位于泥河干流，潘三矿沉陷区位于泥河上游，潘一矿沉陷区紧邻潘三矿沉陷区，两者作为整体进行模拟，实际两片沉陷积水区通过泥河相连通。由于潘一矿沉陷区水质实测数据较为丰富，因此单独进行沉陷区水质模拟的检验。潘一矿沉陷积水区2007 年四个季度的实测污染物浓度数据见表 6-19。表 6-19 中数据为每个季节随机选择一天采集多个样本的平均值。

表 6-19 2007 年潘一矿沉陷积水区实测污染物浓度数据

季度	春季	夏季	秋季	冬季
TN 浓度（mg/L）	1.9539	2.3275	2.2698	1.9853
Pb 浓度（μg/L）	16.624	14.234	15.423	17.025

b. 模型校核与验证

上述实测数据均来自淮南采煤沉陷积水区水质研究的相关学术论文及科研报告，具有一定可靠性。沉陷区及相关河道的水质研究文献较为丰富，但是实测数据主要以单一时间点多个空间点的方式采集水样进行检测，尽管数据较多，但是能用于水质模型校验的单个河道断面或者沉陷区的连续长时间系列实测数据甚少，以 2007 年和 2010 年的系列数据最多，因此，模型校核采用 2007 年的数据，模型检验采用 2010 年的数据。模型校核不但进行了水质时间系列上的拟合，还进行了水质空间分布上的对比，如泥河从上游向下游六个断面水质数据的对比。

1）模型校核。泥河从上游到下游六个断面 2007 年春、夏、秋三个季度 TN 浓度实测值与模拟值的拟合，如图 6-10 所示。

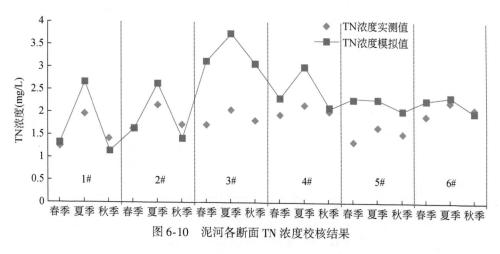

图 6-10 泥河各断面 TN 浓度校核结果

泥河从上游到下游六个断面 2007 年春、夏、秋三个季度重金属 Pb 浓度的平均值校核结果如图 6-11 所示。

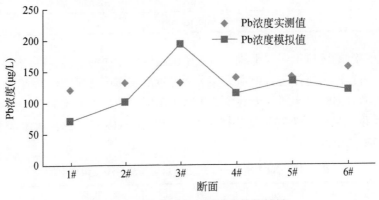

图 6-11　泥河各断面 Pb 浓度校核结果

图 6-11 和图 6-11 主要显示的是对污染物浓度进行空间上校核的结果。从对比结果上看，TN 和 Pb 的浓度沿河道流向方向实测值均较模拟值稳定，模拟值在断面 3# 处突然升高，与实测值偏离较大，之后断面两者数据又趋于一致，究其原因，应该是断面 3# 靠近潘一矿区和潘集城区，各种点源、非点源污染物排放较多，造成泥河断面 3# 污染物浓度陡升，沿河稀释、降解、沉积后，浓度又有所下降，故泥河下游断面污染物浓度又趋于一致。从 TN 浓度的季节变化看，各断面模拟值与实测值都存在一个相同的特点，即夏季污染物浓度较其他季节污染物浓度高，两者在时间变化上存在一定的相似性。综上所述，无论在空间上还是在时间上，模型均体现出了一定的合理性。

模型对于张集矿沉陷积水区 2007 年 TN 和 Pb 浓度的校核成果分别如图 6-12 和图 6-13 所示。TN 浓度模拟值随时间的变化幅度较实测值小，而且呈现出夏季（汛期）浓度升高、冬季（非汛期）浓度降低的趋势。Pb 浓度实测值与模拟值除了在春季相差较大外，其他

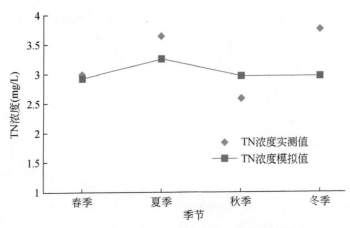

图 6-12　张集矿沉陷积水区 TN 浓度校核结果

季节均符合较好。拟合效果不佳的原因较多，如沉陷积水区取样代表性较差，模型对沉陷积水区水质模拟采用均衡模式等，都会对实测数据与模拟结果的拟合产生影响，但是在平均水平上，还是较为接近的，作为一套模拟水质变化这种具有较大随机性的模型，能体现出现实事物发展的大体规律，即可说明模型的合理性。

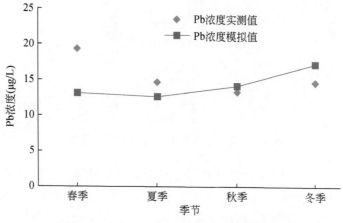

图6-13 张集矿沉陷积水区 Pb 浓度校核结果

模型对于潘一矿沉陷积水区 2007 年水体水质的校核结果如图 6-14 和图 6-15 所示。TN 浓度模拟值随季节的变化幅度比实测值要小，与张集矿对比结果类似，出现这一现象的可能解释为：实测数据为各季度某一天水样的浓度，受到各种突发、随机事件的影响，如临时排污、突降暴雨等，污染物浓度会发生剧烈变化；模拟数据则是各季度进入沉陷区的污染负荷总量与入流总量的比值，该值很大程度上抹平了日浓度值的突变性，使模拟值更趋于该季度污染物浓度的平均值，因此较为稳定。潘一矿沉陷积水区 Pb 浓度模拟值与实测值趋势大致相同，非汛期比汛期浓度高，与张集矿的对比结果类似，可以从一个侧面推断出沉陷区重金属污染点源比非点源贡献更大。

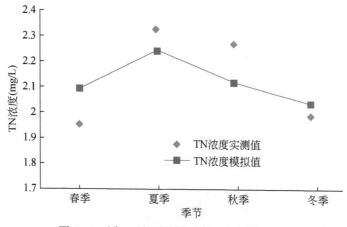

图6-14 潘一矿沉陷积水区 TN 浓度校核结果

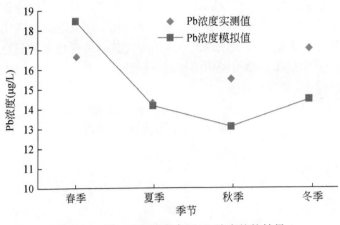

图 6-15 潘一矿沉陷积水区 Pb 浓度校核结果

2）模型验证。通过模型校核确定的模型应能较真实地反映研究区的实际情况，使模型在该地区的应用达到一定的适用性，这样才能为未来水质的变化趋势做出合理的预测。因此，采煤沉陷区水质模型的构建还需要最后的关键步骤——模型验证。

模型验证采用 2010 年西淝河某断面的实测数据。2010 年的实测数据与 2007 年的实测数据来自不同的文献，采样方法、检测过程、影响因素等可能不同，造成数据系列的不统一，可能会使模型的验证结果发生较大偏差。水质长系列数据缺乏是水质模型研究的瓶颈，如果只用一段短系列数据进行模型的校核和验证，往往会降低模型的可靠性。因此，本研究采用了两个相距较远时期的短系列数据分别进行模型的校核与验证，尽管存在数据系列不统一的缺点，但是通过数据分析及与 2013 年的水质检测结果对比，本书认为 2010 年的数据基本体现了样本采集河段的实际情况。

2010 年模型模拟值与实测值的对比结果如图 6-16 和图 6-17 所示。TN 浓度模拟值对实测值的拟合效果不尽理想，但是在平均水平上比较接近，没有出现数量级上的误差，而

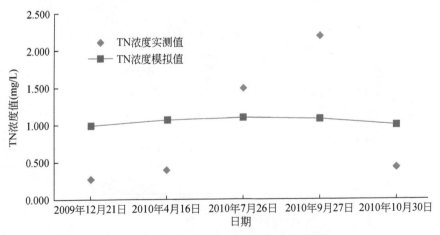

图 6-16 西淝河断面 TN 浓度模型验证结果

且在大致趋势上都是 7 月和 9 月的污染浓度比其他月份浓度高，可以认为模型在模拟 TN 浓度的能力上基本满足要求。

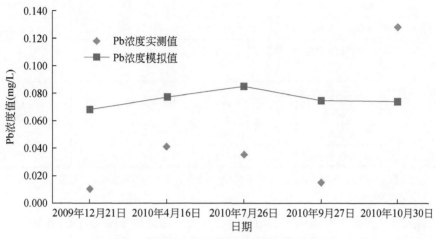

图 6-17　西淝河断面 Pb 浓度模型验证结果

Pb 浓度的模拟值比实测值要稳定，没有出现实测值在 10 月的突变，除此之外其他日期的模拟值与实测值具有类似的升降趋势。另外，两者在平均水平上相差不大，也没有出现数量级上的差异，这在水质模拟这种复杂的工作中基本处于可接受的范围内。

除了河道断面和沉陷积水区污染物浓度的校验，还对研究区水质模拟的部分宏观数据与其他文献的估算值进行了对比，见表 6-20。表 6-20 中王蚌区间北岸和淮南市数据来自《安徽省水资源评价与利用研究》，是对 2000 年的 TN 非点源污染物负荷估算数据，具有一定的可靠性。其中王蚌区间北岸指处于安徽省境内的部分，覆盖了整个研究区，而淮南市在研究区内也占有较大面积，从而使三者的数据具有可比性。

表 6-20　TN 负荷宏观数据对比表

项目		王蚌区间北岸	淮南市	研究区
		2000 年	2000 年	2010 年
人口与耕地数据统计	总面积（km²）	19 230	2 141	4 012
	总人口（万人）	1 500.27	210.20	349.70
	城镇人口（万人）	172.97	97.90	61.40
	耕地面积（万亩）	2 042.50	177.70	348.60
	人口密度（人/km²）	780	982	872
	城镇化率（%）	11.5	46.6	17.6
	耕地面积比例（%）	70.8	55.3	57.9

项目		王蚌区间北岸	淮南市	研究区
		2000 年	2000 年	2010 年
非点源污染负荷统计	非点源产生量（t/a）	99 972.0	7 406.0	22 492.98
	单位面积产生量 [t/（km² · a）]	5.20	3.46	5.61
	单位人口产生量 [t/（万人 · a）]	66.64	35.23	64.32
	非点源入河量（t/a）	11 997.0	889.0	3 100.83
	入河率（%）	12.0	12.0	13.8

资料来源：安徽省水利水电勘测设计院，安徽省水文局，安徽省水利科学研究院．"安徽省水资源评价与利用研究"项目研究报告．2004 年 10 月

首先对王蚌区间北岸和淮南市的数据进行对比。淮南市 50% 以上的面积位于王蚌区间北岸范围内，两者社会经济和自然条件上相差不大。单位面积人口数量，王蚌区间北岸为 780 人/km²，淮南市为 982 人/km²，淮南市人口相对密集；耕地面积占全区面积的比例，王蚌区间北岸为 70.8%，淮南市为 55.3%。淮南市由于靠近淮河干流，蓄滞洪涝区域面积较大，占据了较多农田，因此耕地面积比例少于王蚌区间北岸。非点源污染物单位面积产生量，王蚌区间北岸高于淮南市，尽管后者人口密度比前者大，但是耕地面积比例要小，可见农田在非点源污染的贡献上比人口要大。非点源污染物单位人口产生量，也是王蚌区间北岸高于淮南市，与人口密度相反，但是前者城镇化率为 11.5%，后者这一数值则高达 46.6%，可见农村人口在非点源污染的贡献上比城镇人口大。

尽管研究区城镇化率比 2000 年的王蚌区间北岸大，耕地面积比例比 2000 年的王蚌区间北岸小，但是农田施肥量的增加及农村生活水平的提高使研究区 2010 年的非点源污染有增无减。以淮南市为例，施肥量从 2000 年的 73 068t 增至 2010 年的 132 655t，增长了 81.6%；农民人均纯收入从 2000 年的 2186 元增长的 2010 年的 5746 元，增长了 2.6 倍，生活垃圾等污染物排放量增加。因此，研究区污染物单位面积和单位人口产生量均比 2000 年的淮南市数据高，与 2000 年的王蚌区间北岸大体相当。

与 2000 年的王蚌区间北岸和淮南市相比，非点源污染物入河率有所增大，从 12.0% 增至 13.8%。究其原因，应该是农村排污设施逐渐完善，水田面积增加所致。水田面积的增加使农田降水产流量相应增加，随产流发生的农田污染物流失增多，如淮南市 2000 年的水田面积为 68 330hm²，到 2010 年面积增至 79 812hm²，增长了 16.8%，再加上施肥量的增加，无效损失率增大，使污染物入河率增大。

综上分析，模型验证结果显示，通过模型校核确定的参数基本上满足了模型再现研究区历史及 2010 年水质状况的需求，模型计算的部分宏观数据也与其他文献的估算结果大体相当，认为模型在该区域长系列模拟上具备了一定的适用性和可靠性，可以用来进行未来规划水平年沉陷积水区污染负荷与水质模拟。

（3）2030 年模型构建输入数据

模型进行 2030 年污染负荷与水质模拟需要大量的输入数据，其中部分数据前文已经列出，故此处不再复述。

a. 土地利用与覆被类型

由于沉陷区的持续扩展，到 2030 年，研究区土地利用与覆被类型将会发生较大变化。在 2010 年土地利用与覆被类型的基础上扣除受沉陷区影响的面积，即得到 2030 年的土地利用与覆被类型面积。2030 年各种土地利用与覆被类型面积见表 6-21。与 2010 年相比，各种土地利用与覆被类型面积均有所减少，除水域外，缩减率为 1.7%~54.4%。

表 6-21 2030 年研究区内部土地利用与覆被类型及面积

土地利用与覆被类型	凤台县（hm²）	阜阳市市辖区（hm²）	怀远县（hm²）	淮南市市辖区（hm²）	利辛县（hm²）	颍上县（hm²）	总计（hm²）	缩减率（%）
农田	46 960	41 539	26 106	24 458	24 217	43 075	206 355	11.2
农村居民区	10 210	10 495	4 665	4 458	5 609	15 373	50 810	6.4
城镇用地	581	1 883	93	662	98	308	3 624	4.1
林地	0	301	294	0	0	24	619	1.7
草地	17	0	0	0	0	132	150	16.9
滩地	99	0	0	0	0	279	379	54.4
水域	646	929	1 490	950	405	1 089	5 509	63.7 *
其他类型	20 938	15 878	11 211	9 229	8 276	17 878	83 409	11.3
合计	79 451	71 025	43 859	39 757	38 605	78 158	350 855	—

*沉陷积水区及天然湖泊均没有计入水域，故水域减少较大，研究区土地利用与覆被类型合计面积也低于 401 287hm² 的总面积，实际水域面积是增加的

b. 农村社会经济发展预测

根据研究区各行政分区近几年统计年鉴数据变化趋势，结合当地水资源综合规划报告，预测 2030 年的人口及畜禽数量，见表 6-22。

表 6-22 2030 年各行政分区农村社会经济发展预测

行政分区	农村居民区面积（hm²）	农村人口（万人）	大牲畜（头）	猪（头）	羊（只）	家禽（万只）
凤台县	10 363.92	22.1	38 117.3	191 592.7	94 279.9	335.3
阜阳市市辖区	27 649.50	33.5	52 037.7	700 902.8	407 716.4	559.4
怀远县	27 529.37	77.2	105 348.1	395 292.3	314 242.5	510.9
淮南市市辖区	4 448.51	17.4	14 619.8	72 878.0	32 289.4	227.5
利辛县	31 282.24	68.7	60 850.4	549 590.6	370 947.2	524.6
颍上县	29 434.49	68.6	88 483.2	531 290.5	205 845.9	348.4

注：上述数据均为完整行政区数据

c. 污水处理与综合排放标准

随着社会发展和人居生活对生态环境健康质量需求的提高，必然对污染控制提出更加严格的要求，生活、工业污废水的处理率和排放标准逐步提高是必然趋势；对于农业非点源污染的控制仍然难度较大，这涉及粮食安全的问题；采煤矿区的水土流失与煤粉飘尘控制进一步加强。根据各行政区的水资源规划报告，到2030年，工业、生活污废水达标排放率与集中处理率见表6-23。工业废水达标排放率均达到100%；城镇居民生活污水处理率均提高到90%；由于农村居民区较为分散，农村居民生活污水难以集中处理，未来水平年污水仍然直接排放。

表6-23　2030年污废水达标排放率与集中处理率　（单位：%）

行政分区	废水达标排放率		污水集中处理率		
	一般工业	火电工业	城镇公共	城镇居民生活	农村居民生活
淮南市市辖区	100	100	90	90	0
凤台县	100	100	90	90	0
阜阳市市辖区	100	100	90	90	0
颍上县	100	100	90	90	0
利辛县	100	100	90	90	0
怀远县	100	100	90	90	0

注：污水综合排放标准仍然按现状排放标准执行

6.3.3　2030年沉陷区洼地污染负荷模拟预测

为了与第5章水资源开发利用潜力评估对应，本部分将预测分析2030年平水时段和枯水时段的污染负荷。

（1）平水时段污染负荷模拟分析

根据第5章水资源开发利用研究中选择的降水时段，以1981～1990年的降水数据作为研究区污染负荷模拟的平水时段。经过率定与验证的污染负荷与水质模型输入2030年的土地利用与覆被类型、社会经济发展、污染控制、沉陷洼地汇流区变化等多项数据，在1981～1990年降水数据下进行污染负荷与水质模拟。

在平水时段的供用水分析中，蓄水工程供应工业用水分为三种情景：供一般工业50%地表用水情景、供一般工业60%地表用水情景和供一般工业70%地表用水情景。其中，供一般工业60%地表用水情景下基本可以实现供需平衡，同时可以保证蓄水工程下游河道生态环境稳定的流量，因此，选取该情景进行2030年平水时段的污染负荷模拟分析。

1）非点源污染负荷入河量空间分布。非点源污染物在不同子流域的负荷量不同，随降水产流进入河道的负荷量也必然存在差异，以Hg和TN为例说明污染负荷入河量的空间分布特点。平水时段年平均非点源Hg负荷入河量在子流域的空间分布如图6-18所示。从图6-18中可以看出，Hg的入河量分布存在从采煤矿区向周边地区逐渐递减的趋势，最大单位面积入河量可达 $0.97g/(hm^2 \cdot a)$，在煤炭开采和煤电化重工业发达的研究区，比其他地区要高。

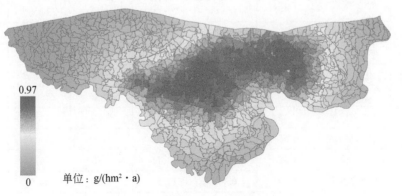

图6-18　研究区非点源 Hg 负荷入河量子流域空间分布

平水时段年平均非点源 TN 负荷入河量在子流域的空间分布如图6-19所示。不同于重金属的入河量与矿区大气干湿沉降量密切相关，TN 入河量在研究区的空间分布规律性较差，与研究区内不同土地利用与覆被类型的分布有关。单位面积最大污染负荷入河量为 $0.48t/(hm^2 \cdot a)$。沉陷区未积水区在降水径流的作用下也有污染物汇入积水区，该部分污染物计入非点源负荷。

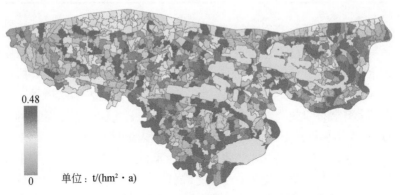

图6-19　研究区非点源 TN 负荷入河量子流域空间分布

2）平均污染负荷入湖量。到2030年，沉陷区已经与周边河流和湖泊充分衔接，形成四片彼此独立的大型联合洼地，各沉陷洼地都有上游汇水区，承受上游的点源污染排放和降水产流时的非点源污染汇入。各沉陷洼地平水时段平均承纳污染负荷量见表6-24。

（2）枯水段污染负荷模拟分析

前文水资源开发利用潜力评估研究中选取 1971～1980 年作为蓄水工程可供水量分析的枯水段，为与前文数据分析一致，本部分污染负荷分析也采用 1971～1980 年的降水产流数据进行非点源污染负荷模拟；点源污染负荷模拟需要枯水段的退水数据。

表 6-24　平水时段各沉陷洼地平均承纳污染负荷量

洼地	负荷类型	入湖负荷量					
		Hg（kg）	Pb（t）	TN（t）	TP（t）	COD（t）	NH₃-N（t）
西淝河联合片	总负荷	87.38	43.83	875.72	75.76	4255.21	450.79
	非点源负荷	32.07	11.30	330.69	36.49	1962.58	154.18
	点源负荷	55.32	32.53	545.03	39.27	2292.63	296.61
永幸河汇流片1	总负荷	11.66	5.65	117.20	10.46	583.85	59.68
	非点源负荷	5.10	1.80	52.58	5.80	312.03	24.51
	点源负荷	6.56	3.86	64.62	4.66	271.82	35.17
永幸河汇流片2	总负荷	5.31	2.72	53.11	4.50	253.68	27.53
	非点源负荷	1.70	0.60	17.53	1.93	104.01	8.17
	点源负荷	3.61	2.12	35.58	2.56	149.67	19.36
泥河联合片	总负荷	53.70	28.82	534.50	43.14	2457.11	281.46
	非点源负荷	11.71	4.13	120.78	13.33	716.83	56.31
	点源负荷	41.99	24.69	413.72	29.81	1740.29	225.15
合计	总负荷	158.05	81.02	1580.53	133.86	7549.85	819.46
	非点源负荷	50.58	17.83	521.58	57.55	3095.45	243.17
	点源负荷	107.48	63.20	1058.95	76.30	4454.41	576.29

第 5 章枯水时段沉陷洼地蓄水工程可供水量研究中考虑了两种情景：单独枯水年份和连续枯水年份。其中，单独枯水年份供水分析选取了 1976 年，在不考虑来年供水的情况下，1976 年蓄水工程可以供一般工业 50% 地表用水情景的需水量；连续枯水年份供水分析中选取 1976～1979 年，在每年蓄水工程供一般工业 35% 地表用水情景下可以满足四年连续枯水段的用水需求。为此，本部分污染负荷分析在上述供用退水分析的基础上，研究 1976 年、1977 年、1978 年和 1979 年四个年份的污染入湖负荷量。

1）1976 年污染负荷分析。1976 年降水量仅为 488mm，是系列资料中的特枯年份，产流量较小，由此产生的非点源污染负荷也随之降低；研究区特枯年份，无论是单独枯水年份的供水情景还是连续枯水年份的供水情景，都满足了生活和工业这些具有点源退水的用水户的用水需求，因此退水与干枯年份无关，仍然保持不变，由此产生的点源污染负荷与平水时段的点源污染负荷相同。2030 年水平年在 1976 年的降水情景下进入各沉陷区洼地的承纳污染负荷量见表 6-25。

表 6-25　1976 年降水条件下各沉陷洼地承纳污染负荷量

洼地	负荷类型	入湖负荷量					
		Hg（kg）	Pb（t）	TN（t）	TP（t）	COD（t）	NH₃-N（t）
西淝河联合片	总负荷	76.22	39.90	760.62	63.06	3572.15	397.13
	非点源负荷	20.91	7.37	215.60	23.79	1279.52	100.52
	点源负荷	55.32	32.53	545.03	39.27	2292.63	296.61

洼地	负荷类型	入湖负荷量					
		Hg（kg）	Pb（t）	TN（t）	TP（t）	COD（t）	NH$_3$-N（t）
永幸河汇流片1	总负荷	9.88	5.03	98.90	8.44	475.25	51.15
	非点源负荷	3.32	1.17	34.28	3.78	203.43	15.98
	点源负荷	6.56	3.86	64.62	4.66	271.82	35.17
永幸河汇流片2	总负荷	4.72	2.51	47.01	3.82	217.48	24.69
	非点源负荷	1.11	0.39	11.43	1.26	67.81	5.33
	点源负荷	3.61	2.12	35.58	2.56	149.67	19.36
泥河联合片	总负荷	49.63	27.38	492.47	38.50	2207.63	261.86
	非点源负荷	7.64	2.69	78.75	8.69	467.34	36.71
	点源负荷	41.99	24.69	413.72	29.81	1740.29	225.15
合计	总负荷	140.45	74.82	1399.00	113.82	6472.51	734.83
	非点源负荷	32.98	11.62	340.06	37.52	2018.10	158.54
	点源负荷	107.48	63.20	1058.95	76.30	4454.41	576.29

从表 6-25 中可以看出，与平水时段平均污染负荷相比，点源污染负荷保持不表，非点源污染负荷则普遍降低，这样各洼地的总负荷量均有所下降。

2）1977 年污染负荷分析。1977 年降水量（839mm）与平水时段年均降水量（860mm）相差不大，但是非点源污染负荷却有较大差异，比平水时段污染负荷减少较多，主要原因在于，该年份的前一年为特枯年份，土壤水分亏缺较多，降水大量补充土壤水和地下水的消耗，使产流量较一般年份减少较多，故非点源污染负荷量比相同降水条件下的进入洼地的量更少，见表 6-26。

表 6-26　1977 年降水条件下各沉陷洼地承纳污染负荷量

洼地	负荷类型	入湖负荷量					
		Hg（kg）	Pb（t）	TN（t）	TP（t）	COD（t）	NH$_3$-N（t）
西淝河联合片	总负荷	81.90	41.90	819.14	69.52	3919.45	424.41
	非点源负荷	26.58	9.37	274.11	30.25	1626.82	127.80
	点源负荷	55.32	32.53	545.03	39.27	2292.63	296.61
永幸河汇流片1	总负荷	10.78	5.35	108.20	9.47	530.47	55.49
	非点源负荷	4.23	1.49	43.58	4.81	258.64	20.32
	点源负荷	6.56	3.86	64.62	4.66	271.82	35.17
永幸河汇流片2	总负荷	5.02	2.62	50.11	4.17	235.89	26.14
	非点源负荷	1.41	0.50	14.53	1.60	86.21	6.77
	点源负荷	3.61	2.12	35.58	2.56	149.67	19.36

洼地	负荷类型	入湖负荷量					
		Hg（kg）	Pb（t）	TN（t）	TP（t）	COD（t）	NH₃-N（t）
泥河联合片	总负荷	51.70	28.11	513.84	40.86	2334.48	271.83
	非点源负荷	9.71	3.42	100.12	11.05	594.19	46.68
	点源负荷	41.99	24.69	413.72	29.81	1740.29	225.15
合计	总负荷	149.40	77.98	1491.29	124.02	7020.29	777.87
	非点源负荷	41.93	14.78	432.34	47.71	2565.86	201.57
	点源负荷	107.48	63.20	1058.95	76.30	4454.41	576.29

3）1978 年污染负荷分析。1978 年是仅次于 1976 年的又一特枯年份，前两年的较少降水，使得 1978 年产流量比 1976 年更加稀少，由此产生的非点源污染负荷比 1976 年少很多，见表 6-27。

表 6-27　1978 年降水条件下各沉陷洼地承纳污染负荷量

洼地	负荷类型	入湖负荷量					
		Hg（kg）	Pb（t）	TN（t）	TP（t）	COD（t）	NH₃-N（t）
西淝河联合片	总负荷	68.28	37.10	678.70	54.02	3085.92	358.93
	非点源负荷	12.96	4.57	133.67	14.75	793.29	62.32
	点源负荷	55.32	32.53	545.03	39.27	2292.63	296.61
永幸河汇流片 1	总负荷	8.62	4.58	85.87	7.00	397.95	45.08
	非点源负荷	2.06	0.73	21.25	2.35	126.12	9.91
	点源负荷	6.56	3.86	64.62	4.66	271.82	35.17
永幸河汇流片 2	总负荷	4.30	2.37	42.67	3.35	191.71	22.67
	非点源负荷	0.69	0.24	7.08	0.78	42.04	3.30
	点源负荷	3.61	2.12	35.58	2.56	149.67	19.36
泥河联合片	总负荷	46.72	26.36	462.54	35.20	2030.03	247.91
	非点源负荷	4.73	1.67	48.82	5.39	289.75	22.76
	点源负荷	41.99	24.69	413.72	29.81	1740.29	225.15
合计	总负荷	127.92	70.41	1269.78	99.57	5705.61	674.59
	非点源负荷	20.44	7.21	210.82	23.27	1251.20	98.29
	点源负荷	107.48	63.20	1058.95	76.30	4454.41	576.29

4）1979 年污染负荷分析。1979 年降水量比 1977 年多 41mm，但是前期连续三年的枯水期，使 1979 年的产流量比 1977 年还要少很多，导致该年份的非点源污染负荷进入洼地的量比 1977 年的少，见表 6-28。

表 6-28　1979 年降水条件下各沉陷洼地承纳污染负荷量

洼地	负荷类型	入湖负荷量					
		Hg（kg）	Pb（t）	TN（t）	TP（t）	COD（t）	NH₃-N（t）
西淝河联合片	总负荷	78.96	40.86	788.85	66.18	3739.67	410.29
	非点源负荷	23.64	8.33	243.82	26.91	1447.04	113.68
	点源负荷	55.32	32.53	545.03	39.27	2292.63	296.61
永幸河汇流片1	总负荷	10.32	5.18	103.39	8.93	501.89	53.24
	非点源负荷	3.76	1.32	38.76	4.28	230.06	18.07
	点源负荷	6.56	3.86	64.62	4.66	271.82	35.17
永幸河汇流片2	总负荷	4.86	2.57	48.50	3.99	226.36	25.39
	非点源负荷	1.25	0.44	12.92	1.43	76.69	6.02
	点源负荷	3.61	2.12	35.58	2.56	149.67	19.36
泥河联合片	总负荷	50.63	27.74	502.77	39.64	2268.81	266.67
	非点源负荷	8.64	3.04	89.06	9.83	528.53	41.52
	点源负荷	41.99	24.69	413.72	29.81	1740.29	225.15
合计	总负荷	144.77	76.35	1443.51	118.74	6736.73	755.59
	非点源负荷	37.29	13.13	384.56	42.45	2282.32	179.29
	点源负荷	107.48	63.20	1058.95	76.30	4454.41	576.29

6.3.4　2030 年沉陷区洼地水质模拟预测

水质预测分析分两种情景：平水时段和枯水时段。平水时段分析 1983～1990 年系列的污染物浓度变化。枯水时段分析 1976 年降水条件下的水质变化，分两种情况：单独枯水年份供一般工业 50% 地表用水情景和连续枯水年份供一般工业 35% 地表用水情景。

（1）平水时段污染物浓度变化分析

到 2030 年，沉陷区洼地与天然湖泊和河流均产生了水力联系，除了承纳来自上游流域的点源污染物，还会在降水产流时汇集汇流区的非点源污染物，使沉陷区水质变化不但受人工退水的影响还受降水的影响。本部分展示平水时段 1983～1990 年污染物浓度变化的规律（图 6-20～图 6-25），判断未来水平年在平水时段可能的水质类别。

从图 6-20～图 6-25 中可以看出，平水时段无降水期间污染物浓度相对稳定，一般属Ⅲ类水。有降水产流时污染物浓度急剧升高，降水产流引起的非点源污染物大量汇入沉陷区洼地是造成这种现象的原因，有超过Ⅲ类水标准的情况发生，但都不会超过Ⅴ类水标准。

根据平水时段各种污染物的水质模拟，除了永幸河汇流片 1 沉陷区洼地的水质完全符合水功能区划水质管理目标外，其他洼地不同污染物均会在降水产流时发生不同程度的超标现象，无产流时水质较好，优于Ⅲ类水标准。永幸河汇流片 1 水质较好的原因在于洼地上游流域城镇、工矿企业较少，点源排污量小。

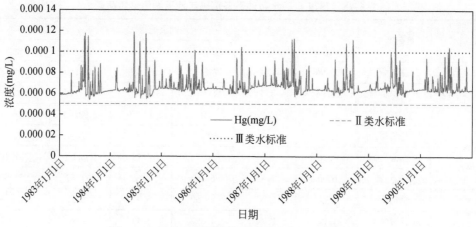

图 6-20　平水时段西淝河联合片洼地 Hg 浓度变化

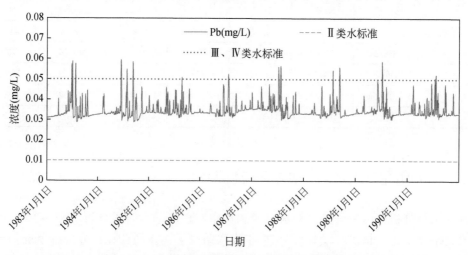

图 6-21　平水时段西淝河联合片洼地 Pb 浓度变化

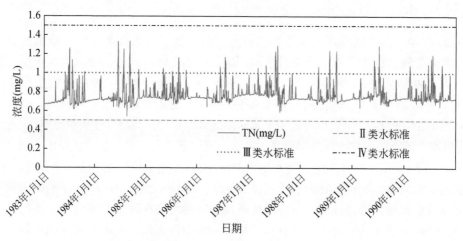

图 6-22　平水时段西淝河联合片洼地 TN 浓度变化

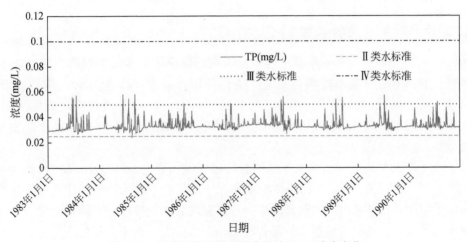

图 6-23　平水时段西淝河联合片洼地 TP 浓度变化

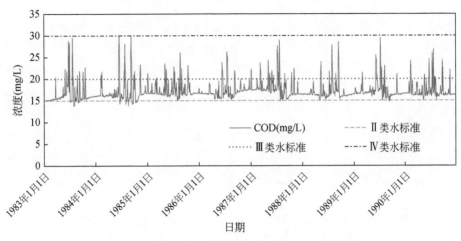

图 6-24　平水时段西淝河联合片洼地 COD 浓度变化

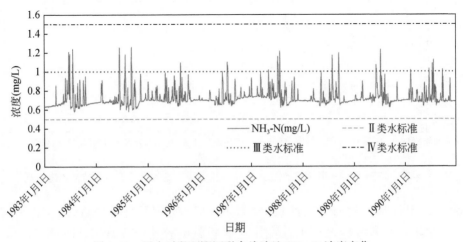

图 6-25　平水时段西淝河联合片洼地 NH_3-N 浓度变化

（2）枯水时段污染物浓度变化分析

1976 年为特枯年份，在不考虑之后年份缺水的情况下，蓄水工程供一般工业 50% 地表用水情景的用水量，基本能满足工业、生活的用水需求；在考虑 1977 年、1978 年和 1979 年需水完全满足的情况下，蓄水工程只要供一般工业 35% 地表用水情景的用水量，工业、生活的用水也能得到满足。对两种供水情形下沉陷区洼地 1976 年的水质变化做如下评价分析。

供一般工业 50% 地表用水情景下水质分析以西淝河联合片洼地 Hg 和 TN 浓度变化为例，如图 6-26 和图 6-27 所示。污染物浓度在无产流情况下较为稳定，非点源污染产流汇入导致浓度增大。特枯年份河道径流减少，对点源污染物的自净能力降低，使沉陷区洼地承纳更多的污染物，导致洼地蓄水污染物浓度较平水段大，几乎全年处于超标状态，但仍然处于Ⅳ类水标准以内。

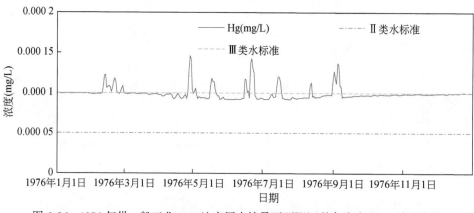

图 6-26　1976 年供一般工业 50% 地表用水情景下西淝河联合片洼地 Hg 浓度变化

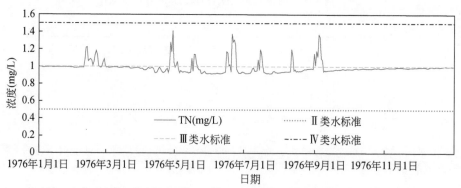

图 6-27　1976 年供一般工业 50% 地表用水情景下西淝河联合片洼地 TN 浓度变化

蓄水工程供一般工业 35% 地表用水情景下也以西淝河联合片洼地的 Hg 和 TN 浓度变化为例，如图 6-28 和图 6-29 所示。从图 6-28 和图 6-29 中可以看出，Hg 和 TN 浓度的变化趋势与供一般工业 50% 地表用水情景形较为相似，原因在于蓄水工程（沉陷区洼地）

供水对上游污染负荷和径流汇入的影响很小。上游工业/生活退水相同,产流量也基本相同(可能基流有所变化,但影响很小),污染物浓度变化也不会有大的差别。

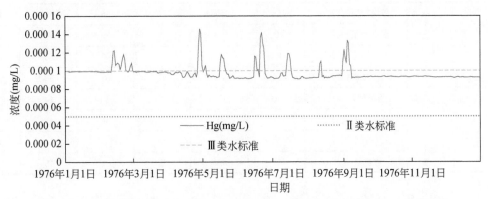

图 6-28　1976 年供一般工业 35% 地表用水情景下西淝河联合片洼地 Hg 浓度变化

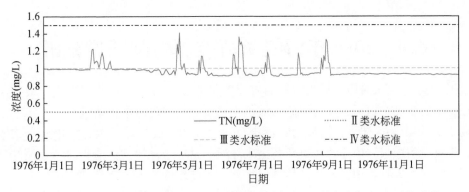

图 6-29　1976 年供一般工业 35% 地表用水情景下西淝河联合片洼地 TN 浓度变化

不同污染物的变化趋势也较为类似,因为点源负荷不变,与产流量有关的非点源负荷也变化较小。但是,非点源污染物浓度变化对沉陷区洼地中的污染物浓度仍会产生不同的影响,导致浓度峰值变化幅度有所差异。

影响沉陷区枯水年水质浓度的因素除了河道入流量、降水等,还有沉陷区洼地蓄水量。1976 年的水质供一般工业 35% 地表用水情景与供一般工业 50% 地表用水情景尽管相似,但是两种情景还是存在差别,主要表现为供一般工业 35% 地表用水情景下半年的污染物浓度普遍更低。供一般工业 35% 地表用水情景下蓄水工程供水相对较少,蓄水量较多,有更大的自净能力,有助于降低污染物浓度,而供一般工业 50% 地表用水情景沉陷区洼地蓄水下半年消耗较多,降低了水体的自净能力,水质相对较差。

为了更清晰地体现枯水年各种情景下污染物的超标情况,以 1976 年供一般工业 50% 地表用水情景和供一般工业 35% 地表用水情景的污染物超标天数表示,见表 6-29。从表 6-29 中可以看出,永幸河汇流片 1 水质与平水时段水质一样,均未出现超标现象;永幸河汇流片 2 水质超标天数最多。水质超标洼地区域各种污染物的超标天数均比平水时段的超标天数多。

表 6-29　1976 年特枯年份污染物超标天数　　　　　　　　（单位：天）

供水情景	洼地	Hg	Pb	TN	TP	COD	NH$_3$-N
50%	西淝河联合片	53	57	51	65	48	44
	永幸河汇流片 1	0	0	0	0	0	0
	永幸河汇流片 2	83	89	74	97	69	72
	泥河联合片	60	64	57	67	50	55
35%	西淝河联合片	50	54	47	60	44	39
	永幸河汇流片 1	0	0	0	0	0	0
	永幸河汇流片 2	78	83	70	91	61	65
	泥河联合片	55	60	52	61	45	51

总之，特枯年份水质比平水时段水质要差，较小的入流量和蓄水量所致的自净能力降低是导致水质变差的主要原因，但是水质一般不会超过 V 类水，仍然可以供给工农业生产用水。

6.4　2030 年污染负荷控制与削减量分析

由于 2030 年平水时段和枯水时段尚有污染物浓度超过 III 类水情况发生，要达到水功能区划要求的 III 类水目标，部分沉陷区域仍需要削减较多的污染负荷量。

在 2030 年沉陷区洼地纳污能力和污染负荷计算的基础上，可以计算出各种来水条件下的污染负荷削减量。当洼地污染负荷进入洼地的量小于洼地纳污能力时，说明洼地水环境还有一定的污染物容纳量。当洼地污染负荷进入洼地的量大于洼地纳污能力时，说明洼地水质已经超过了水质管理目标，要想改善水质，使之恢复到目标浓度，需要削减污染负荷入湖量，即污染负荷削减量。

2030 年沉陷区洼地污染负荷控制和削减量也按平水时段和枯水时段两种情景分析。其中，平水时段分析多年平均污染负荷控制和削减量；枯水时段分析 1976 ~ 1979 年各年的污染负荷控制和削减量。

6.4.1　平水时段污染负荷控制与削减方案

平水时段各沉陷区洼地水质达到水质管理目标需要控制或者削减的年平均污染负荷量见表 6-30。西淝河联合片、永幸河汇流片 2 和泥河联合片洼地污染负荷量均已经超过了纳污能力，永幸河汇流片 1 尚有一定的纳污空间。表 6-30 中削减量负值表示沉陷区洼地承受的污染负荷量还未超出纳污能力，洼地还存在一定的纳污潜力；削减率为需要削减的污染负荷量占进入洼地总负荷量的比例，削减率负值为纳污潜力与进入洼地总负荷量的比例。

表 6-30　平水时段洼地污染负荷年均削减方案

项目	洼地	Hg (kg)	Pb (t)	TN (t)	TP (t)	COD (t)	NH₃-N (t)
削减量	西淝河联合片	7.29	6.29	41.40	25.70	250.48	0.25
	永幸河汇流片1	-5.46	-2.37	-61.13	-0.24	-272.13	-36.62
	永幸河汇流片2	3.39	1.82	33.12	3.30	157.73	16.74
	泥河联合片	19.68	12.87	180.15	21.88	756.20	90.11
削减率 (%)	西淝河联合片	8.34	14.34	4.73	33.93	5.89	0.06
	永幸河汇流片1	-46.86	-41.94	-52.16	-2.31	-46.61	-61.36
	永幸河汇流片2	63.86	66.96	62.36	73.33	62.17	60.79
	泥河联合片	36.65	44.67	33.70	50.71	30.78	32.01

注：负值说明洼地污染负荷量没有超过纳污能力

从表 6-30 可以看出，2030 年平水时段的污染负荷削减量较大，最高削减率（削减率=削减量/总负荷量）可达 73.33%，要达到Ⅲ类水标准还应进一步控制污染负荷进入洼地的量。由于研究区点源污染是主要污染源，未来年份遇到平水时段时，除了应积极实施非点源污染控制措施外，还应加强点源污染控制力度。

6.4.2　枯水时段污染负荷控制与削减方案

根据枯水时段 1976～1979 年各年份的沉陷区洼地进入洼地总负荷和纳污能力计算污染负荷的控制和削减量。

（1）1976 年污染负荷控制与削减方案

特枯年份径流量减少，洼地蓄水萎缩，相应地水体纳污能力降低，尽管非点源污染负荷有所减少，但是保证沉陷区域水功能区划目标（Ⅲ类水）的污染负荷削减量较平水时段偏高，见表 6-31。削减方案中，西淝河联合片、永幸河汇流片 2 和泥河联合片洼地各种污染物均需要一定程度的削减，永幸河汇流片 1 也开始出现污染负荷超过纳污能力的情况。削减量最高可达到总负荷量的 77.77%，永幸河汇流片 2 沉陷区洼地削减任务最重，TP 是主要的控制污染物。可见，特枯年份的污染控制压力更大。

表 6-31　1976 年沉陷洼地污染负荷削减方案

项目	洼地	Hg (kg)	Pb (t)	TN (t)	TP (t)	COD (t)	NH₃-N (t)
削减量	西淝河联合片	23.47	15.17	211.13	30.09	934.60	100.40
	永幸河汇流片1	-2.69	-0.86	-32.02	0.58	-153.13	-19.55
	永幸河汇流片2	3.36	1.88	32.83	2.97	149.45	17.04
	泥河联合片	19.40	13.22	177.62	19.61	696.37	91.85

续表

项目	洼地	Hg (kg)	Pb (t)	TN (t)	TP (t)	COD (t)	NH_3-N (t)
削减率 (%)	西淝河联合片	30.79	38.02	27.76	47.72	26.16	25.28
	永幸河汇流片 1	-27.17	-17.16	-32.37	6.92	-32.22	-38.21
	永幸河汇流片 2	71.17	74.63	69.85	77.77	68.72	69.00
	泥河联合片	39.09	48.26	36.07	50.93	31.54	35.07

注：负值说明洼地污染负荷量没有超过纳污能力

(2) 1977 年污染负荷控制与削减方案

1977 年降水量相对 1976 年降水偏丰，使沉陷区域洼地入流量、蓄水量增加，提高了区域的自净能力，永幸河汇流片 1、永幸河汇流片 2 和泥河联合片洼地的纳污能力有所增大，其中，永幸河汇流片 1 对各种污染物的纳污能力均高于承纳的污染负荷量，尚有一定的纳污潜力，永幸河汇流片 2 和泥河联合片削减量较上一年减少。西淝河联合片污染负荷削减量较上一年有所增加，见表 6-32。

表 6-32　1977 年洼地污染负荷削减方案

项目	洼地	Hg (kg)	Pb (t)	TN (t)	TP (t)	COD (t)	NH_3-N (t)
削减量	西淝河联合片	30.30	17.71	281.70	37.27	1 339.70	134.19
	永幸河汇流片 1	-5.26	-2.17	-58.90	-0.56	-271.60	-34.75
	永幸河汇流片 2	3.07	1.71	29.80	2.95	138.40	15.17
	泥河联合片	18.05	12.34	163.35	19.83	652.15	82.57
削减率 (%)	西淝河联合片	37.00	42.27	34.39	53.61	34.18	31.62
	永幸河汇流片 1	-48.74	-40.65	-54.43	-5.92	-51.20	-62.62
	永幸河汇流片 2	61.16	65.12	59.47	70.75	58.67	58.04
	泥河联合片	34.92	43.90	31.79	48.53	27.94	30.37

注：负值说明洼地污染负荷量没有超过纳污能力

(3) 1978 年污染负荷控制与削减方案

1978 年降水条件下的洼地污染负荷削减量及削减率见表 6-33。永幸河汇流片 1 仍然具备较大的纳污潜力；永幸河汇流片 2 的污染负荷削减率进一步增大，纳污能力降低幅度较大是沉陷洼地削减率增大的直接原因。各种污染物负荷的削减率差异较大，处于 33.41% 到 78.77% 的较大范围内。

表 6-33 1978 年洼地污染负荷削减方案

项目	洼地	Hg（kg）	Pb（t）	TN（t）	TP（t）	COD（t）	NH₃-N（t）
削减量	西淝河联合片	27.18	17.83	250.60	28.33	1 031.06	127.76
	永幸河汇流片1	-3.26	-0.99	-37.87	-0.42	-196.01	-21.75
	永幸河汇流片2	3.16	1.83	30.83	2.64	134.91	16.28
	泥河联合片	21.05	14.32	195.07	19.15	746.17	103.48
削减率（%）	西淝河联合片	39.81	48.07	36.92	52.45	33.41	35.59
	永幸河汇流片1	-37.82	-21.50	-44.10	-6.05	-49.26	-48.24
	永幸河汇流片2	73.57	77.49	72.26	78.77	70.37	71.81
	泥河联合片	45.04	54.34	42.17	54.40	36.76	41.74

注：负值说明洼地污染负荷量没有超过纳污能力

（4）1979 年污染负荷控制与削减方案

1979 年永幸河汇流片 1 的负荷量仍然低于纳污能力，说明该沉陷区域还有相当一部分纳污空间有待开发利用；永幸河汇流片 2 的污染负荷削减率较上一年出现较大降幅，其他沉陷洼地的削减率也有不同程度的变化，但是各洼地各种污染物的削减率分布范围仍然较大，最高可达 69.30%，最低也达到 31.83%，见表 6-34 所示。

表 6-34 1979 年洼地污染负荷削减方案

项目	洼地	Hg（kg）	Pb（t）	TN（t）	TP（t）	COD（t）	NH₃-N（t）
削减量	西淝河联合片	29.24	17.56	270.93	35.10	1 253.64	130.61
	永幸河汇流片1	-5.09	-2.04	-57.13	-0.70	-268.61	-33.44
	永幸河汇流片2	2.90	1.65	28.09	2.76	128.38	14.37
	泥河联合片	22.44	14.52	209.14	22.02	859.38	108.11
削减率（%）	西淝河联合片	37.03	42.96	34.34	53.04	33.52	31.83
	永幸河汇流片1	-49.36	-39.41	-55.26	-7.81	-53.52	-62.81
	永幸河汇流片2	59.71	64.19	57.91	69.30	56.71	56.58
	泥河联合片	44.32	52.36	41.60	55.55	37.88	40.54

注：负值说明洼地污染负荷量没有超过纳污能力

综合上述，永幸河汇流片 1 将是未来唯一一片承纳污染负荷低于纳污能力的洼地，未来具有更高的利用价值和更多的利用方式；永幸河汇流片 2 与之相反，承纳的污染负荷远高于自身纳污能力，污染负荷削减率各种年份均处于最高水平，污染防控任务最重；西淝河联合片和泥河联合片的污染负荷削减率也处于较高水平，枯水时段降低点源负荷的强度，可以有效控制污染负荷入湖量。

基于污染负荷及水功能区划的削减方案分析，认为未来沉陷区的主要污染源依然是点源污染，但在平水年应重点防控非点源污染负荷，枯水年则应加强点源污染负荷控制。

6.5 淮河干流生态环境影响评估

淮河干流生态环境的影响主要从两方面进行评估：一是水资源调控的影响分析；二是水环境污染的影响分析。未来采煤沉陷区库容扩大，其水量调控过程必然会导致入淮水量发生变化；各种点源、非点源污染物汇入，并最终流入淮河干流，对淮河干流水质产生影响。两方面的因素均可能对淮河干流的生态环境产生影响，因此，本节从这两个方面进行淮河干流的生态环境影响评估。

6.5.1 沉陷区洼地水资源调控对淮河干流径流的影响分析

2030 年沉陷区域洼地的总面积扩大至 331km²，总容积增大至 10.04 亿 m³。尽管分为大小不等的四片，但是由于与淮河的四条支流产生了水力联系，对河流水量的调控必然使径流过程发生变化，进而影响淮河干流的径流过程。比较 2030 年沉陷区（联合）洼地年出流量和淮河干流鲁台子站年径流量，结果见表 6-35。

表 6-35 沉陷区（联合）洼地年出流量与淮河干流鲁台子站年径流量对比

年份	沉陷区（联合）洼地年出流量					淮河干流年径流量（鲁台子站）（亿 m³）	比例 *（%）
	泥河联合片（亿 m³）	西淝河联合片（亿 m³）	永幸河汇流片 1（亿 m³）	永幸河汇流片 2（亿 m³）	合计（亿 m³）		
2001	0.17	0.42	0.06	0.00	0.65	70.63	0.93
2002	0.86	1.46	0.61	0.09	3.02	187.67	1.61
2003	2.76	8.61	1.99	0.50	13.86	466.22	2.97
2004	0.69	2.73	0.46	0.02	3.90	175.79	2.22
2005	1.94	6.68	1.14	0.25	10.01	343.80	2.91
2006	2.00	3.95	0.91	0.22	7.07	169.58	4.17
2007	2.12	6.08	0.99	0.24	9.43	303.18	3.11
2008	1.32	4.21	0.77	0.19	6.49	217.84	2.98
2009	1.46	3.45	0.69	0.14	5.74	130.58	4.40
2010	1.42	2.54	0.43	0.07	4.46	258.73	1.72
平均	1.47	4.01	0.81	0.17	6.46	232.40	2.70

* 比例 = 沉陷区（联合）洼地年出流量/淮河干流年径流量（鲁台子站）×100%

沉陷区洼地的年出流量是 2030 年沉陷区（联合）洼地在 2001~2010 年气象驱动下的模拟年出流量，淮河干流年径流量是由 2001~2010 年实测流量计算得到。两者的比较结果显示，沉陷区（联合）洼地年出流量仅为淮河干流年径流量的 0.93%~4.40%，2001~2010 年平均值为 2.70%。可见，沉陷区（联合）洼地的出流量与淮河干流的径流量相比很小，即使四片洼地同步调控都不会对淮河的径流过程产生较大影响，对淮河下游的生态环境影响可以忽略。

6.5.2　沉陷区洼地污染负荷排放对淮河干流水环境的影响分析

以 2030 年平水时段研究区域承纳的污染负荷为例，四片沉陷区洼地 COD 和 NH_3-N 的年均总负荷量分别为 7549.85t 和 819.46t。根据《淮河水资源公报 2010》，2010 年淮河洪泽湖出口以上流域 COD 和 NH_3-N 入河污染负荷量分别为 29.32 万 t 和 4.03 万 t。沉陷区洼地 COD 和 NH_3-N 负荷分别占淮河中上游 COD 和 NH_3-N 入河量的 2.57% 和 2.03%。考虑到沉陷区污染负荷是 2030 年平水时段的模拟结果，2030 年沉陷区汇流区内生活、工业排污将大幅度增加，而且平水时段年均降水量（860mm）大于 2010 年的年均降水量（780mm），因此，考虑这些因素，负荷比例还会进一步减小。

综合上述分析，沉陷区洼地污染负荷仅占淮河中上游流域入河污染负荷很小一部分，这部分污染负荷进入淮河干流不易引起水质的明显变化，淮河干流较高的自净能力完全可以容纳来自沉陷区洼地的污染负荷，因此，即使到 2030 年，沉陷区洼地的水环境质量变化也不会影响淮河干流的生态环境。

7 研究结论与展望

7.1 研究工作总结

本书以开发的"河道–沉陷区–地下水"水循环模拟模型为工具，对淮南采煤沉陷区洼地的蓄洪除涝作用、沉陷洼地积水机理和水资源形成转化、研究区未来需水、未来沉陷洼地蓄水工程可供水量等问题开展了研究，取得的主要初步研究结论如下。

1) 采煤沉陷区蓄滞库容。研究区 2010 年沉陷洼地的总面积为 108km²，以沉陷洼地周边平均地面高程为基础计算的最大蓄滞库容为 2.67 亿 m³；研究区 2030 年沉陷洼地的总面积为 331km²，以沉陷洼地周边平均地面高程为基础计算的最大蓄滞库容为 10.04 亿 m³。

2) 采煤沉陷区除涝作用。在 2030 年沉陷情景下，对应的 1991 年、2003 年、2007 年三场典型洪水，湖泊/洼地除涝作用分别为 4.26 亿 m³、5.48 亿 m³ 和 4.16 亿 m³。2030 年沉陷情景下，由于沉陷库容增大，同时部分闸门、泵站工程重建、新建等因素，三场典型洪水均不会发生内涝漫溢情况，研究区湖泊/洼地的除涝能力将提高到 25～30 年一遇水平。

3) 采煤沉陷区蓄洪作用。2010 年沉陷情景下，由于沉陷库容较小，蓄洪潜力不大，仅泥河汇流片湖泊/洼地有部分蓄滞库容可利用，1991 年、2003 年和 2007 年三个典型洪水年份为 0.18 亿~0.49 亿 m³。2030 年沉陷情景下，湖泊/洼地整体蓄洪潜力在 1991 年、2003 年、2007 年三个典型洪水年分别为 2.76 亿 m³、2.70 亿 m³ 和 4.07 亿 m³。若仅评价沉陷洼地的蓄洪潜力，则对应的蓄洪潜力分别为 2.22 亿 m³、2.17 亿 m³ 和 3.15 亿 m³。

4) 沉陷洼地积水机理。根据模型模拟分析和理论推导，给出了孤立洼地积水的补给/排泄特征，并剖析了其洼地积水与地下水间的作用关系，结论为：研究区沉陷洼地容易大面积积水的原因，主要是由当地较接近的降水、蒸发量气象条件决定的，孤立洼地的水量补给来源绝大部分来自于降水而非地下水补给；研究区高潜水位环境仅对沉陷洼地积水提供涵养环境，地下水对沉陷洼地的补给作用很小，大部分情况下不到洼地积水补给来源的 5%，主要功能是保障沉陷洼地的积水不漏失。

5) 采煤沉陷区水资源量及其组成。2003～2010 年（平均值），采煤沉陷区洼地总的水资源量约为 9.05 亿 m³/a，河道汇流量、水面降水、地下水补给、未积水区降水产流分别占 84%、9%、4% 和 3%。2030 水平年，平水时段一般年份沉陷洼地来水资源为 10.64 亿~11.11 亿 m³，河道来水为主要构成，比例为 82%～85%；水面降水次之，比例为 5%～10%；然后是沉陷区未积水面积产流，比例为 5%～7%；最后是地下水补给，比例为 3% 以下。最不利特枯年份 1978 年，沉陷洼地水资源量为 6.57 亿~6.88 亿 m³，为平水时段资源量的 62%，来水资源的构成比例关系变化不大。

6）研究区需水预测。根据研究区各地市水资源综合规划数据分析整理，研究区现状基准年 2010 年的总供/用水量为 19.53 亿 m³，到 2030 年水平年，研究区降水频率为 50% 年份的总需水为 23.99 亿 m³，比 2010 年增加了约 4.46 亿 m³；降水频率为 75% 年份的总需水为 25.47 亿 m³，降水频率为 95% 年份的总需水为 27.31 亿 m³。主要变化趋势为，2030 年，研究区生活需水从现状基准年 2010 年的 1.06 亿 m³ 增加到 2030 年的 1.93 亿 m³；一般工业需水增长巨大，将从现状基准年 2010 年的 3.37 亿 m³ 增长到 2030 年的 12.29 亿 m³，年增长率 6.7%；火（核）电总体呈下降趋势，用水量由现状基准年 2010 年的 6.13 亿 m³ 下降到 2030 年 2.25 亿 m³；农业用水随着农业现代化进程的加快、农业节水的开展、沉陷区扩大，预计未来一般年份农业生产需水将有一定幅度的降低。

7）沉陷洼地蓄水工程供水对象和供水范围。2030 水平年蓄水工程供水时以满足研究区各县（区）一般工业用水增长需求为主，兼顾部分农业灌溉需水和生态环境需水。从 2030 年沉陷洼地的范围看，其分布主要涉及研究区颍上县、凤台县、淮南市辖区和怀远县四个县（区），利辛县和阜阳市辖区位于沉陷洼地上游，不利于从沉陷洼地取水，因此未来 2030 年，沉陷洼地蓄水工程可行的供水范围主要为沉陷洼地所在的四个县（区）。

8）采煤沉陷区蓄水工程水资源量。平水年份下沉陷洼地蓄水工程来水资源可达 7.27 亿 ~ 7.47 亿 m³，其中含城镇退水 2.46 亿 m³，本地水资源量 4.81 亿 ~ 5.01 亿 m³，水资源利用的前景较优，可为未来 2030 年研究区迅速增长的一般工业用水提供宝贵的水源。但研究区年际降水丰枯变化大，不利的特枯年份来水仅有 3.97 亿 ~ 5.24 亿 m³，其中本地水资源量 1.51 亿 ~ 2.78 亿 m³。

9）采煤沉陷区蓄水工程可供水量。采用平水年系列年份和典型最不利连枯时段，对满足未来 2030 年四个供水县（区）30%、40%、50%、60%、70% 一般工业用水需求量以及不同降雨频率年份农业需水变化下的多个组合方案进行了蓄水工程可供水量调算研究。结果表明，一般平水年份下蓄水工程可供水量规模约为 6.11 亿 m³，保障单独遭遇 95% 枯水年份有效供水的供水规模为 5.38 亿 m³，保障连续遭遇两个 95% 枯水年份有效供水的供水规模为 4.30 亿 m³。

10）2030 年水质随丰枯年份有所差异。平水段永幸河片 1 水质最好，无超标现象发生，其他沉陷区洼地仅在有降水产流时污染物浓度可能偶尔超过Ⅲ类水标准，无降水期间水质稳定在Ⅲ类水标准以内。特枯年份水质劣于平水时段水质，主要表现为枯水年水质超标的概率增加，不只在产流期超标，无降水期间也存在超标的风险，但是最差不会超过Ⅴ类水标准，可用于工农业生产等对水质要求不高的行业。规划水平年污染物仍以营养物为主。

11）沉陷区水资源调控和污染负荷排放均不会对淮河干流生态环境产生明显影响。沉陷区出流量占淮河干流径流量的 0.93% ~ 4.40%，沉陷区污染负荷占淮河中上游流域入河污染负荷的 3% 以下，从水量和水质上均不会对淮河干流生态环境造成明显影响。

7.2 存在问题及研究展望

采煤沉陷区的修复治理是近年来广受关注的领域，本书对此方面开展了一定程度的研究工作，但由于水循环转换的复杂性，仍有许多问题有待进一步深入探讨。

一是在现有基础上增加模型的应用。模型是在应用中发现问题并解决问题的，随着在不同流域、不同环境、不同气候条件的应用能够发现模型在不同区域、不同环境及气候条件的适用性及应用效果。因此模型应当广泛应用于不同气候环境、不同类型区域，在实际应用中找到模型欠缺的地方，有助于发现模型的局限性并改进模型功能。本模型增加"河道–沉陷区–地下水"模块以来应用较少，因此应当增加模型的应用。

二是未来淮南采煤沉陷区将肩负当地蓄洪除涝、外调水调蓄、本地水资源供水多重功能，如何进行水位和水量的合理调度，协调三者之间的关系是一个复杂的问题，可进一步深入研究。

三是完成模型的进一步开发。本模型开发到应用仅仅几年时间，虽然已经在淮南采煤沉陷区成功应用，但是仍有一些地方需要完善，如在开发模型时虽然考虑了上游河道的汇入和湖泊/洼地的出流，但是仅仅作为外部输入项；可对湖泊/洼地及湖泊/洼地之间的动态相互作用进一步研究。同时未来可对模型进一步细化，完善人类活动带来的影响等。

参 考 文 献

［1］刘宏杰，李维哲. 中国能源消费状况和能源消费结构分析. 国土资源情报，2006，(12)：39-44.

［2］范廷玉，严家平，王顺，等. 采煤沉陷水域底泥及周边土壤性质差异分析及其环境意义. 煤炭学报，2014，39 (10)：2075-2082.

［3］何国清. 矿山开采沉陷学. 中国矿业大学出版社，1994：27.

［4］王淑霞. 煤炭开发地面沉陷的动态演变初探. 山东煤炭科技，2009，(4)：71-72.

［5］胡炳南，郭文砚. 我国采煤沉陷区现状、综合治理模式及治理建议. 煤矿开采，2018，23 (2)：1-4.

［6］阎伍玫. 淮南采煤塌陷区环境综合整治分析. 中国煤炭，2007，33 (6)：26-28.

［7］金鑫. 浅谈淮南矿区采煤塌陷区治理模式. 能源环境保护，2018，32 (3)：23-25.

［8］卞正富. 国内外煤矿区土地复垦研究综述. 中国土地科学，2000，14 (1)：7-11.

［9］苏丽萍. 采煤塌陷区生态治理途径–以唐山南湖生态园林为例. 煤炭技术，2012，31 (7)：74-75.

［10］胡振琪，李文彬，杨耀淇. 压煤村庄用地问题探路. 中国土地，2013，(11)：49-50.

［11］朱省峰. 安徽省淮北市煤矿采空塌陷现状与治理对策分析. 安徽地质，2009，19 (1)：75-77.

［12］林振山，王国祥. 矿区塌陷地改造与构造湿地建设——以徐州煤矿矿区塌陷地改造为例. 自然资源学报，2005，20 (5)：790-794.

［13］朱吉生，黄诗峰，李纪人，等. 水文模型尺度问题的若干探讨. 人民黄河，2015，37 (5)：31-37.

［14］Beven K J, Kirkby M J. A physically based variable contributing area model of basin hydrology. Hydrological Science Bulletin, 1979, 24 (1)：43-69.

［15］Abbot M B, Bathurst J C, Cunge J A, et al. An introduction to the European Hydrological System-Systeme Hydrologique European, "SHE", 2. structure of a physically-based distributed modeling system. Journal of Hydrology, 1986, 87：61-77.

［16］Arnold J G, Williams J R, Maidment D A. Continuous-time water and sediment-routing model for large basins. Journal of Hydraulic Engineering, 1995, 121 (2)：171-183.

［17］Arnold J G, Srinivasin R, Muttiah R S, et al. Large area hydrologic modeling and assessment：part I. model development. JAWRA, 1998, 34 (1)：73-89.

［18］贾仰文，王浩，倪广恒，等. 分布式流域水文模型原理与实践. 北京：中国水利水电出版社，2005.

［19］胡立堂，王忠静，赵建世，等. 地表水和地下水相互作用及集成模型研究. 水利学报，2007，38 (1)：54-59.

［20］刘路广，崔远来. 灌区地表水–地下水耦合模型的构建. 水利学报，2012，43 (7)：826-833.

［21］崔素芳. 变化环境下大沽河流域地表水–地下水联合模拟与预测. 济南：山东师范大学博士学位论文，2015：44-50.

［22］王浩，陆垂裕，秦大庸，等. 地下水数值计算与应用研究进展综述. 地学前缘，2010，17 (6)：1-12.

［23］Perkins S P, Sophocleous M A. Development of a comprehensive watershed model applied to study stream yield under drought conditions. Journal of Ground Water, 1999, 37 (3)：418-426.

［24］Zhang F, Song Y, Zhao Hongmei, et al. Changes of Precipitation Infiltration Recharge in the Circumstances of Coal Mining Subsidence in the Shen-Dong Coal Field, China. Acta Geologica Sinica (English Edition), 2012, 86 (4)：993-1003.

［25］Swanson D A, Savei G, Danziger G, et al. Predicting the soil-water characteristics of mine soils//CAB International. Tailings and Mine Waste 1999: Proceedings of the 6th International Conference on Tailings and Mine Waste. Rotterdam: A. A. Balkema Publisher, 1999: 345-349.

[26] Thomas K A, Sencindiver J C, Skousen J G, et al. Soll horizon development on a mountaintop surface mine in Southern West Virginia. Green Lands, 2000, 30 (3): 41-52.

[27] Buczko U, Gerke H H. Estimating spatial distributions of hydraulic parameters for a two—scale structured heterogeneous lignitic mine soil. Journal of Hydrology, 2005, 312 (1-4): 109-124.

[28] Bhakdisongkhram T, Koottatep S, Towprayoon S. A water model for water and environmental management at Mae Moh Mine Area in Thailand. Water Resources Management, 2007, 21 (9): 1535-1552.

[29] Patrick H, Jannie M, Jacqueline B. Barium carbonate process for sulphate and metal removai from mine water. Mine Water and the Environment, 2007, 26 (11): 14-22.

[30] Elena N P, Marina F D. Green algae in tundra soils affected by coal mine pollutions. Biologia, 2008, 63 (6): 831-835.

[31] 赵红梅. 采矿塌陷条件下包气带土壤水分布与动态变化特征研究. 北京: 中国地质科学院博士学位论文, 2006.

[32] 张欣, 王健, 刘彩云, 等. 采煤塌陷对土壤水分损失影响及其机理研究. 安徽农业科学, 2009, 37 (11): 5058-5062.

[33] 成六三. 采煤沉陷对水田水循环的影响. 煤炭工程, 2014, 46 (8): 121-122, 126.

[34] 徐社美. 采空塌陷对矿区地下水补径排条件的影响分析——以粤西某钨锡多金属矿区为例. 地下水, 2012, 34 (3): 47-49.

[35] 冯忠伦, 袁娜, 王雅欣. 兴隆庄采煤塌陷区地下水补给规律分析. 山东农业大学学报 (自然科学版), 2014, 45 (4): 576-580, 584.

[36] 张磊, 秦小光, 刘嘉麒, 等. 淮南采煤沉陷区积水来源的氢氧稳定同位素证据. 吉林大学学报 (地球科学版), 2015, 45 (5): 1502-1514.

[37] 范廷玉. 潘谢采煤沉陷区地表水与浅层地下水转化及水质特征研究. 淮南: 安徽理工大学博士学位论文, 2013.

[38] 袁瑞强, 宋献方, 王鹏, 等. 白洋淀渗漏对周边地下水的影响. 水科学进展, 2012, 23 (6): 751-756.

[39] 张奇. 湖泊集水域地表-地下径流联合模拟. 地理科学进展, 2007, 26 (5): 1-10.

[40] Zhang Q, Werner A D. Integrated surface-subsurface modeling of Fuxianhu Lake catchment, Southwest China. Water Resources Management, 2008, 23: 2189-2204.

[41] 许士国, 刘佳, 张树军. 采煤沉陷区水资源综合开发利用研究. 东北水利水电, 2010, (8): 29-32.

[42] 卞正富. 国内外煤矿区土地复垦研究综述. 中国土地科学, 2000, (1): 6-11.

[43] Hapuarachchi H A P, Wang Q J, Pagano T C. A review of advances in flash flood forecasting. Hydrological Processes, 2011, 25 (18): 2771-2784.

[44] Cloke H L, Pappenberger F. Ensemble flood forecasting: a review. Journal of Hydrology, 2009, 375 (3-4): 613-626.

[45] Kundzewicz Z W, Lugeri N, Dankers R, et al. Assessing river flood risk and adaptation in Europe—review of projections for the future. Mitigation and Adaptation Strategies for Global Change, 2010, 15 (7): 641-656.

[46] Xia J, Du H, Zeng S, et al. Temporal and spatial variations and statistical models of extreme runoff in Huaihe River Basin during 1956-2010. Journal of Geographical Sciences, 2012, 22 (6): 1045-1060.

［47］Zhang X，Song Y. Optimization of wetland restoration siting and zoning in flood retention areas of river basins in China：a case study in Mengwa，Huaihe River Basin. Journal of Hydrology，2014，519：80-93.

［48］王振龙，章启兵，李瑞．采煤沉陷区雨洪利用与生态修复技术研究．自然资源学报，2009，24（7）：1155-1162.

［49］姜富华．结合治淮开展两淮矿区采煤沉陷区综合治理探讨．中国水利，2010，（22）：61-63.

［50］张树军，许士国，高尧，等．淮北市采煤沉陷区非常规水资源开发利用研究．水电能源科学，2010，28（7）：27-30.

［51］王辉．采煤沉陷区湿地建设与水资源调蓄作用研究．人民黄河，2013，35（7）：51-53.

［52］李金明，周祖昊，严子奇，等．淮南煤矿采煤沉陷区蓄洪除涝初探．水利水电技术，2013，44（3）:123-129.

［53］孔令健．临涣矿采煤沉陷区地下水与地表水水环境特征研究．安徽大学硕士学位论文，2017.

［54］李永华，姬艳芳，杨林生，等．采选矿活动对铅锌矿区水体中重金属污染研究．农业环境科学学报，2007，（1）：103-107.

［55］易齐涛，孙鹏飞，谢凯，等．区域水化学条件对淮南采煤沉陷区水域沉积物磷吸附特征的影响研究．环境科学，2013，34（10）：3894-3903.

［56］孙鹏飞，易齐涛，许光泉．两淮采煤沉陷积水区水体水化学特征及影响因素．煤炭学报，2014，39（7）：1345-1353.

［57］曹雪春，钱家忠，孙兴平．煤矿地下水系统水质分类判别的多元统计组合模型——以顾桥煤矿为例．煤炭学报，2010，35（S1）：141-144.

［58］徐良骥，严家平，高永梅．淮南矿区塌陷水域环境效应．煤炭学报，2008，33（4）：419-422.

［59］宋艳淑，周云，王文．淮河流域蒸发皿蒸发量变化分析．水科学进展，2011，22（1）：15-22.

［60］乔丛林，史明礼，苏娅，等．淮北平原地区水文特性．水文，2000，20（3）：55-58.

［61］王振龙，刘淼，李瑞．淮北平原有无作物生长条件下潜水蒸发规律试验．农业工程学报，2009，25（6）：26-32.

［62］于玲．淮北平原区降雨入渗补给量的研究．地下水，2001，23（1）：36-38.

［63］郭新矩．淮北平原浅层地下水天然资源评价．工程勘察，1986，（1）：54-56.

［64］邓宇杰，肖昌虎，严浩，等．长江流域不同行业耗水率初步研究．人民长江，2011，42（18）：65-68.

［65］水利部水利水电规划设计总院．全国水资源综合规划技术细则．北京：水利部水利水电规划设计总院，2002.

［66］何凤元．膜技术在中水回用中的应用研究．保定：华北电力大学硕士学位论文，2008.